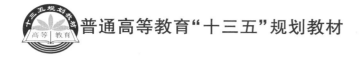

普通高等教育"十三五"规划教材

# 化学工程与工艺
# 专业实验

曾兴业　莫桂娣　编著

U0264466

中国石化出版社
HTTP://WWW.SINOPEC-PRESS.COM

# 内 容 提 要

　　本书共分为三十二章，由油品分析与工艺实验和化工专业实验两大部分组成。全书突出了石油化工专业特色，实验项目偏重于《石油炼制工程》课程方面，选编了部分化工工艺学、反应工程和分离工程等课程实验项目。实验教材根据化学工程与工艺专业实验课程教学大纲要求，编写了必开实验项目，同时也增加了部分选开和常用的实验项目。编写过程中以现行国家标准(GB/T)和行业标准(SH/T)规定为主导，介绍了各实验项目的基本概念、测定原理、测定方法、影响测定因素以及测定的实际意义等。此外，教材还将与实验有关的部分仪器、设备的使用及注意事项、试验用试剂溶液配制方法、常用洗液的配制以及部分石油产品质量指标进行编写，方便读者使用。

**图书在版编目（CIP）数据**

化学工程与工艺专业实验 / 曾兴业，莫桂娣编著. —
北京：中国石化出版社，2018.9（2023.8 重印）
ISBN 978-7-5114-5025-8

Ⅰ.①化… Ⅱ.①曾… ②莫… Ⅲ.①化学工程-
化学实验-教材 Ⅳ.①TQ016

中国版本图书馆 CIP 数据核字（2018）第 203700 号

地址:北京市东城区安定门外大街 58 号
邮编:100011 电话:(010)57512500
发行部电话:(010)57512575
http://www.sinopec-press.com
E-mail:press@ sinopec.com
北京柏力行彩印有限公司印刷
全国各地新华书店经销
*
787×1092 毫米 16 开本 17 印张 141 千字
2018 年 12 月第 1 版　2023 年 8 月第 2 次印刷
定价:52.00 元

# 前　言

　　《化学工程与工艺专业实验》由油品分析与工艺实验和化工专业实验两部分内容组成。教材突出了石油化工专业的具体特色，是一门应用实践性很强的专业实验课程，是必修课程之一。通过实验课教学，锻炼和提高学生的动手能力，培养学生分析问题和解决问题的能力。本实验课程应达到以下三方面的教学要求：

　　1. 通过实验验证所学的专业知识，提高学生感性认识，并帮助学生深入理解、巩固和加深所学的理论知识。

　　2. 加强实验基本操作技能的训练，学会并掌握石油化工产品分析的操作方法，通过实验提高实验基本操作技能，为今后独立工作打下良好的操作技能基础。

　　3. 通过实验，观察实验中发生的各种现象，运用所学知识加以分析与归纳，找出发生的原因，提高分析问题和解决问题的能力，并为解决复杂工程问题打下良好的基础。

　　书中部分实验方法参考现行国家标准(GB/T)和行业标准(SH/T)。在新工科和工程教育认证的背景下，为了突出教材的实用、简洁和石化特色，实验项目偏重于石油炼制工艺学课程方面，选编了部分化工工艺学、反应工程和分离工程等课程实验项目。教材根据化学工程与工艺专业实验课程教学大纲要求，编写了必开实验项目，同时保留了部分选开和工程实训课程的分析项目。结合实验室实际情况，介绍了各实验项目的基本概念、测定原理、测定方法以及仪器装置等。此外，教材还将与实验有关的部分仪器、设备的使用及注意事项、试验用试剂溶液配制方法、常用洗液的配制以及部分石油产品质量指标进行编写，目的在于方便读者查询。因此本书可作为高校(职)相关专业教学参考书，也特别适用于从事石油化工以及相关领域的分析人员和工程技术人员的培训教材。

　　本书由曾兴业负责第一章、第二章、第二十五章、第三十章、第三十一章的编写和全书统稿；莫桂娣负责第四章、第十三章、第二十三章、第二十四章、第二十九章的编写和全书审定；洪晓瑛负责第十八章、第十九章、第三十二章和附录的编写；刘兰负责第三章、第十章、第十四章和第二十八章的编写；王斌负责第六章、第七章、第八章、第十七章和第二十一章的编写；袁迎负责第十一章、第十二章、第十五章、第二十二章和第二十六章的编写；张战军负责第五章、第九章、第十六章、第二十章和第二十七章的编写。

本书在编写过程中得到中国石化出版社和广东石油化工学院的大力支持，沈蓓老师对部分章节提供了很多宝贵的建议，在此，对教材编写和出版过程中给予支持和帮助的各位专家表示衷心地感谢。已故的黄钦炎和田书红两位老师对本书雏稿做了大量的前期工作，在此对两位老师表示深切的缅怀。

由于编者水平所限，加上时间仓促，书中不妥和欠缺之处在所难免，欢迎各位专家和读者批评指正。

# 目　录

## 第一篇　油品分析与工艺实验

# 第二篇 化工专业实验

# 第一篇

## 油品分析与工艺实验

# 第一章 绪 论

## 第一节 油品分析的任务和作用

石油及石油产品是各种烃类非烃类化合物的复杂混合物，其组成不容易被直接测定，而且多数理化性质不具有可加和性，因此对石油产品的理化性质常常采用条件性的试验方法来测定，也就是说试验所用的仪器、试剂、试验条件、试验步骤、计算公式及精确度都作了统一标准的技术规定。这就叫石油和石油产品试验方法，通常简称油品分析。

油品分析的主要任务是对石油和石油产品的理化特性、使用性能、化学组成以及化学结构进行分析。其测出的理化性质是组成石油产品的各种烃类和非烃类化合物性质的综合表现，它不仅是控制石油加工过程和评定产品质量的重要指标，而且是石油加工工艺装置设计的重要依据。对石油产品的研究、生产、应用和贮运都具有重要的指导意义。

油品分析是一门应用专业实践性很强的专业学科，在石油加工工艺学课程中作为实验教学必修的一部分。在实验教学中，一定要重视这一实践性的油品分析课。坚持理论联系实际，对实验的基本操作技能必须严格要求，以培养学生严谨的科学态度。同时，通过实验教学提高学生分析问题和解决问题的能力。

## 第二节 石油性质与组成

在学习油品分析前先对石油、石油的性质和组成、石油的一般生产过程以及石油与石油产品试验方法、产品技术标准的制定做粗略的介绍，使每个油品分析工作者对石油和石油产品有所了解，更好地掌握油品分析这门专业。

### 一、石油的一般性状

石油是主要由碳氢化合物组成的复杂混合物，一般呈暗绿、深褐以及深黑色，有一些石油则呈赤褐、浅黄色。在常温下，多数石油是流动或半流动的黏稠液体。相对密度一般小于 1，绝大多数在 0.8~0.98 之间，极个别大于 1。

### 二、石油的元素组成

石油的组成主要是碳和氢两种元素，它们约占 95%~99%，其中碳元素含量为 83%~86%，氢元素含量为 11%~14%，碳氢的质量比为 6.1~7.1。其他的如氧、硫、氮，以及微量的氯、碘、磷、砷、硅、钠、钾、钙、镁、铁、镍、钒等，约占 1%~4%，它们大都以化合物的形式存在于石油中。

### 三、石油及石油馏分的烃和非烃化合物组成

石油是一种极复杂的有机化合物的混合物。它包括由碳、氢两种元素组成的烃类化合物，以及碳、氢与其他元素组成的非烃类化合物。这些烃类和非烃类的结构和含量决定了石油及其产品的性质。石油和石油馏分的烃类组成，按其结构可分为烷烃、环烷烃、芳香烃。石蜡基原油含烷烃较多；环烷基原油含环烷烃较多；混合基原油介于二者之间。一般天然石油中不含烯烃。非烃类主要由含硫、含氧和含氮化合物以及胶状沥青状物质组成。一般约占石油总量的 10%~15%。这些非烃类化合物是石油和石油产品的有害物质，必须在加工过程中脱除。

# 第三节　石油产品生产过程简介

石油产品生产过程目前大致有四种类型：

1. 燃料型，如常减压蒸馏-催化裂化-焦化型，常减压蒸馏-催化裂化-加氢裂化-焦化型；其特点是加工深度大，装置组成较简单，生产灵活性强，产品质量好，轻质油收率可达 70%~80%以上。

2. 燃料-润滑油型，其特点是除了得到各种石油燃料外，通过对减压馏分的精制、脱蜡以及渣油脱沥青，可以得到各种润滑油组分。图 1-1 为原油燃料-润滑油型加工方向流程图。

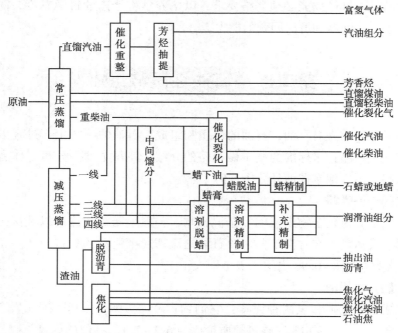

图 1-1　原油燃料-润滑油型加工方向流程图

3. 燃料-化工型，其特点是除生产石油燃料外，还生产多种化工原料和化工产品，对石油资源进行综合利用。

4. 燃料-化工-润滑油综合型，其特点是具备上述三种类型产品，资源得到更加充分整合利用。

石油通过加工以后，其中最轻的部分为气体，接着就是低沸点馏分：<200℃的汽油馏分；中间馏分：200~350℃的煤、柴油馏分；高沸点馏分：350~500℃的润滑油馏分；剩下最重的为残渣油。

## 第四节 石油产品试验方法标准和质量标准

### 一、试验方法标准

油品的试验方法标准大多为条件性试验方法。为使试验条件限制变成能发生权威作用的条款，在仲裁时由法律约束力而制定的一系列统一规定或公认的试验方法，这就叫试验方法标准。

试验方法标准必须由国际、国家或集团及其指定的机关以文字形式公布，具有技术法规的性质。如国际标准(ISO)：由有共同利益国家间的合作与协商制定的，被大多数国家承认具有先进水平的标准。地区标准：局限在几个国家和地区组成的集团使用的标准。国家标准：由国家指定机关，国家标准局颁布的标准。我国国家标准为 GB、美国为 ANSI、英国为 BS、日本为 JIS、德国为 DIN。行业标准：由各有关行业发布的标准。企业标准：企业所制定的标准。试验方法属技术标准中的方法标准。我国石油产品试验方法标准分为国家标准、行业标准和企业标准三级。其编号的字母表示标准等级，中间的数字为标准号，末尾的四位数字为审查批准年限。如 GB/T 258—2016 表示中华人民共和国国家标准第 258 号，2016 年批准；SH 0018—2007 表示中国石油化工总公司行业标准第 18 号，2007 年批准。

### 二、产品质量标准

石油产品质量标准是指按石油和石油产品的使用要求和性能规定的主要技术指标。在我国主要执行的有中华人民共和国强制性国家标准(GB)、推荐性国家标准(GB/T)、石油和石油化工行业标准(SH)和企业标准。

石油化工科学研究院是我国石油产品标准和石油产品试验方法标准的主管机关。负责对石油产品及其试验方法的国家标准、行业标准的鉴定和升级，以及标准的出版实施统一的管理。

# 第二章　石油产品馏程测定

## 第一节　概　述

### 一、基本概念

1. 初馏点：从冷凝管的末端滴下第一滴冷凝液瞬时所观察到的校正温度计读数。

2. 干点：最后一滴液体（不包括在蒸馏烧瓶壁或温度测量装置上的任何液滴或液膜）从蒸馏烧瓶中的最低点蒸发瞬时所观察到的校正温度计读数。

3. 终馏点或终点：试验中得到的最高校正温度计读数[①]。

当某些样品的终馏点测定精密度不是总能达到所规定的要求时，也可以用干点代替终馏点[②]。

4. 分解点：与蒸馏烧瓶中液体出现热分解初始迹象相对应的校正温度计读数。

5. 分解：烃分子经热分解或裂解生成比原分子具有更低沸点的较小分子的现象。热分解特性表现为在蒸馏烧瓶中出现烟雾，且温度计读数不稳定，即使在调节加热后，温度计读数通常仍会下降。

6. 回收百分数：在观察温度计读数的同时，在接收量筒内观测得到的冷凝物体积百分数。

7. 残留百分数：蒸馏烧瓶冷却后存于烧瓶内残油的体积百分数。

8. 最大回收百分数：由于出现分解点蒸馏提前终止，记录接收量筒内液体体积相应的回收百分数。

9. 总回收百分数：最大回收百分数与残留百分数之和。

10. 损失百分数：100%减去总回收百分数。

11. 蒸发百分数：回收百分数与损失百分数之和。

12. 轻组分损失：指试样从接收量筒转移到蒸馏烧瓶的挥发损失、蒸馏过程中试样的蒸发损失和蒸馏结束时蒸馏烧瓶中未冷凝的试样蒸气损失。

13. 校正损失：经大气压校正后的损失百分数。

14. 校正回收百分数：用本书式（2-4）对观测损失与校正损失之间的差异进行校正后的最大回收百分数。

15. 动态滞留量：在蒸馏过程中出现在蒸馏烧瓶的瓶颈、支管和冷凝管中的物料。

---

[①]终馏点或终点通常在蒸馏烧瓶底部的全部液体蒸发之后出现，常被称为最高温度。
[②]在使用中一般采用终馏点，而不用干点。对于一些有特殊用途的石脑油，如油漆工业用石脑油，可以报告干点。

**二、馏程测定原理**

液体加热到其饱和蒸气压和外部压强相等时的温度，液体便产生沸腾。这时的温度叫做液体的沸点，液体的沸点随外部压强的增高而增高。石油是由各种不同烃类及很少量非烃类组成的复杂混合物，不仅含有不同种类的烃，而且在同一类烃中含碳原子数多少也是不同的。因此石油没有固定的沸点，只能测出其沸点范围，即从最低沸点到最高沸点范围。

馏程是指在专门蒸馏仪器中，所测得液体试样的蒸馏温度与馏出量之间以数字关系表示的油品沸腾温度范围。常以馏出物达到一定体积百分数时读出的蒸馏温度来表示。馏程的蒸馏过程不发生分馏作用。在整个蒸馏过程中，油中的烃类不是按照各自沸点的高低被逐一蒸出，而是以连续增高沸点的混合物的形式蒸出，也就是说当蒸馏液体石油产品时，沸点较低的组分，蒸气分压高，首先从液体中蒸出，同时携带少量沸点较高的组分一起蒸出，但也有些沸点较低的组分留在液体中，与较高沸点的组分一起蒸出。因此，馏程测定中的初馏点、终馏点(干点)以及中间馏分的蒸气温度，仅是粗略确定其应用性质的指标，而不代表其真实沸点。

对于蜡油、重柴油、润滑油等重质石油产品，它们的馏程温度都在350℃以上，当使用常压蒸馏方法进行蒸馏，其蒸馏温度达到360～380℃时，高分子烃类就会受热分解，使产品性质改变而难以测定其馏分组成。由于液体表面分子溢出所需的能量随界面压力的降低而降低，因此可以降低界面压力以降低烃类的沸点，避免高分子烃类受热分解，保证原物质的性质。在低于常压的压力下进行的蒸馏操作就是减压蒸馏。用减压蒸馏方法测得的石油产品馏出百分数与相对应的蒸馏温度所组成的一组数据，称为石油产品减压馏程。减压蒸馏在某一残压下所读取的蒸馏温度，用常、减压温度换算图换算为常压的蒸馏温度，而馏出量用体积百分数表示。

**三、测定馏程在生产和应用中的意义**

馏程是评定液体燃料蒸发性的重要质量指标。它既能说明液体燃料的沸点范围，又能判断油品组成中轻重组分的大体含量，对生产、使用、贮存等各方面都有着重要的意义。

测定馏程可大致看出原油中含有汽油、煤油、轻柴油等馏分数量的多少，从而决定一种原油的用途和加工方案；在炼油装置中，通过控制或改变操作条件，使产品达到预定的指标；测定燃料的馏程，可以根据不同的沸点范围，初步确定燃料的种类；测定发动机燃料的馏程，可以鉴定其蒸发性，从而判断油品在使用中的适用程度；定期测定馏程可以了解燃料的蒸发损失及是否混有其他种油品。

# 第二节　石油产品常压蒸馏特性测定法
## (GB/T 6536—2010)

**一、实验目的**

1. 了解常压馏程的测定标准(GB/T 6536—2010)。

2. 掌握车用汽油或柴油馏程测定的操作技能。

3. 掌握车用汽油或柴油馏程测定结果的修正与计算方法。

### 二、实验原理

馏程测定原理是将一定量试样在规定的仪器及试验条件下，按适合于产品性质的规定条件进行蒸馏，系统地观测并记录温度读数和冷凝物体积、蒸馏残留物和损失体积，然后根据这些数据计算出测定结果。

### 三、常压蒸馏特性测定法(GB/T 6536—2010)适用范围

本法适用于馏分燃料，如天然汽油(稳定轻烃)、轻质和中间馏分、车用火花点燃式发动机燃料、航空汽油、喷气燃料、柴油和煤油，以及石脑油和石油溶剂油产品。本标准不适用于含有较多残留物的产品。

### 四、试剂及材料

车用汽油或车用柴油；拉线(细绳或铜丝)；脱脂棉(或吸水纸)；无绒软布；125mL 蒸馏烧瓶；100mL 和 5mL 量筒，分度为 0.1mL、100mL 的量筒应有 5mL 刻线；低温范围 GB-46 号温度计(-2~300℃)或高温范围 GB-47 号温度计(-2~400℃)，或者具有同等精度的热电偶温度计、热阻电阻温度计；秒表。

### 五、实验仪器

常压蒸馏仪的基本元件是蒸馏烧瓶、冷凝器和相连的冷凝浴、用于蒸馏烧瓶的金属防护罩或围屏加热器、蒸馏烧瓶支架和支板、温度测量装置和收集馏出物的接收量筒。手动蒸馏仪器如图2-1 所示，自动蒸馏仪器除上述的基本元件外，还装备有一个测量并自动记录温度及接收量筒中相应回收体积的系统。

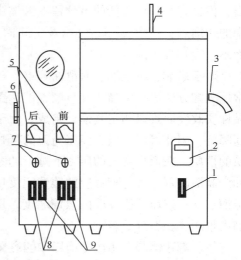

图2-1 石油产品蒸馏测定器

1—冷浴电源；2—温控表；3—冷凝管；4—温度计；5—电压表；6—升降调节旋钮；7—调压旋钮；8—加热电源；9—风扇

### 六、实验方法及操作步骤

1. 取样要求：首先根据试样的性质对其分组，确定取样瓶、试样的储存温度及含水时的处理方法。此处的分组决定了后续蒸馏实验的条件。

2. 仪器准备及馏程试验条件确定。

(1) 由油品的馏程和饱和蒸气压数据(表2-1)确认待测样品所属分组。根据所属分组蒸馏条件选择蒸馏烧瓶、烧瓶支板、温度计、量筒等，并使温度达到开始试验时规定的温度。

(2) 根据样品所属分组，按表2-2 的条件设定冷浴温度。

(3) 用缠在金属丝上的无绒软布擦洗冷凝管内的残存液，以除去上次蒸馏残留的液体或空气中冷凝下来的水分。擦拭方法是将在金属丝上缠有布片的一端冷凝管上端插入，当

金属丝从冷管下端穿出时，将金属丝连同布片一起由下端拉出来。

（4）保持试样温度符合表2-1的要求，用清洁干燥量筒取100mL试样，并尽可能地将试样全部倒入蒸馏瓶中，不能流入支管中。往蒸馏烧瓶中加入一颗沸石，防止突沸。

表 2-1　油品分组特性及取样要求

| 项　目 | 0组 | 1组 | 2组 | 3组 | 4组 |
|---|---|---|---|---|---|
| 样品特性 | 天然汽油 | 终馏点≤250℃ 蒸气压≥65.5kPa | 终馏点≤250℃ 蒸气压<65.5kPa | 终馏点>250℃ 蒸气压<65.5kPa 初馏点≤100℃ | 终馏点>250℃ 蒸气压<65.5kPa 初馏点>100℃ |
| 取样瓶温度/℃ | <5 | <10① | | | |
| 贮存样品温度/℃ | <5 | <10 | <10 | 环境温度 | 环境温度 |
| 分析前样品处理后温度/℃ | <5 | <10 | <10 | 环境温度或 高于倾点9~21℃ | 环境温度或 高于倾点9~21℃ |
| 若试样含水 | 重新取样 | | | 加入无水硫酸钠或其他合适干燥剂脱水，分离，干燥。在报告中应注明试样曾用干燥剂干燥过 | |
| 重取样后仍含水② | 将样品保持在0~10℃之间，每100mL样品中加入约10g的无水硫酸钠，振荡混合物约2min，然后将混合物静置约15min。当样品中无可见悬浮水时，用倾析法倒出样品，将其保持在1~10℃之间待分析之用。报告中应注明试样曾用干燥剂干燥过 | | | | |

① 在特定情况下，样品也可以在低于20℃下贮存。

② 如已知样品含水，可省略重新取样步骤，直接按干燥方法干燥样品。

表 2-2　馏程仪器准备及试验条件

| 项　目 | 0组 | 1组 | 2组 | 3组 | 4组 |
|---|---|---|---|---|---|
| 仪器准备 | | | | | |
| 蒸馏烧瓶/mL | 100 | 125 | 125 | 125 | 125 |
| 仪器准备 | | | | | |
| 蒸馏温度计 | GB-46 | GB-46 | GB-46 | GB-46 | GB-47 |
| 烧瓶支板孔径/mm | 32 | 38 | 38 | 50 | 50 |
| 开始试验的温度 | | | | | |
| 蒸馏烧瓶/℃ | 0~5 | 13~18 | 13~18 | 13~18 | ≤室温 |
| 支板和金属罩/℃ | ≤室温 | ≤室温 | ≤室温 | ≤室温 | — |
| 接收量筒和100mL试样/℃ | 0~4 | 13~18 | 13~18 | 13~18 | 13~室温 |
| 试验条件 | | | | | |
| 冷浴的温度①/℃ | 0~1 | 0~1 | 0~4 | 0~4 | 0~60 |
| 量筒周围浴的温度/℃ | 0~4 | 13~18 | 13~18 | 13~18 | 样温±3 |
| 开始加热到初馏点的时间/min | 2~5 | 5~10 | 5~10 | 5~10 | 5~15 |

续表

| 项 目 | 0组 | 1组 | 2组 | 3组 | 4组 |
|---|---|---|---|---|---|
| 初馏点到5%回收体积的时间/s | — | 60~100 | 60~100 | — | — |
| 初馏点到10%回收体积的时间/s | 3~4 | — | — | — | — |
| 从5%回收体积到烧瓶中残留物为5mL的冷凝平均速度/(mL/min) | — | 4~5 | 4~5 | 4~5 | 4~5 |
| 从10%回收体积到烧瓶中残留物为5mL的冷凝平均速度/(mL/min) | 4~5 | — | — | — | — |
| 从烧瓶中残留物为5mL时到终馏点的时间/min | ≤5 | ≤5 | ≤5 | ≤5 | ≤5 |

① 合适的冷浴温度应该取决于试样的蒸馏馏分和蜡含量，通常情况下只采用一个冷凝温度。

（5）将带有硅酮橡胶塞的温度计紧密装在蒸馏烧瓶颈部，使温度计水银球位于瓶颈的中心线，温度计水银毛细管的底端与支管下缘内壁的最高点齐平，如图2-2所示。

（6）用硅酮橡胶塞将蒸馏烧瓶支管紧密安装在冷凝管上，蒸馏烧瓶要调整至垂直，升高及调整蒸馏烧瓶支板，使其对准并接触蒸馏烧瓶底部。

（7）将取样的量筒不经干燥，放入冷凝管下端的量筒冷却浴内，使冷凝管下端位于量筒中心（暂不

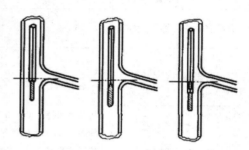

图2-2　温度计在蒸馏烧瓶中的位置

互相接触），并伸入量筒内至少25mm，但不能低于100mL刻线。用一块脱脂棉将量筒盖严密。

（8）记录室温和大气压力。

3. 试验步骤。

（1）开始加热，调节初始电压，对装有试样的蒸馏烧瓶开始加热，注明蒸馏开始时间。

（2）调整加热速度。记录初馏点后，则立即移动量筒，使冷凝管尖端与量筒内壁相接触，让馏出液沿量筒内壁流下。调节加热，使从汽油初馏点到5%回收体积的时间是60~100s；从5%回收体积到蒸馏烧瓶中剩5mL残留物的冷凝平均速率是4~5mL/min，蒸馏速度要均匀。如果不符合上述条件，则重新进行蒸馏。

（3）记录数据并观察实验现象。如果未指明有特殊的数据要求，记录初馏点、终馏点/干点，在5%、15%、85%和95%回收体积时的温度读数，以及10%~90%回收体积之间每10%回收体积倍数时的温度读数。记录量筒中液体体积，要精确至0.5mL（手工）或0.1mL（自动），记录所有温度计读数，要精确至0.5℃（手工）或0.1℃（自动）。如果观察到分解点（蒸馏烧瓶中由于热分解而出现烟雾时的温度计读数），则应停止加热，并按步骤（5）规定进行。

（4）加热强度的最后调整。当在蒸馏烧瓶中的残留液体约为5mL时，再调整加热，使此时到终馏点的时间不超过5min。如果未满足此条件，需对最后加热调整进行适当修改，并重新试验。（注：由于蒸馏烧瓶中剩余5mL沸腾液体的时间难以确定，可用观察接收量筒内回收液体的数量来确定。这点的动态滞留量约为1.5mL。如果没有轻组分损失，蒸馏

烧瓶中 5mL 的液体残留量可认为对应于接收量筒内 93.5mL 的量。这个量需根据轻组分损失估计值进行修正。）如果实际的轻组分损失与估计值相差大于 2mL，则应重新进行试验。

（5）记录回收体积。根据需要观察、记录终馏点/干点，并停止加热。加热停止后，使馏出液完全滴入接收量筒内。在冷凝管继续有液体滴入量筒时，每隔 2min 观察一次冷凝液体积，直至相继两次观察的体积一致为止，精确记录读数。如果出现分解点，而预先停止了蒸馏，则从 100% 减去最大回收体积分数，报告此差值为残留量和损失，并省去步骤（6）。

（6）量取残留百分数。待蒸馏烧瓶冷却后，将其内残留液倒入 5mL 量筒中，并将蒸馏烧瓶悬垂于 5mL 量筒之上，让蒸馏瓶排油，直至量筒液体体积无明显增加为止。记录量筒中的液体体积，精确至 0.1mL，作为总残留百分数。

（7）计算损失百分数。最大回收百分数和残留百分数之和为总回收百分数。从 100% 减去总回收百分数，则得出损失百分数。

## 七、实验数据处理相关公式

1. 记录要求。

对每次试验都应根据所用仪器要求进行记录，所有回收体积分数都要精确至 0.5%（手工）或 0.1%（自动），温度计读数精确至 0.5℃（手工）或 0.1℃（自动）。报告大气压力精确至 0.1kPa（1mmHg）。

2. 对温度计读数进行大气压修正。

温度计读数修正方法有计算法和查表法（略）两种。馏出温度按式（2-1）和式（2-2）计算修正值 $C$：

$$C = 0.0009(101.3 - p_k)(273 + t)$$

或 $$C = 0.00012(760 - p)(273 + t) \tag{2-1}$$

按式（2-2）计算至标准大气压下的温度值 $t_c$：

$$t_c = t + C \tag{2-2}$$

式中 $t_c$——修正至 101.3kPa 时的温度计读数，℃；

$t$——观察到的温度计读数，℃；

$C$——温度计读数修正值，℃；

$p_k$、$p$——试验时的大气压力，单位分别为 kPa 和 mmHg。

3. 校正损失。

当温度读数修正到 101.3kPa 时，需对实际损失百分数进行校正。校正损失按式（2-3）计算：

$$L_C = 0.5 + \frac{L - 0.5}{1 + \dfrac{101.3 - p_k}{8.0}} \tag{2-3}$$

式中 $L_C$——校正损失，%；

$L$——从试验数据计算得出的损失百分数，%；

$p_k$——试验时的大气压力，kPa。

4. 校正回收百分数。

相应校正回收百分数按式(2-4)计算：

$$R_C = R_{max} + (L - L_C) \qquad\qquad (2-4)$$

式中　$R_C$——校正回收百分数，%；

　　　$R_{max}$——观察的最大回收百分数(接收量筒内冷凝液体体积)，%；

　　　$L$——从试验数据计算得出的损失百分数，%；

　　　$L_C$——校正损失，%。

5. 蒸发百分数和蒸发温度，由于测定过程中，直接读取回收体积与其对应的温度，而汽油要求报告蒸发百分数和温度之间的关系，因此需通过对回收百分数($P_R$)和对应温度换算求得蒸发百分数($P_E$)和蒸发温度($t_E$)，换算方法有计算法和图解法(略)分别按式(2-5)和式(2-6)计算：

$$P_E = P_R + L \qquad\qquad (2-5)$$

式中　$P_E$——蒸发百分数，%；

　　　$P_R$——回收百分数，%；

　　　$L$——观测损失，%。

$$t_E = t_L + \frac{(t_H - t_L)(R - R_L)}{R_H - R_L} \qquad\qquad (2-6)$$

式中　$t_E$——蒸发温度，℃；

　　　$R$——对应规定蒸发百分数时的回收百分数，%；

　　　$R_L$——临近并低于 $R$ 的回收百分数，%；

　　　$R_H$——临近并高于 $R$ 的回收百分数，%；

　　　$t_L$——在 $R_L$ 时的温度计读数，℃；

　　　$t_H$——在 $R_H$ 时的温度计读数，℃。

6. 蒸馏过程中任意点的斜率均可用式(2-7)计算：

$$S_C = (t_H - t_L)/(V_H - V_L) \qquad\qquad (2-7)$$

式中　$S_C$——斜率，℃/%；

　　　$t_H$——较高的温度，℃；

　　　$t_L$——较低的温度，℃；

　　　$V_H$——$t_H$ 相应的回收百分数或蒸发百分数，%；

　　　$V_L$——$t_L$ 相应的回收百分数或蒸发百分数，%。

## 八、数据记录及处理

1. 数据记录与处理(见表2-3)。

表格中：$P_R$ 为回收百收数，%；$t$ 为对应的观察值温度读数，℃；$T$ 为时间间隔，min；$P_E$ 为蒸发百分数，%；校正 $t_E$ 为校正后的蒸发温度，℃；$R_{max}$ 为观察的最大回收百分数，%；$L$

为从试验数据计算得出的损失百分数,%。允许值根据表 2-4 计算。

表 2-3　常压馏程的测定结果

试油名称：　　　　　大气压：　　　　　室温：　　　　　实验日期：

| $P_R$/% | 第一次 | | 第二次 | | 平均值 | 校正值 | 平行测定差 | 允许值 | $P_E$/% | 校正 $t_E$/℃ |
|---|---|---|---|---|---|---|---|---|---|---|
| | $t$/℃ 或 $V$/% | $T$/min | $t$/℃ 或 $V$/% | $T$/min | | | | | | |
| 初馏点 | | | | | | | | | 5 | — |
| 5 | | | | | | | | | 10 | |
| 10 | | | | | | | | | 15 | |
| 15 | | | | | | | | | 20 | |
| 20 | | | | | | | | | 30 | |
| 30 | | | | | | | | | 40 | |
| 40 | | | | | | | | | 50 | |
| 50 | | | | | | | | | 60 | |
| 60 | | | | | | | | | 70 | |
| 70 | | | | | | | | | 80 | |
| 80 | | | | | | | | | 85 | |
| 85 | | | | | | | | | 90 | |
| 90 | | | | | | | | | 95 | |
| 终馏点 | | | | | | | | | | |
| $R_{max}$/% | | | | | | | | | | |
| 残留量/% | | | | | | | | | | |
| $L$/% | | | | | | | | | | |

2. 绘制恩氏蒸馏曲线图。

根据回收百分数($P_R$)和校正后的温度(温度读数经大气压修正后)绘制恩氏蒸馏曲线,图中应标明温度读数是否经过大气压修正。

## 九、精密度要求

平行测定的两次结果允许值按表 2-4 规定。

表 2-4　汽油和柴油连续测定的重复性水平

| 汽　油 | | | 柴　油 | | |
|---|---|---|---|---|---|
| 体积分数/% | 手动法/℃ | 自动法/℃ | 体积分数/% | 手动法/℃ | 自动法/℃ |
| 初馏点 | 3.3 | 3.9 | 初馏点 | $1.0+0.35S_C$ | 3.5 |
| 5 | $1.9+0.86S_C$ | $2.1+0.67S_C$ | 5 | $1.0+0.41S_C$ | $1.1+0.1.08S_C$ |
| 10 | $1.2+0.86S_C$ | $1.7+0.67S_C$ | 10~80 | $1.0+0.41S_C$ | $1.2+1.42S_C$ |
| 20~90 | $1.2+0.86S_C$ | $1.1+0.67S_C$ | 90~95 | $1.0+0.41S_C$ | $1.1+1.08S_C$ |
| 95 | $1.9+0.86S_C$ | $2.5+0.67S_C$ | | | |
| 终馏点 | 3.9 | 4.4 | 终馏点 | $0.7+0.36S_C$ | 3.5 |

注：$S_C$ 为按式(2-7)计算得到的斜率。

### 十、测定的影响因素

1. 蒸馏速度对馏出温度的影响。

测定馏程要严格控制加热速度，不然将对测定结果有很大的影响。因为石油产品馏程的测定是条件试验，根据蒸馏油品馏分轻重的不同，所规定的加热速度也不同。在蒸馏过程中，如果加热速度过快，会产生大量气体，来不及从蒸馏瓶支管溢出时，瓶中的气压大于外界的大气压，读出的温度并不是在外界大气压下试样沸腾的温度，往往要比正常蒸馏温度偏高一些。若加热速度始终过快，最后还会出现过热现象，使干点提高而不易测准。当加热速度过慢时，则各馏出温度都偏低。

正确选用石棉垫，是控制蒸馏速度的关键。不同孔径的石棉垫是根据油品的轻重及蒸馏时所需热量的多少，保证必要的加热面以达到规定的蒸馏速度，可保证蒸馏瓶最后的油面高于加热面，以防过热。

2. 温度计的安装对试验结果的影响。

馏程测定法对温度计的安装位置作了规定。因为如果温度计高了，会因瓶颈的蒸气分子少及受冷空气的影响，使馏出温度偏低；如果温度计低了，则因高沸点蒸气或因跳溅液滴溅在水银球上而使馏出温度偏高；温度计插歪了，由于瓶壁与瓶轴心有一定温差，使得馏出温度偏低。

3. 大气压对馏出温度的影响。

大气压对油品的气化有很大影响，油品的沸点随大气压的升高而升高，随大气压的降低而降低。在测定馏程时，若对同一油品在不同大气压下进行测定，则所测得结果也不同。因此，对馏程测定规定在一定大气压下馏出温度不进行修正，而高于或低于规定大气压范围时则必须进行修正。

此外，影响馏程测定的影响因素还有试油中是否含有水量、冷凝器中冷却剂温度的调节等，对测定结果有很大的影响。因此，必须严格按照测定法规定的条件进行操作，以保证测定结果的准确。

# 第三节  减压馏程测定法
## （SH/T 0165—1992）

### 一、实验目的

1. 了解油品减压馏程测定的方法标准（SH/T 0165—1992）。
2. 掌握油品减压馏程测定的操作技能。
3. 掌握油品常、减压蒸馏温度的换算方法。

### 二、实验原理

将 100mL 试样倒入装有瓷片的干净分馏瓶中，记录试样的温度。安装好温度计及仪器。接收量筒放入盛水的高型烧杯中，使水温与装入试样时的温度之差不大于 3℃。启动真空泵，保持整个系统不漏气。调节放空阀，使残压达到测定要求。加热，按要求记录温度和馏出百分数，并记录残压及时间，要求在蒸馏中残压波动不超过 0.5mmHg，最后按常、减压温度换算图换算为常压的馏出温度。

### 三、试剂及材料

常压渣油；量筒：100mL；真空润滑脂；无水氯化钙；瓷片；火棉胶。

### 四、实验仪器

减压馏程测定装置如图 2-3 所示。

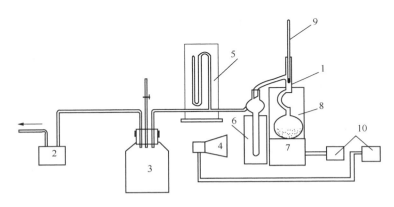

图 2-3　减压馏程测定装置

1—减压蒸馏测定器；2—真空泵；3—缓冲瓶；4—可调红外线灯；5—真空压力计；
6—高型烧杯；7—可调电炉；8—保温罩；9—温度计；10—变压器

### 五、实验步骤

1. 用量筒量取 100 mL 脱水试样（用无水氯化钙脱水），倒入装有瓷环的干净分馏瓶中，记录取样时的温度。

2. 安装仪器时注意温度计位于分馏瓶瓶颈中央，并使温度计水银球的上边缘与分馏瓶支管的下边缘处在同一水平面上，各磨口处涂上少量真空脂。用红外线灯控制接收量筒外的高型烧杯水温保持在与取样时的温差不大于 3℃。

3. 启动真空泵，调节放空阀，使残压达到测定要求。馏程范围在 200~350℃时，残压为 50mmHg；大于 350℃时，残压小于 5mmHg。

4. 开始加热。初馏时间控制在 10~20min，初馏点到馏出 10% 的时间不超过 8min，馏出体积 10%~90% 时要求馏出速度控制在 4~5mL/min。馏出 90% 时允许最后调整一次加热强度，使馏出 90% 到终馏点的时间不超过 5min。蒸馏时，记录所需的温度和馏出百分数，同时记录残压及时间。在蒸馏过程中残压波动不超过 0.5mmHg(67Pa)。

5. 蒸馏到终馏点时停止加热，取下保温罩，待温度计自然冷却到 100℃以下，缓慢放空，使水银真空压力计回到原位后停真空泵。最后按常、减压温度换算图(图 2-4)将减压下测定的各点温度换算为常压下的馏出温度。

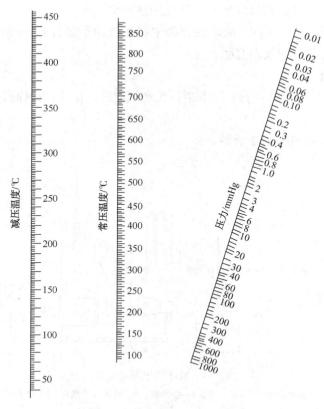

图 2-4　常、减压温度换算图

### 六、精确度

重复测定两个结果间的差数：馏出温度不大于 5℃，馏出量不大于 1mL。

### 七、测定的影响因素

影响因素除与 GB/T 6536—2010 方法相同外，还应注意在整个测定过程中，减压蒸馏装置的残压尽可能保持不变。由于残压的变化而造成的人为查图的误差对结果有较大的影响。

### 八、思考题与练习题

1. 简述下列概念：馏程、初馏点、干点、终馏点、残留量、损失量。

2. 蒸馏时，从开始加热到第一滴馏出的时间有何要求？请列举几例。

3. 蒸馏时温度计的安装要注意什么？

4. 测定馏程为什么要严格控制加热速度？本试验加热速度控制如何？

5. 石油产品馏程测定在生产和应用上有何意义？

6. 馏程测定时的温度计安装正确与否对试验结果有何影响？

7. 为什么说正确选用蒸馏烧瓶支板是控制蒸馏速度的关键？如何正确选用？

8. 馏程的蒸馏过程是否有分馏作用，为什么？

# 第三章　石油和液体石油产品密度测定

第一节　概　　述

### 一、密度、视密度、标准密度、相对密度

物质的密度随温度的变化而变化，温度升高，体积膨胀，密度减小；温度降低，体积缩小，密度增大。油品也随着温度的变化而改变其体积，密度也随着发生变化。因此油品密度的测定结果必须注明测定温度。

1. 密度：单位体积（在真空中）石油的质量，用"$\rho$"表示。单位为 $g/cm^3$、$kg/m^3$、$kg/L$ 等。

2. 视密度：指在某温度 $t$（非 20℃）下所测得的密度计的读数，用"$\rho_t$"表示。

3. 标准密度：指石油及液体石油产品在 20℃ 温度下所测得的密度，用"$\rho_{20}$"表示。

4. 相对密度：在规定的温度下液体石油的密度与水的密度之比。在温度 $t_1$ 时一定体积物质的质量与在温度 $t_2$ 时相同体积纯水质量之比，也就是温度 $t_1$ 时物质的密度与温度 $t_2$ 时纯水的密度之比，用 $d_{t_2}^{t_1}$ 表示。当参比温度是 4℃ 的水时的密度为 1，油品 $t$℃ 时的相对密度表示为 $d_4^t$。这样，当温度 $t$ 为 20℃ 时相对密度和标准密度在数值上是相等的，相对密度没有单位，而标准密度有单位。

石油和液体石油产品密度测定法主要是密度计法和比重瓶法两种，而密度计法在实际使用中应用最为广泛。

石油和液体石油产品密度测定法测定温度的范围是 -18~90℃。在这个测定的温度范围内可测定任何一个温度 $t$ 时的视密度 $\rho_t$。一般在室温下进行测定，然后通过 GB/T 1885—1992 表Ⅰ换算为标准温度下的密度 $\rho_{20}$。表 3-8 是从 GB/T 1885—1992 表Ⅰ中摘录的部分标准密度换算表。标准密度 $\rho_{20}$ 也可以通过式（3-1）进行换算。

$$\rho_{20} = \rho_t + \gamma (t - 20) \qquad (3-1)$$

式中　$\rho_t$——石油 $t$℃ 时的密度，$kg/m^3$；

$\rho_{20}$——石油 20℃ 时的密度，$kg/m^3$；

$\gamma$——石油密度温度系数，即当石油温度每变化 1℃ 时，其密度的变化值（表 3-5），$kg/(m^3 \cdot ℃)$；

$t$——测定温度，℃。

### 二、测定石油产品密度在生产和应用上的意义

测定石油产品密度在生产和应用上具有重要意义。通过测定油品的密度可计算油品的

重量；在油品储运和使用过程，通过密度了解油品的变化情况，推断油品是否混入重质油品或轻质油品；由密度的大小可以大致看出石油和石油产品的馏分组成和化学组成，初步鉴别其种类，在一定程度上可以了解油品的质量；还可以通过密度来求得一些理化参数和所含化合物的结构。

油品密度由温度、馏分组成、化学组成诸因素所决定。温度越高，密度越小，馏分越重，密度越大；当馏分组成大致相同时，石油中化学组成的各类化合物的密度大致关系为：沥青质>胶质>芳烃>烯烃>环烷烃>烷烃。常温下压力对密度影响不大。

# 第二节　石油和液体石油产品密度计测定法
## （GB/T 1884—2000）

### 一、实验目的
1. 了解密度计法测定石油和液体石油产品的密度的原理。
2. 掌握密度计法测定石油和液体石油产品的密度的实验方法。
3. 掌握不同温度下密度换算方法。

### 二、密度计法的测定原理
密度计法的测定原理是以阿基米德定律为基础的。当密度计沉入液体时，排开一部分液体，同时受到一个自下而上的浮力作用。当被密度计所排开的液体重量等于密度计本身的重量时，则密度计处于平衡状态，即漂浮于液体石油产品中。液体密度越大，则密度计漂浮得越高；液体密度越小，则沉得越深。

密度计的制作是在标准温度（20℃）下进行分度的，密度值是在液体与密度计杆管的上弯月面相重合的地方标出。因此，测定时的读数也应该是密度计杆管的上弯月面的相重合处。在温度 $t$ 时所测出的密度为视密度。

### 三、试剂及材料
石油和液体石油产品；吸油纸；干净毛巾。

### 四、实验仪器
石油密度计：SY-1 型、SY-2 型。

全浸式水银温度计：量程 -1～38℃，分度值为 0.1℃；量程 -20～102℃，分度值为 0.2℃。

玻璃量筒：内径至少比密度计外径大 25mm，密度计底部与量筒底部的间距至少有 25mm。

恒温浴：恒温准确到试验温度±0.25℃。

### 五、实验方法及操作步骤
1. 雷德蒸气压 RVP 大于 50kPa 的挥发性原油和石油产品，样品应在原来的容器和密闭系统中混合。

2. 含蜡原油，如果原油的倾点高于10℃或浊点高于15℃，在混合样品前，要加热到高于倾点9℃以上，或高于浊点3℃以上。样品应在原来的容器和密闭系统中混合。

3. 含蜡馏分油，在混合样品前，应加热到浊点3℃以上。

4. 残渣燃料油，在混合样品前，应加热到试验温度。

根据试油性质确定测定温度，尽可能在室温下进行。将试样充分摇匀，在室温下将试样小心地沿壁倾入清洁干燥的量筒中，当试样表面有气泡时，可用一片清洁滤纸除去气泡。装试样量筒应放在没有气流和平稳的地方，然后选择合适的洁净的密度计缓慢地放入试样中，注意液面以上的密度计杆管浸湿不得超过两个最小分度值，以免影响所得读数。测定透明液体，先使眼睛稍低于液面的位置，慢慢地升到表面，先看到一个不正的椭圆，然后变成一条与密度计刻度相切的直线（见图3-1a）。测定不透明液体，使眼睛稍高于液面的位置观察（见图3-1b），同时测量试样温度。

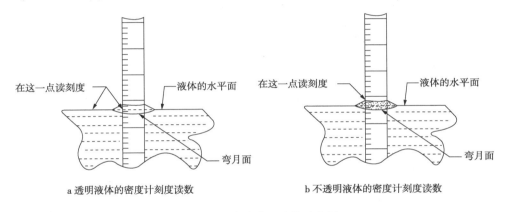

图3-1　密度计液面读数示意图

重复测定时只需将密度计在量筒中轻轻转动一下，再放开，待密度计稳定后读数并测定试样温度。

记录两次测定温度和视密度的结果，密度计读准至 $0.0001kg/m^3$，温度读准至0.2℃。

测定密度时还可将原试样提高温度后并保持恒温，再进行测定，观察试样结果有何变化。

## 六、数据记录与处理

根据测得的温度和视密度，由表3-8直接查出标准密度 $\rho_{20}$，或由温度系数表3-5查出 $\gamma$，再由公式（3-1）算出标准密度 $\rho_{20}$。

**例**：测得某试油的密度为 $0.7706kg/m^3$，温度为28℃，请换算到20℃时的密度。

1. 公式法。

解：从表3-5查得 $0.7706g/m^3$ 的密度温度系数为0.00078，代入公式（3-1）得：

$$\rho_{20} = 0.7706 + 0.00078 \times (28 - 20) = 0.7768(kg/m^3)$$

因计算后的 $\rho_{20}$ 为 $0.7768kg/m^3$，不在 $0.7641 \sim 0.7709kg/m^3$ 之间，而在 $0.7710 \sim$

0.7772kg/m³ 之间，故采用其对应温度系数 0.00077 进行修正：

$$\rho_{20} = 0.7706 + 0.00077 \times (28 - 20) = 0.77676(\text{kg/m}^3)$$

四舍五入保留四位小数，$\rho_{20}$ 为 0.7768kg/m³。

2. 查表法。

解：查表 3-8，视密度纵列 0.7700kg/m³ 和 0.7710kg/m³，温度横列 28℃得 0.7763kg/m³ 和 0.7770kg/m³。

密度尾数修正值＝(0.7770-0.7763)/(0.7710-0.77)×(0.7706-0.77)＝0.0004(kg/m³)

得 20℃密度为：

$$0.7763 + 0.0004 = 0.7767(\text{kg/m}^3)$$

如果视密度和所测温度都不在表中时，必须计算密度和温度两个尾数修正值。

3. 密度计法原始数据、计算及结果（见表 3-1）。

表 3-1　数据记录表

| 试油名称 | | | |
|---|---|---|---|
| 则定次数 | 第一次 | 第二次 | 第三次 |
| 测定温度/℃ | | | |
| 温度系数 γ | | | |
| 视密度 $\rho_t$/(kg/m³) | | | |
| 标准密度 $\rho_{20}$/(kg/m³) | | | |
| 标准密度平行试验差数/(kg/m³) | | | |
| 标准密度测定结果/(kg/m³) | | | |

## 七、精确度与报告

1. 重复性。

同一操作者用同一仪器在恒定的操作条件下对同一试样测定，按试验方法正确地操作所得连续测定结果之间的差，在长期操作时间中，超过表 3-2 所示数值的可能性只有二十分之一。

表 3-2　重复性

| 石油产品 | 温度范围/℃ | 单位 | 重复性 |
|---|---|---|---|
| 透明低黏度 | -2~24.5 | kg/m³<br>g/cm³ | 0.5<br>0.0005 |
| 不透明 | -2~24.5 | kg/m³<br>g/cm³ | 0.6<br>0.0006 |

2. 再现性。

不同操作者，在不同实验室对同一试样测定，按试验方法正确地操作得到的两个独立的结果之间的差，在长期操作实践中，超过表 3-3 所示数值的可能性只有二十分之一。

表 3-3　再现性

| 石油产品 | 温度范围/℃ | 单位 | 再现性 |
| --- | --- | --- | --- |
| 透明 低黏度 | −2~24.5 | kg/m³ g/cm³ | 1.2 0.0012 |
| 不透明 | −2~24.5 | kg/m³ g/cm³ | 1.5 0.0015 |

3. 取两个测定结果的平均值作为报告结果，换算成 20℃下标准密度，结果精确到 0.1 kg/m³(0.0001 g/cm³)。

# 第三节　液体比重(韦氏)天平测定法

**一、实验目的**

1. 了解液体比重(韦氏)天平法测定石油和液体石油产品的密度的原理。
2. 掌握液体比重(韦氏)天平法测定石油和液体石油产品的密度的实验方法。
3. 掌握不同温度下密度换算方法。

**二、液体比重(韦氏)天平测定原理**

液体比重(韦氏)天平是计量仪器之一。用于科研上的液体密度测定。其测定原理是：利用阿基米德定律和杠杆定律为测定基本原理，用有一标准体积(5cm³)与标准质量(15g)之测锤，浸没于液体之中获得浮力而使横梁失去平衡，然后在横梁的"V"形槽里放置各种定量骑码，使横梁恢复平衡而测得液体的相对密度 $d_t^t$。

**三、试剂及材料**

石油和液体石油产品；吸油纸；95%乙醇浸泡的棉花团(装于 125mL 广口瓶或螺纹瓶内)。

**四、实验仪器**

实验仪器如图 3-2 所示。

**五、试验方法及操作步骤**

1. 将测锤用酒精洗净晾干，再将托架升至适当高度后用支柱紧定螺钉旋紧，横梁置于托架之玛瑙刀座上，用等重砝码或直接用测锤挂于横梁右端小钩上，调整水平调节螺钉，使横梁上指针

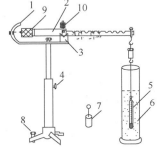

图 3-2　液体比重天平

1—托架；2—横梁；3—玛瑙刀座；
4—支柱紧定螺钉；5—测锤；6—玻璃量筒；
7—等重砝码；8—水平调节螺钉；
9—平衡调节器；10—重心调节器

与托架指针成水平线，以示平衡。如无法调节平衡时，可松开平衡调节器上的定位小螺钉，调节至平衡后，旋紧定位螺钉[1]。

---

　①韦氏天平调平后，不能再移动天平。

2. 将试油注入量筒内至液面高于(平衡状态)测锤上的金属丝 $10 \sim 15mm$，测锤位于量筒中央。此时因浮力作用，天平横梁失去平衡，然后在横梁"V"形槽与小钩上加放各种骑码使之恢复平衡，同时测量液体温度，即测得液体的视密度 $d_t^t$。

3. 平衡时砝码读数。砝码的名义值从大到小分别为 $5g$、$500mg$、$50mg$、$5mg$。其代表的数值为：各砝码放在横梁"V"形槽中第 $1 \sim 9$ 的数值为 $0.1 \sim 0.9$、$0.01 \sim 0.09$、$0.001 \sim 0.009$、$0.0001 \sim 0.0009$；放在小钩上(第 10 位)时分别为 1、0.1、0.01、0.001。横梁上"V"形槽与各种砝码的关系为十进位，如横梁平衡时，所加之砝码从大到小分别在横梁之"V"形槽位置第九位、第八位、第六位、第四位，读出的视密度为 0.9864。

### 六、数据记录与处理

1. 如果以视密度 $\rho_t$ 表示时则按式(3-2)计算：

$$\rho_t = d_t^t \times K \tag{3-2}$$

式中　　$d_t^t$——石油 $t$℃时的相对密度；

　　　　$K$——水在 $t$℃时的密度(见表3-6)，$kg/m^3$。

2. 如果所测密度是在 15.6℃恒温下进行时，用式(3-3)便可计算出相对密度 $d_4^{20}$ 或标准密度 $\rho_{20}$。如果是在温度 $t$ 测定时，则先用式(3-2)计算，得到 $\rho_t$，再由式(3-1)计算，最后得到相对密度 $d_4^{20}$ 或标准密度 $\rho_{20}$。

$$d_4^{20} = d_{15.6}^{15.6} - \Delta d \tag{3-3}$$

3. 实验数据与处理(见表3-4)。

表 3-4　数据记录表

| 试油名称 | | | |
|---|---|---|---|
| 测定次数 | 第一次 | 第二次 | 第三次 |
| 测定温度/℃ | | | |
| 相对密度 $d_t^t$ | | | |
| 水的密度 $K/(kg/m^3)$ | | | |
| $t$ 时的密度 $\rho_t/(kg/m^3)$ | | | |
| 标准密度 $\rho_{20}/(kg/m^3)$ | | | |
| 标准密度平行试验差数/$(kg/m^3)$ | | | |
| 标准密度测定结果/$(kg/m^3)$ | | | |

### 七、精确度及报告

要求与密度计法相同。

# 第四节　比重瓶测定法
# （GB/T 2540—1988）

## 一、实验目的

1. 了解比重瓶测定法测定密度的原理。

2. 掌握比重瓶测定法测定密度的实验方法。

## 二、测定原理

本方法主要用于少量油品的科学研究。适用于测定液体或固体石油产品的密度。其测定原理是把试样装入比重瓶中，恒温至所需温度，然后称重，由这个重量和在同样温度下测得比重瓶中水的重量(水值)，就可以计算出试样密度。

## 三、试剂及材料

比重瓶(如图 3-3 所示)：体积 10mL 或 25mL。① 磨口塞型：多用于较易挥发的产品，如汽油等；② 毛细管塞型：适用于不易挥发的液体，如润滑油等；③ 广口型：适用于高黏度产品，如重油或固体产品。

恒温浴：恒温至测试温度±0.1℃。

温度计：0~50℃ 或 50~100℃，分度为 0.1℃。

分析天平：量程 220g，精度 0.1g。

滤纸，绸布，注射器，比重瓶支架。洗涤溶剂、铬酸洗液等。

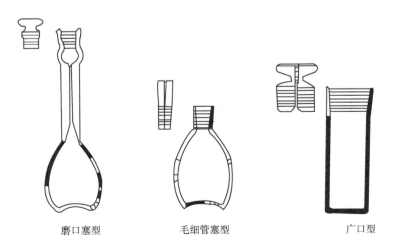

磨口塞型　　　　毛细管塞型　　　　广口型

图 3-3　各种型式的比重瓶

### 四、试验方法及操作步骤

1. 准备工作。

先用溶剂清除比重瓶和塞子的油污，经铬酸洗液清洗，再用水清洗，最后用蒸馏水冲洗至瓶内外壁上不挂水珠并干燥。

水值测定：将干燥好并冷却至室温的比重瓶称准至 0.0002g，得空比重瓶质量 $m_1$。用注射器将新煮沸并冷却至所需温度的蒸馏水装至比重瓶顶端，加上塞子，然后放入所需的恒温水浴中，但不要浸没比重瓶或毛细管上端，保持 30min，待温度平衡稳定后，用滤纸吸去过剩的水，取出比重瓶，用绸布将比重瓶外部擦干，称准至 0.0002g，得到瓶和 $t$℃下水的质量 $m_2$。比重瓶的水值 $m_t = m_2 - m_1$。

2. 试验步骤。

比重瓶的水值应测定 3~5 次，取其平均值作为该比重瓶的水值。

根据试样选择适当型号的比重瓶，将恒温浴调至所需的温度。

将清洁、干燥的已确定水值的比重瓶称准至 0.0002g。再将试样用注射器小心地装入已称量的比重瓶中，加上塞子浸入恒温浴至顶部，但不要浸没比重瓶塞或毛细管上端，在浴中恒温时间不得少于 20min，当温度达到平衡、没有气泡、试样表面不再变动时，将毛细管顶部（或毛细管中）过剩的试样用滤纸或注射器吸去。将磨口塞型比重瓶盖上磨口塞，取出比重瓶，擦干其外部并称准至 0.0002g，得装有试样的比重瓶质量 $m_3$。

### 五、数据记录与处理

1. 液体试样 $t$℃的密度 $\rho_t$，按式（3-4）计算：

$$\rho_t = \frac{(m_3 - m_1)(\alpha - 0.0012)}{m_t} + 0.0012 \qquad (3-4)$$

式中　$m_3$——在 $t$℃时装有试样的比重瓶质量，g；

　　　$m_1$——空比重瓶质，g；

　　　$m_t$——在 $t$℃时比重瓶水值，g；

　　　$\alpha$——水在 $t$℃时的密度，kg/m$^3$；

　0.0012——在 20℃时的大气压为 101.3kPa，kg/m$^3$。

2. 如果是测定 20℃下的密度，比重瓶的水值可在 20℃下测定，其他测定方法和计算同上。

对固体或半固体试样，在广口型比重瓶中加入半瓶试样，加热融溶抽空除气泡，冷却至接近测定温度，称准至 0.0002g，得到瓶和试样质量 $m_3$。再用蒸馏水充满比重瓶，并放在测定温度的恒温水浴中，按上面所规定手续进行，得到装有半瓶试样和水的比重瓶质量 $m_4$，结果计算可按上面公式进行，但注意比重瓶的水值应减去半瓶水的质量。如式（3-5）：

$$\rho_{20} = \frac{(m_3 - m_1)(0.99820 - 0.0012)}{m_{20} - (m_4 - m_3)} + 0.0012 \qquad (3-5)$$

式中    $m_1$——空比重瓶质量，g；

        $m_3$——在 20℃时装有半瓶试样的比重瓶质量，g；

        $m_4$——在 20℃时装有半瓶试样和水的比重瓶质量，g；

        $m_{20}$——在 20℃时比重瓶水值，g；

 0.99820——水在 20℃时的密度，kg/m³。

如某些试样（如原油、重油等）要求测定 20℃密度结果，可用 20℃下水值，用公式（3-4）计算 $t$℃下视密度 $\rho_t$，再由石油密度换算表 3-8 进行换算。

### 六、精确度与报告

1. 重复测定两个结果之差，液体石油产品不应超过 0.0004kg/m³，固体或半固体的不应超过 0.0008kg/m³。

2. 取重复测定两个结果的平均值作为测定结果。

### 七、密度测定的影响因素

1. 油品性质：

（1）测定中低挥发性试样，尤其是凝固点高的原油时，要在确保试样被加热到具有足够流动性的温度条件下，让密度计在试样中停留足够长的时间，以保证密度计达到稳定和平衡。

（2）测定挥发性液体油品试样，温度越高、放置时间越长，轻组分挥发性越大，使测定结果偏高。因此应该严格按照国家标准要求，测量温度要尽量接近实际温度，加热至试样正常流动时为止。

2. 取样：取样对液体密度的测定影响试样是否具有代表性，是测定结果是否准确的前提条件，取样前应将试样充分震荡或搅拌均匀。

3. 温度：温度对油品密度测定结果的影响在于石油及液体石油产品随温度的变化而改变其体积，会使其密度发生变化。因此试样和量筒两者温度要基本一致，密度计在试样中停留时间要达到温度平衡。

4. 其他：读数时要除去所有气泡。

### 八、练习题与思考题

1. 简述概念：密度、视密度、标准密度、相对密度。

2. 简述石油产品密度计法的测定原理。

3. 比较相对密度与标准密度概念。

4. 试述液体比重天平的测定原理。

5. 测定油品密度在生产和应用上有何意义？

6. 油品密度与其馏分组成、化学组成的关系？

7. 计算：测得某油品的视密度为 0.8250kg/m³，温度为 35℃时，求出油品在 20℃的密度。

表 3-5　石油密度温度系数表（$\gamma$ 值）

| $\rho_{20}$/ (kg/m³) | $\gamma$/ [kg/(m³·℃)] | $\rho_{20}$/ (kg/m³) | $\gamma$/ [kg/(m³·℃)] | $\rho_{20}$/ (kg/m³) | $\gamma$/ [kg/(m³·℃)] |
|---|---|---|---|---|---|
| 0.5993~0.6042 | 0.00107 | 0.7014~0.7072 | 0.00088 | 0.8292~0.8370 | 0.00069 |
| 0.6043~0.6091 | 0.00106 | 0.7073~0.7132 | 0.00087 | 0.8371~0.8450 | 0.00068 |
| 0.6092~06142 | 0.00105 | 0.7133~0.7193 | 0.00086 | 0.8451~0.8533 | 0.00067 |
| 0.6043~0.6193 | 0.00104 | 0.7194~0.7255 | 0.00085 | 0.8534~0.8618 | 0.00066 |
| 0.6194~0.6244 | 0.00103 | 0.7256~0.7317 | 0.00084 | 0.8619~0.8704 | 0.00065 |
| 0.6245~0.6295 | 0.00102 | 0.7318~0.7380 | 0.00083 | 0.8705~0.8792 | 0.00064 |
| 0.6296~0.6347 | 0.00101 | 0.7381~0.7443 | 0.00082 | 0.8793~0.8884 | 0.00063 |
| 0.6348~0.6400 | 0.001 | 0.7444~0.7509 | 0.00081 | 0.8885~0.8977 | 0.00062 |
| 0.6401~0.6453 | 0.00099 | 0.7510~0.7574 | 0.0008 | 0.8978~0.9073 | 0.00061 |
| 0.6454~0.6506 | 0.00098 | 0.7575~0.7640 | 0.00079 | 0.9074~0.9172 | 0.0006 |
| 0.6507~0.6560 | 0.00097 | 0.7641~0.7709 | 0.00078 | 0.9173~0.9276 | 0.00059 |
| 0.6561~0.6615 | 0.00096 | 0.7710~0.7772 | 0.00077 | 0.9277~0.9382 | 0.00058 |
| 0.6616~0.6670 | 0.00095 | 0.7773~0.7847 | 0.00076 | 0.9383~0.9492 | 0.00057 |
| 0.6671~0.6726 | 0.00094 | 0.7848~0.7917 | 0.00075 | 0.9493~0.9609 | 0.00056 |
| 0.6727~0.6782 | 0.00093 | 0.7918~0.7990 | 0.00074 | 0.9610~0.9729 | 0.00055 |
| 0.6783~0.6839 | 0.00092 | 0.7991~0.8063 | 0.00073 | 0.9730~0.9855 | 0.00054 |
| 0.6840~0.6896 | 0.00091 | 0.8064~0.8137 | 0.00072 | 0.9856~0.9951 | 0.00053 |
| 0.6897~0.6954 | 0.0009 | 0.8138~0.8213 | 0.00071 | 0.9952~1.0131 | 0.00052 |
| 0.6955~0.7013 | 0.00089 | 0.8214~0.8291 | 0.0007 | | |

注：此表适用于非 20℃时石油和液体石油产品密度的换算。

表 3-6　水的密度表（K）

| 温度/℃ | 密度/(kg/m³) | 温度/℃ | 密度/(kg/m³) | 温度/℃ | 密度/(kg/m³) |
|---|---|---|---|---|---|
| 0 | 0.999840 | 18 | 0.998595 | 36 | 0.993681 |
| 1 | 0.999898 | 19 | 0.998404 | 37 | 0.993325 |
| 2 | 0.999940 | 20 | 0.998203 | 38 | 0.992962 |
| 3 | 0.999964 | 21 | 0.997991 | 39 | 0.992591 |
| 4 | 0.999972 | 22 | 0.997769 | 40 | 0.992212 |
| 5 | 0.999964 | 23 | 0.997537 | 45 | 0.990208 |
| 6 | 0.999940 | 24 | 0.997295 | 50 | 0.988030 |
| 7 | 0.999901 | 25 | 0.997043 | 55 | 0.985688 |
| 8 | 0.999848 | 26 | 0.996782 | 60 | 0.983191 |
| 9 | 0.999781 | 27 | 0.996511 | 65 | 0.980546 |
| 10 | 0.999699 | 28 | 0.996231 | 70 | 0.977759 |

续表

| 温度/℃ | 密度/(kg/m³) | 温度/℃ | 密度/(kg/m³) | 温度/℃ | 密度/(kg/m³) |
|---|---|---|---|---|---|
| 11 | 0.999605 | 29 | 0.995943 | 75 | 0.974837 |
| 12 | 0.999497 | 30 | 0.995645 | 80 | 0.971785 |
| 13 | 0.999377 | 31 | 0.995339 | 85 | 0.968606 |
| 14 | 0.999244 | 32 | 0.995024 | 90 | 0.965304 |
| 15 | 0.999099 | 33 | 0.994700 | 95 | 0.961883 |
| 16 | 0.998943 | 34 | 0.994369 | 100 | 0.958345 |
| 17 | 0.998774 | 35 | 0.994029 |  |  |

表 3-7　$d_{15.6}^{15.6}$ 与 $\Delta d$ 的换算表

| $d_{15.6}^{15.6}$ | $\Delta d$ | $d_{15.6}^{15.6}$ | $\Delta d$ | $d_{15.6}^{15.6}$ | $\Delta d$ |
|---|---|---|---|---|---|
| 0.7000~0.7100 | 0.0051 | 0.8000~0.8200 | 0.0045 | 0.9100~0.9200 | 0.0039 |
| 0.7100~0.7300 | 0.005 | 0.8200~0.8400 | 0.0044 | 0.9200~0.9400 | 0.0038 |
| 0.7300~0.7500 | 0.0049 | 0.8400~0.8500 | 0.0043 | 0.9400~0.9500 | 0.0037 |
| 0.7500~0.7700 | 0.0048 | 0.8500~0.8700 | 0.0042 |  |  |
| 0.7700~0.7800 | 0.0047 | 0.8700~0.8900 | 0.0041 |  |  |
| 0.7800~0.8000 | 0.0046 | 0.8900~0.9100 | 0.004 |  |  |

表 3-8(1)　石油视密度换算表

| 温度/℃ | 视密度/(kg/m³) | | | | | | | | | |
|---|---|---|---|---|---|---|---|---|---|---|
|  | 0.7700 | 0.7710 | 0.7720 | 0.7730 | 0.7740 | 0.7750 | 0.7760 | 0.7770 | 0.7780 | 0.7790 |
| 10.0 | 0.7623 | 0.7633 | 0.7644 | 0.7654 | 0.7664 | 0.7674 | 0.7684 | 0.7694 | 0.7704 | 0.7715 |
| 11.0 | 0.7631 | 0.7641 | 0.7651 | 0.7661 | 0.7672 | 0.7682 | 0.7692 | 0.7702 | 0.7712 | 0.7722 |
| 12.0 | 0.7639 | 0.7649 | 0.7659 | 0.7669 | 0.7679 | 0.7689 | 0.7700 | 0.7710 | 0.7720 | 0.7730 |
| 13.0 | 0.7647 | 0.7657 | 0.7667 | 0.7677 | 0.7687 | 0.7697 | 0.7707 | 0.7717 | 0.7727 | 0.7737 |
| 14.0 | 0.7654 | 0.7664 | 0.7674 | 0.7684 | 0.7695 | 0.7705 | 0.7715 | 0.7725 | 0.7735 | 0.7745 |
| 15.0 | 0.7662 | 0.7672 | 0.7682 | 0.7692 | 0.7702 | 0.7712 | 0.7722 | 0.7732 | 0.7743 | 0.7753 |
| 16.0 | 0.7670 | 0.7680 | 0.7690 | 0.7700 | 0.7710 | 0.7720 | 0.7730 | 0.7740 | 0.7750 | 0.7760 |
| 17.0 | 0.7677 | 0.7687 | 0.7697 | 0.7707 | 0.7717 | 0.7727 | 0.7737 | 0.7748 | 0.7758 | 0.7768 |
| 18.0 | 0.7685 | 0.7695 | 0.7705 | 0.7715 | 0.7725 | 0.7735 | 0.7745 | 0.7755 | 0.7765 | 0.7775 |
| 19.0 | 0.7692 | 0.7702 | 0.7712 | 0.7722 | 0.7732 | 0.7742 | 0.7752 | 0.7762 | 0.7772 | 0.7782 |
| 20.0 | 0.7700 | 0.7710 | 0.7720 | 0.7730 | 0.7740 | 0.7750 | 0.7760 | 0.7770 | 0.7780 | 0.7790 |
| 21.0 | 0.7707 | 0.7718 | 0.7728 | 0.7738 | 0.7747 | 0.7757 | 0.7767 | 0.7777 | 0.7787 | 0.7797 |
| 22.0 | 0.7715 | 0.7725 | 0.7735 | 0.7745 | 0.7755 | 0.7765 | 0.7775 | 0.7785 | 0.7795 | 0.7805 |
| 23.0 | 0.7722 | 0.7733 | 0.7742 | 0.7752 | 0.7762 | 0.7772 | 0.7782 | 0.7792 | 0.7802 | 0.7812 |
| 24.0 | 0.7729 | 0.7740 | 0.7750 | 0.7760 | 0.7770 | 0.7780 | 0.7790 | 0.7800 | 0.7810 | 0.7820 |

| 温度/℃ | 视密度/(kg/m³) | | | | | | | | | |
|---|---|---|---|---|---|---|---|---|---|---|
| | 0.7700 | 0.7710 | 0.7720 | 0.7730 | 0.7740 | 0.7750 | 0.7760 | 0.7770 | 0.7780 | 0.7790 |
| 25.0 | 0.7738 | 0.7747 | 0.7757 | 0.7767 | 0.7777 | 0.7787 | 0.7797 | 0.7807 | 0.7817 | 0.7827 |
| 26.0 | 0.7745 | 0.7755 | 0.7765 | 0.7775 | 0.7785 | 0.7795 | 0.7804 | 0.7814 | 0.7824 | 0.7834 |
| 27.0 | 0.7752 | 0.7762 | 0.7772 | 0.7782 | 0.7792 | 0.7802 | 0.7812 | 0.7822 | 0.7832 | 0.7842 |
| 28.0 | 0.7763 | 0.7770 | 0.7780 | 0.7789 | 0.7799 | 0.7809 | 0.7819 | 0.7829 | 0.7839 | 0.7849 |
| 29.0 | 0.7767 | 0.7777 | 0.7787 | 0.7797 | 0.7807 | 0.7817 | 0.7827 | 0.7836 | 0.7846 | 0.7856 |
| 30.0 | 0.7775 | 0.7784 | 0.7794 | 0.7804 | 0.7814 | 0.7824 | 0.7834 | 0.7844 | 0.7853 | 0.7863 |
| 31.0 | 0.7782 | 0.7792 | 0.7802 | 0.7811 | 0.7821 | 0.7831 | 0.7841 | 0.7851 | 0.7861 | 0.7870 |
| 32.0 | 0.7789 | 0.7799 | 0.7809 | 0.7819 | 0.7828 | 0.7838 | 0.7848 | 0.7858 | 0.7868 | 0.7878 |
| 33.0 | 0.7796 | 0.7806 | 0.7816 | 0.7826 | 0.7836 | 0.7846 | 0.7855 | 0.7865 | 0.7875 | 0.7885 |
| 34.0 | 0.7804 | 0.7814 | 0.7823 | 0.7833 | 0.7843 | 0.7853 | 0.7863 | 0.7873 | 0.7883 | 0.7892 |
| 35.0 | 0.7811 | 0.7821 | 0.7831 | 0.7840 | 0.7850 | 0.7860 | 0.7870 | 0.7880 | 0.7889 | 0.7999 |
| 36.0 | 0.7818 | 0.7828 | 0.7838 | 0.7848 | 0.7857 | 0.7867 | 0.7877 | 0.7887 | 0.7896 | 0.7906 |
| 37.0 | 0.7825 | 0.7835 | 0.7845 | 0.7855 | 0.7864 | 0.7874 | 0.7884 | 0.7894 | 0.7904 | 0.7913 |
| 38.0 | 0.7832 | 0.7842 | 0.7852 | 0.7862 | 0.7872 | 0.7881 | 0.7891 | 0.7901 | 0.7911 | 0.7920 |
| 39.0 | 0.7840 | 0.7850 | 0.7859 | 0.7869 | 0.7879 | 0.7888 | 0.7898 | 0.7908 | 0.7919 | 0.7929 |
| 40.0 | 0.7847 | 0.7857 | 0.7866 | 0.7876 | 0.7886 | 0.7896 | 0.7805 | 0.7915 | 0.7925 | 0.7934 |

表 3-8(2)　石油视密度换算表

| 温度/℃ | 视密度/(kg/m³) | | | | | | | | | |
|---|---|---|---|---|---|---|---|---|---|---|
| | 0.7800 | 0.7810 | 0.7820 | 0.7830 | 0.7840 | 0.7850 | 0.7860 | 0.7870 | 0.7880 | 0.7890 |
| 10.0 | 0.7725 | 0.7735 | 0.7745 | 0.7755 | 0.7765 | 0.7776 | 0.7786 | 0.7796 | 0.7806 | 0.7816 |
| 11.0 | 0.7732 | 0.7743 | 0.7753 | 0.7763 | 0.7773 | 0.7783 | 0.7793 | 0.7803 | 0.7813 | 0.7824 |
| 12.0 | 0.7740 | 0.7750 | 0.7760 | 0.7770 | 0.7780 | 0.7791 | 0.7801 | 0.7811 | 0.7821 | 0.7831 |
| 13.0 | 0.7748 | 0.7758 | 0.7768 | 0.7778 | 0.7788 | 0.7798 | 0.7808 | 0.7818 | 0.7828 | 0.7838 |
| 14.0 | 0.7755 | 0.7865 | 0.7775 | 0.7785 | 0.7795 | 0.7806 | 0.7816 | 0.7826 | 0.7836 | 0.7846 |
| 15.0 | 0.7763 | 0.7773 | 0.7783 | 0.7793 | 0.7803 | 0.7813 | 0.7823 | 0.7833 | 0.7843 | 0.7853 |
| 16.0 | 0.7770 | 0.7780 | 0.7790 | 0.7800 | 0.7820 | 0.7820 | 0.7830 | 0.7841 | 0.7851 | 0.7861 |
| 17.0 | 0.7778 | 0.7788 | 0.7798 | 0.7808 | 0.7818 | 0.7828 | 0.7838 | 0.7848 | 0.7858 | 0.7868 |
| 18.0 | 0.7785 | 0.7795 | 0.7805 | 0.7815 | 0.7825 | 0.7835 | 0.7845 | 0.7855 | 0.7865 | 0.7875 |
| 19.0 | 0.7792 | 0.7803 | 0.7813 | 0.7823 | 0.7833 | 0.7843 | 0.7853 | 0.7863 | 0.7873 | 0.7883 |
| 20.0 | 0.7800 | 0.7810 | 0.7820 | 0.7830 | 0.7840 | 0.7850 | 0.7860 | 0.7870 | 0.7880 | 0.7890 |
| 21.0 | 0.7807 | 0.7817 | 0.7827 | 0.7837 | 0.7847 | 0.7857 | 0.7867 | 0.7877 | 0.7887 | 0.7897 |
| 22.0 | 0.7815 | 0.7825 | 0.7835 | 0.7845 | 0.7855 | 0.7865 | 0.7875 | 0.7885 | 0.7895 | 0.7905 |
| 23.0 | 0.7822 | 0.7832 | 0.7842 | 0.7852 | 0.7862 | 0.7872 | 0.7882 | 0.7892 | 0.7902 | 0.7912 |

续表

| 温度/℃ | 视密度/(kg/m³) | | | | | | | | | |
|---|---|---|---|---|---|---|---|---|---|---|
| | 0.7800 | 0.7810 | 0.7820 | 0.7830 | 0.7840 | 0.7850 | 0.7860 | 0.7870 | 0.7880 | 0.7890 |
| 24.0 | 0.7829 | 0.7839 | 0.7849 | 0.7859 | 0.7869 | 0.7879 | 0.7889 | 0.7899 | 0.7909 | 0.7919 |
| 25.0 | 0.7837 | 0.7847 | 0.7857 | 0.7867 | 0.7877 | 0.7886 | 0.7896 | 0.7906 | 0.7916 | 0.7926 |
| 26.0 | 0.7844 | 0.7854 | 0.7864 | 0.7874 | 0.7884 | 0.7894 | 0.7904 | 0.7914 | 0.7923 | 0.7933 |
| 27.0 | 0.7851 | 0.7861 | 0.7871 | 0.7881 | 0.7891 | 0.7901 | 0.7911 | 0.7921 | 0.7931 | 0.7940 |
| 28.0 | 0.7859 | 0.7869 | 0.7878 | 0.7888 | 0.7898 | 0.7908 | 0.7918 | 0.7923 | 0.7938 | 0.7948 |
| 29.0 | 0.7866 | 0.7876 | 0.7886 | 0.7895 | 0.7905 | 0.7915 | 0.7925 | 0.7935 | 0.7945 | 0.7955 |
| 30.0 | 0.7873 | 0.7883 | 0.7893 | 0.7903 | 0.7913 | 0.7922 | 0.7932 | 0.7942 | 0.7952 | 0.7962 |
| 31.0 | 0.7880 | 0.7890 | 0.7900 | 0.7910 | 0.7920 | 0.7930 | 0.7939 | 0.7949 | 0.7959 | 0.7969 |
| 32.0 | 0.7887 | 0.7897 | 0.7907 | 0.7917 | 0.7927 | 0.7937 | 0.7946 | 0.7956 | 0.7966 | 0.7976 |
| 33.0 | 0.7895 | 0.7904 | 0.7914 | 0.7924 | 0.7934 | 0.7944 | 0.7954 | 0.7966 | 0.7973 | 0.7983 |
| 34.0 | 0.7902 | 0.7912 | 0.7921 | 0.7931 | 0.7941 | 0.7951 | 0.7961 | 0.7970 | 0.7980 | 0.7990 |
| 35.0 | 0.7909 | 0.7919 | 0.7928 | 0.7938 | 0.7948 | 0.7958 | 0.7968 | 0.7977 | 0.7987 | 0.7996 |
| 36.0 | 0.7916 | 0.7926 | 0.7936 | 0.7945 | 0.7955 | 0.7965 | 0.7975 | 0.7984 | 0.7894 | 0.8004 |
| 37.0 | 0.7923 | 0.7933 | 0.7943 | 0.7952 | 0.7962 | 0.7972 | 0.7982 | 0.7991 | 0.8001 | 0.8011 |
| 38.0 | 0.7930 | 0.7940 | 0.7950 | 0.7959 | 0.7969 | 0.7979 | 0.7989 | 0.7898 | 0.8008 | 0.8018 |
| 39.0 | 0.7937 | 0.7947 | 0.7957 | 0.7966 | 0.7976 | 0.7986 | 0.7996 | 0.8006 | 0.8015 | 0.8025 |
| 40.0 | 0.7944 | 0.7954 | 0.7964 | 0.7973 | 0.7986 | 0.7993 | 0.8003 | 0.8012 | 0.8022 | 0.8032 |

表 3-8(3)　石油视密度换算表

| 温度/℃ | 视密度/(kg/m³) | | | | | | | | | |
|---|---|---|---|---|---|---|---|---|---|---|
| | 0.7900 | 0.7910 | 0.7920 | 0.7930 | 0.7940 | 0.7950 | 0.7960 | 0.7970 | 0.7980 | 0.7990 |
| 10.0 | 0.7826 | 0.7836 | 0.7847 | 0.7857 | 0.7867 | 0.7877 | 0.7887 | 0.7897 | 0.7907 | 0.7818 |
| 11.0 | 0.7834 | 0.7844 | 0.7854 | 0.7864 | 0.7874 | 0.7884 | 0.7895 | 0.7905 | 0.7915 | 0.7925 |
| 12.0 | 0.7841 | 0.7851 | 0.7861 | 0.7872 | 0.7882 | 0.7892 | 0.7902 | 0.7912 | 0.7922 | 0.7932 |
| 13.0 | 0.7849 | 0.7859 | 0.7869 | 0.7879 | 0.7889 | 0.7899 | 0.7909 | 0.7919 | 0.7929 | 0.7940 |
| 14.0 | 0.7856 | 0.7866 | 0.7876 | 0.7886 | 0.7896 | 0.7906 | 0.7917 | 0.7927 | 0.7937 | 0.7947 |
| 15.0 | 0.7863 | 0.7873 | 0.7884 | 0.7894 | 0.7904 | 0.7914 | 0.7924 | 0.7934 | 0.7944 | 0.7954 |
| 16.0 | 0.7871 | 0.37881 | 0.7891 | 0.7901 | 0.7911 | 0.7921 | 0.7931 | 0.7941 | 0.7951 | 0.7961 |
| 17.0 | 0.7878 | 0.7888 | 0.7898 | 0.7908 | 0.7918 | 0.7928 | 0.7938 | 0.7948 | 0.7958 | 0.7968 |
| 18.0 | 0.7885 | 0.7895 | 0.7905 | 0.7916 | 0.7926 | 0.7936 | 0.7946 | 0.7956 | 0.7966 | 0.7976 |
| 19.0 | 0.7893 | 0.7903 | 0.7913 | 0.7923 | 0.7933 | 0.7943 | 0.7953 | 0.7963 | 0.7973 | 0.7983 |
| 20.0 | 0.7900 | 0.7910 | 0.7920 | 0.7930 | 0.7940 | 0.7950 | 0.7960 | 0.7970 | 0.7980 | 0.7990 |
| 21.0 | 0.7907 | 0.7917 | 0.7927 | 0.7937 | 0.7947 | 0.7957 | 0.7967 | 0.7977 | 0.7987 | 0.7997 |
| 22.0 | 0.7914 | 0.7924 | 0.7934 | 0.7944 | 0.7954 | 0.7964 | 0.7974 | 0.7984 | 0.7994 | 0.8004 |

续表

| 温度/℃ | 视密度/（kg/m³） | | | | | | | | | |
|---|---|---|---|---|---|---|---|---|---|---|
| | 0.7900 | 0.7910 | 0.7920 | 0.7930 | 0.7940 | 0.7950 | 0.7960 | 0.7970 | 0.7980 | 0.7990 |
| 23.0 | 0.7922 | 0.7932 | 0.7942 | 0.7952 | 0.7962 | 0.7972 | 0.7981 | 0.7991 | 0.8001 | 0.8011 |
| 24.0 | 0.7929 | 0.7939 | 0.7949 | 0.7959 | 0.7969 | 0.7979 | 0.7989 | 0.7999 | 0.8008 | 0.8018 |
| 25.0 | 0.7936 | 0.7946 | 0.7956 | 0.7966 | 0.7976 | 0.7986 | 0.7996 | 0.8006 | 0.8016 | 0.8025 |
| 26.0 | 0.7943 | 0.7953 | 0.7963 | 0.7973 | 0.7983 | 0.7993 | 0.8003 | 0.8013 | 0.8023 | 0.8033 |
| 27.0 | 0.7950 | 0.7960 | 0.7970 | 0.7980 | 0.7990 | 0.8000 | 0.8010 | 0.8020 | 0.8030 | 0.8040 |
| 28.0 | 0.7958 | 0.7967 | 0.7977 | 0.7987 | 0.7997 | 0.8007 | 0.8017 | 0.8027 | 0.8037 | 0.8047 |
| 29.0 | 0.7965 | 0.7974 | 0.7984 | 0.7994 | 0.8004 | 0.8014 | 0.8024 | 0.8034 | 0.8044 | 0.8053 |
| 30.0 | 0.7972 | 0.7982 | 0.7991 | 0.8001 | 0.8011 | 0.8021 | 0.8031 | 0.8041 | 0.8051 | 0.8060 |
| 31.0 | 0.7979 | 0.7989 | 0.7998 | 0.8008 | 0.8018 | 0.8028 | 0.8038 | 0.8048 | 0.8058 | 0.8067 |
| 32.0 | 0.7986 | 0.7996 | 0.8005 | 0.8015 | 0.8025 | 0.8035 | 0.8045 | 0.8055 | 0.8064 | 0.8074 |
| 33.0 | 0.7993 | 0.8003 | 0.8012 | 0.8022 | 0.8032 | 0.8042 | 0.8052 | 0.8062 | 0.8071 | 0.8081 |
| 34.0 | 0.8000 | 0.8010 | 0.8019 | 0.8029 | 0.8039 | 0.8049 | 0.8059 | 0.8068 | 0.8078 | 0.8088 |
| 35.0 | 0.8007 | 0.8017 | 0.8026 | 0.8036 | 0.8046 | 0.8056 | 0.8066 | 0.8075 | 0.8085 | 0.8095 |
| 36.0 | 0.8014 | 0.8024 | 0.8033 | 0.8043 | 0.8053 | 0.8063 | 0.8072 | 0.8082 | 0.8092 | 0.8102 |
| 37.0 | 0.8021 | 0.8031 | 0.8040 | 0.8050 | 0.8060 | 0.8070 | 0.8079 | 0.8089 | 0.8099 | 0.8109 |
| 38.0 | 0.8028 | 0.8037 | 0.8047 | 0.8057 | 0.8067 | 0.8076 | 0.8086 | 0.8096 | 0.8106 | 0.8115 |
| 39.0 | 0.8035 | 0.8044 | 0.8054 | 0.8064 | 0.8074 | 0.8083 | 0.8093 | 0.8103 | 0.8113 | 0.8122 |
| 40.0 | 0.8041 | 0.8051 | 0.8061 | 0.8071 | 0.8080 | 0.8090 | 0.8100 | 0.8110 | 0.8119 | 0.8120 |

**表 3-8（4）　石油视密度换算表**

| 温度/℃ | 视密度/（kg/m³） | | | | | | | | | |
|---|---|---|---|---|---|---|---|---|---|---|
| | 0.8100 | 0.8110 | 0.8120 | 0.8130 | 0.8140 | 0.8150 | 0.8160 | 0.8170 | 0.8180 | 0.8190 |
| 10.0 | 0.8029 | 0.8039 | 0.8049 | 0.8060 | 0.8070 | 0.8080 | 0.8090 | 0.8100 | 0.8110 | 0.8120 |
| 11.0 | 0.8036 | 0.8046 | 0.8057 | 0.8067 | 0.8077 | 0.8087 | 0.8097 | 0.8107 | 0.8117 | 0.8127 |
| 12.0 | 0.8043 | 0.8054 | 0.8064 | 0.8074 | 0.8084 | 0.8094 | 0.8104 | 0.8114 | 0.8124 | 0.8134 |
| 13.0 | 0.8051 | 0.8061 | 0.8071 | 0.8081 | 0.8091 | 0.8101 | 0.8111 | 0.8121 | 0.8131 | 0.8141 |
| 14.0 | 0.8058 | 0.8068 | 0.8078 | 0.8088 | 0.8098 | 0.8108 | 0.8118 | 0.8128 | 0.8138 | 0.8148 |
| 15.0 | 0.8065 | 0.8075 | 0.8085 | 0.8095 | 0.8105 | 0.8115 | 0.8125 | 0.8135 | 0.8145 | 0.8155 |
| 16.0 | 0.8072 | 0.8082 | 0.8092 | 0.8102 | 0.8112 | 0.8122 | 0.8132 | 0.8142 | 0.8152 | 0.8162 |
| 17.0 | 0.8079 | 0.8089 | 0.8099 | 0.8109 | 0.8119 | 0.8129 | 0.8139 | 0.8149 | 0.8159 | 0.8169 |
| 18.0 | 0.8086 | 0.8096 | 0.8106 | 0.8116 | 0.8126 | 0.8136 | 0.8146 | 0.8156 | 0.8166 | 0.8176 |
| 19.0 | 0.8093 | 0.8103 | 0.8113 | 0.8123 | 0.8133 | 0.8143 | 0.8153 | 0.8163 | 0.8173 | 0.8183 |
| 20.0 | 0.8100 | 0.8110 | 0.8120 | 0.8130 | 0.8140 | 0.8150 | 0.8160 | 0.8170 | 0.8180 | 0.8190 |
| 21.0 | 0.8107 | 0.8117 | 0.8127 | 0.8137 | 0.8147 | 0.8157 | 0.8167 | 0.8177 | 0.8187 | 0.8197 |

续表

| 温度/℃ | 视密度/（kg/m³） | | | | | | | | | |
|---|---|---|---|---|---|---|---|---|---|---|
| | 0.8100 | 0.8110 | 0.8120 | 0.8130 | 0.8140 | 0.8150 | 0.8160 | 0.8170 | 0.8180 | 0.8190 |
| 22.0 | 0.8114 | 0.8124 | 0.8134 | 0.8144 | 0.8154 | 0.8164 | 0.8174 | 0.8184 | 0.8194 | 0.8204 |
| 23.0 | 0.8121 | 0.8131 | 0.8141 | 0.8151 | 0.8161 | 0.8171 | 0.8181 | 0.8191 | 0.8201 | 0.8211 |
| 24.0 | 0.8128 | 0.8138 | 0.8148 | 0.8158 | 0.8168 | 0.8178 | 0.8188 | 0.8197 | 0.8207 | 0.8217 |
| 25.0 | 0.8135 | 0.8145 | 0.8155 | 0.8165 | 0.8174 | 0.8184 | 0.8194 | 0.8204 | 0.8214 | 0.8224 |
| 26.0 | 0.8142 | 0.8152 | 0.8161 | 0.8171 | 0.8181 | 0.8191 | 0.8201 | 0.8211 | 0.8221 | 0.8231 |
| 27.0 | 0.8148 | 0.8158 | 0.8168 | 0.8178 | 0.8188 | 0.8198 | 0.8208 | 0.8218 | 0.8228 | 0.8238 |
| 28.0 | 0.8155 | 0.8165 | 0.8175 | 0.8185 | 0.8195 | 0.8205 | 0.8215 | 0.8225 | 0.8235 | 0.8244 |
| 29.0 | 0.8162 | 0.8172 | 0.8182 | 0.8192 | 0.8202 | 0.8212 | 0.8221 | 0.8231 | 0.8241 | 0.8251 |
| 30.0 | 0.8169 | 0.8179 | 0.8189 | 0.8199 | 0.8208 | 0.8218 | 0.8228 | 0.8238 | 0.8248 | 0.8258 |
| 31.0 | 0.8176 | 0.8186 | 0.8195 | 0.8205 | 0.8215 | 0.8225 | 0.8235 | 0.8245 | 0.8255 | 0.8264 |
| 32.0 | 0.8183 | 0.8192 | 0.8202 | 0.8212 | 0.8222 | 0.8232 | 0.8242 | 0.8251 | 0.8261 | 0.8271 |
| 33.0 | 0.8189 | 0.8199 | 0.8209 | 0.8219 | 0.8229 | 0.8238 | 0.8248 | 0.8258 | 0.8268 | 0.8278 |
| 34.0 | 0.8196 | 0.8206 | 0.8216 | 0.8226 | 0.8235 | 0.8245 | 0.8255 | 0.8265 | 0.8275 | 0.8284 |

# 第四章　石油产品蒸气压测定法(雷德法)

第一节　概　　述

## 一、雷德饱和蒸气压

在某一温度下，液体与其蒸发的气体达到动态平衡时的蒸气压力，叫做该温度下此液体的饱和蒸气。雷德饱和蒸气压是指在雷德式饱和蒸气压测定器中燃料与燃料蒸气的体积比为1：4及温度37.8℃时所测出的燃料蒸气的最大压力，单位以kPa表示。

## 二、雷德饱和蒸气压测定的实际意义

雷德蒸气压是评价石油产品挥发性能的指标。通过雷德法饱和蒸气压的测定，可用以石油产品挥发性的大小。通常，发动机燃料的饱和蒸气压越大，则挥发性也越大，含的低分子轻质烃类也越多。蒸气压的测定又可用以判断发动机燃料在使用时有无形成气阻的倾向。燃料的饱和蒸气压越大，形成气阻的倾向就越大，当超过规定数值时就会形成气阻，影响发动机的正常工作，还容易着火、爆炸。此外，蒸气压的测定还可用以估计发动机燃料贮存和运输时的损失程度。例如，车用汽油的质量指标规定，夏季用油和冬季用油的雷德蒸气压指标值不同。车用汽油 GB 17930—2016 规定：车用汽油(VIA)的蒸气压(11 月 1 日至次年 4 月 30 日为 45～85kPa，5 月 1 日至 10 月 31 日为 40～65kPa，广东省和海南省全年使用夏季标准)。

## 第二节　石油产品蒸气压测定法
### (GB/T 8017)

## 一、实验目的

1. 明晰石油产品雷德蒸气压的定义及测定意义。

2. 正确操作雷德蒸气压测定实验。

3. 熟悉石油产品雷德蒸气压指标，对试样的挥发性能作出合理评价。

## 二、实验原理

将经冷却的试样充入雷德蒸气压测定器的燃料室，并将燃料室与 37.8℃的空气室相连接完成雷德测定器的安装。将雷德测定器浸入恒温浴(37.8℃)，并定期振荡，直至安装在测定器上的压力表的压力恒定，压力表读数经修正后即为雷德蒸气压。

### 三、试剂及材料

试样：汽油、易挥发性石油产品。

材料：冰柜、试样回收桶、蒸气压试验取样器（注油器）、漏斗、托盘、专用温度计（量程 0~50℃，分度值 0.1℃）。

### 四、实验仪器

1. 雷德蒸气压测定仪。雷德蒸气压测定器主要由燃料室、空气室、压力表(0.1MPa 或 0.25MPa，分度值 0.001MPa）、控温精度为 ±0.1℃的恒温水浴箱构成，如图 4-1 所示。

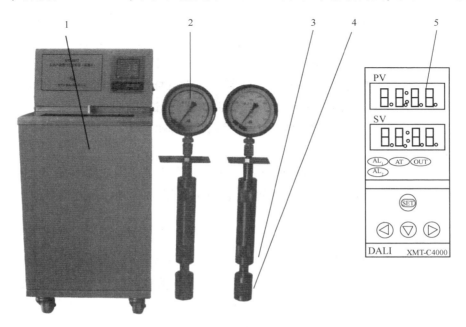

图 4-1　石油产品雷德蒸气压测定

1—恒温水浴箱；2—精密压力表；3—空气室；4—燃料室；5—温度设定及温度显示屏

2. 蒸气压试验取样器。蒸气压试验取样器主要由储油瓶、长短管双孔塞构成。用蒸气压试验取样器加注油样，采取液面以下加注方式，可避免加油过程带入空气，加入燃料油的体积偏少。采用蒸气压试验取样器的燃料加注过程如图 4-2 所示。

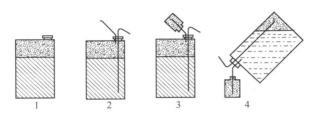

图 4-2　蒸气压试验取样器

1—开口式取样器；2—带有倒油装置取样器；3—燃料室置于移液管上方；4—取试样

### 五、试验方法及操作步骤

1. 样品的准备。

试样的蒸发损失和组成的微小变化对雷德蒸气压的影响极其灵敏,因此在取样及试样的转移过程中需要极其小心和谨慎。取样按 GB/T 4756 方法进行,采集试验样品的组成与性质能代表被采样品,采集的试样均应冷却至 0~1℃。

2. 冷浴和热浴的准备。

温度对蒸气压的影响也极其灵敏,本试验要求热浴的温度控制为 37.8℃±0.1℃,试样和燃料室在试验前的冷却温度为 0~1℃。试验前应先启动雷德测定器和冷浴箱(冰柜),使温度达到试验要求,将空气室(接压力表)清洗干净,擦去水迹,塞紧接口,浸入 37.8℃±0.1℃水浴中,使水浴液面高出空气室顶部至少 25mm,保持 30min 以上(至空气室上面的压力表读数恒定不变,室温越低时间越长),燃料室充满试样前不要将空气室从浴液中取出。将燃料室清洗干净,擦去水迹,塞紧接口,与装有试样的试样转移器一起浸入 0~1℃的冷水浴中,放置 30min 以上,使燃料室和试样转移器均达到 0~1℃。

3. 试样转移。

将已达到恒温(0~1℃)要求的燃料室和试样转移器从冷浴中取出,按图 4-2 的次序,将燃料室插入试样转移器的转移管,转移管离燃料室底部 6mm 处,两者迅速倒置并使燃料室直立于桌面托盘中,使试油充满燃料室直至溢出为止。

4. 仪器安装。

空气室与燃料室的连接要求在 10s 内完成。当燃料室装满试样后,快速从 37.8℃±0.1℃的水浴箱中取出空气室,拔出胶塞,看准空气室与燃料室的卡位,迅速对接,拧紧。

5. 蒸气压测定。

将装好的雷德测定器放于 37.8℃±0.1℃的水浴箱中,保持水浴液面高出空气室顶部 25mm,记录雷德测定器压力表的读数,准确至 0.1kPa,之后每隔 2min 取出测定器,上下倒转摇荡 2 次,重新放入水浴中,记录压力表中压力(取出摇荡的时间越短越好)。直至压力表中的读数连续 3 次不再发生变化,视为压力达到恒定,此压力即为雷德饱和蒸气压。

6. 测定结束后,回收试油,清洗燃料室,重复步骤 2 至 5 进行重复性实验。

### 六、数据记录与处理(见表 4-1)

表 4-1  油品雷德蒸气压测定记录表

| 时间/min | 压力/kPa | | |
|---|---|---|---|
| | 试验 1 | 试验 2 | 试验 3 |
| 0 | | | |
| 2 | | | |
| 4 | | | |
| 6 | | | |
| 8 | | | |

续表

| 时间/min | 压力/kPa | | |
|---|---|---|---|
| | 试验 1 | 试验 2 | 试验 3 |
| 10 | | | |
| 12 | | | |
| 14 | | | |
| 16 | | | |
| 18 | | | |
| 20 | | | |
| 22 | | | |
| 24 | | | |
| 26 | | | |
| 28 | | | |
| 30 | | | |
| 恒定压力（最大压力） | | | |
| 平均最大压力 | | | |

注：试验前压力表读数不为零时，读数按空白值进行压力修正。

## 七、精确度及报告

重复性 $r$（见表4-2）：

表4-2　重复性精确度要求

| 范围/kPa | $r$/kPa | 范围/kPa | $r$/kPa |
|---|---|---|---|
| 0~35 | 0.7 | 110~180 | 2.1 |
| 35~110 | 1.7 | 航空汽油(约50) | 0.7 |

再现性 $R$（见表4-3）：

表4-3　再现性精确度要求

| 范围/kPa | $R$/kPa | 范围/kPa | $R$/kPa |
|---|---|---|---|
| 0~35 | 2.4 | 110~180 | 5.0 |
| 35~110 | 3.8 | 航空汽油(约50) | 1.0 |

以两次测定的平均值报告结果，单位为 kPa。

## 八、测定的影响因素

油品是各种烃类复杂的混合物，油品的蒸气压不仅随温度的变化而变化，而且在温度一定时，又随其汽化量不同而异，因而雷德饱和蒸气压严格规定了测定的温度以及仪器中燃料与燃料蒸气体积比的条件，测定的结果才有一定的意义。在测定中影响的主要因素有：

（1）试样采样过程及存储方式是否正确。对于轻质易挥发的石油产品，往往是轻组分更易挥发，即油品易发生组成变化从而导致产品的雷德饱和蒸气压发生变化。

（2）水浴温度。温度对雷德蒸气压的影响极其灵敏，本试验要求水浴温度控制在37.8℃±0.1℃，整个试验过程必须保持温控恒定。

（3）测定器的摇动是否猛烈。剧烈摇动可使压力表的读数变化明显，易于观察，也可快速达到恒定压力。

（4）试样装入燃料室过程中的蒸发损失及测定器是否密闭不漏气。易挥发的样品只要敞开就会发生蒸发，因此试样加注及测定器的安装过程越短越好。试验规定，加注及安装过程均不要超过10s。

（5）测定器的燃料室与空气室的体积比。要确保燃料室油料体积与空气室体积为1∶4，试验过程要采取正确的试样加注方式，避免在注油过程中带入空气使油料量偏少。

上述因素将严重影响测定的结果，因此必须严格进行操作。

## 第三节 发动机燃料饱和蒸汽压测定(雷德法) ［GB/T 257—1964(2004 确认)］

### 一、方法概述

发动机燃料饱和蒸气压测定（雷德法）GB/T 257 与石油产品蒸气压测定（雷德法）GB/T 8017 的原理及使用仪器要求相同。不同的是 GB/T 8017 的测定过程条件为空气室预先恒定至 37.8℃，压力表最大读数即为雷德蒸气压，而 GB/T 257 测定时空气室为室温，在测定过程空气室内的空气会因为温度升高对压力产生压力贡献，因此要对压力表的读数进行修正。

### 二、试验步骤

1. 试验前先用 30~40℃ 温水注入空气室（带压力表）中洗涤至少 5 次，再用蒸馏水冲洗，然后用吸油纸擦净水迹，备用。清洗过程要轻巧，避免损坏精密压力表。

2. 测定空气室温度作为开始温度记录下来。测定时将温度计水银球插到空气室全长的 3/4 处（约 190mm），但不得接触室壁。大约 2min 后记录温度显示读数，之后快速完成试油加注，若两人合作，可在测温的最后 20s 内完成试油的加注（步骤3）。

3. 将试油注入燃料室。试样、注油装置、燃料室都要事先放进 0~1℃ 的冷浴中冷却。先用试油把在温度 0~1℃ 冷却的燃料室洗涤 2~3 次，然后将燃料室注满试油（溢出为止）。注油装置应有注油管和透气管的软木塞，注油管的一端与软木塞的下表面相平，另一端应能插到距离燃料室底部 6~7mm 处。透气管的底端应插到取样器的底部。注油过程如图 4-2 所示。

4. 将空气室与燃料室连接。从试油的注入到空气室与燃料室的连接工作要求在 10s 内完成。记录试验时的实际大气压力。

5. 将装好试样的测定器放入 38℃±0.3℃ 水浴箱中，记录压力表读数。

6. 测定器浸入水浴 5min 后，从浴中取出测定器，使其颠倒并用力猛烈摇动，再放回水浴中，记录压力表读数。每隔 2min，按本条的操作重复一次。测定器的摇动应尽可能迅速，以免测定器及其中的试样温度改变。

7. 当精密压力表的读数连续 3 次停止变动时（通常需要经过 20min 左右），此压力作为试油未修正的饱和蒸气压。以"$P'$"表示。

### 三、测定结果计算

1. 试样的饱和蒸气压 $P$(kPa)按式(4-1)计算：

$$P = P' + \Delta P \qquad\qquad (4-1)$$

2. 修正数 $\Delta P$(kPa)按式(4-2)计算：

$$\Delta P = \frac{(Pa - P_t)(t - 38)}{273 + t} - (P_{38} - P_t) \qquad\qquad (4-2)$$

式中　$P'$——试油未修正的饱和蒸气压，kPa；

　　　　$\Delta P$——修正数，kPa；

　　　　$Pa$——试验时的实际大气压力，kPa；

　　　　$t$——空气室的开始温度，℃；

　　　　$P_t$——水在 $t$℃时的饱和蒸气压，kPa；

　　　　$P_{38}$——水在 38℃时的饱和蒸气压，kPa。

3. 试油的饱和蒸气压只要求准确到 1mmHg 时，修正数 $\Delta P$ 可从表 4-6 的饱和蒸气压的修正值表中查出，然后按 $P = P' + \Delta P$ 计算出试样的饱和蒸气压 $P$。

4. 试验原始数据、计算及结果(见表 4-4)。

表 4-4　发动机油雷德蒸气压测定记录表

| 试油名称 | | | | |
|---|---|---|---|---|
| 试验次数 | | 第一次 | | 第二次 |
| 大气压力/kPa | | | | |
| 空气室温度/℃ | | | | |
| 水在 $t$℃时蒸气压/kPa | | | | |
| 水在 38℃时蒸气压/kPa | | | | |
| 水浴温度/℃ | | | | |
| 实验压力记录 $P'$/kPa | 1 | | 1 | |
| | 2 | | 2 | |
| | 3 | | 3 | |
| | 4 | | 4 | |
| | 5 | | 5 | |
| | 6 | | 6 | |
| | 7 | | 7 | |
| | 8 | | 8 | |

| 试油名称 | | |
|---|---|---|
| 试验次数 | 第一次 | 第二次 |
| $\Delta P$/kPa | | |
| $P$/kPa | | |
| 测定结果/kPa | | |

注：1mmHg = 133.322Pa。

## 四、精确度及报告(见下表)

1. 重复测定两个结果与其算术平均值的差数，不应超过±15mmHg(2kPa)。

2. 取重复测定两个结果的算术平均值作为试样的雷德饱和蒸气压。

3. 测定结果单位为 kPa。

表 4-5    不同温度下水的饱和蒸气压

| 温度/℃ | 水蒸气压/ mmHg | 温度/℃ | 水蒸气压/ mmHg | 温度/℃ | 水蒸气压/ mmHg |
|---|---|---|---|---|---|
| 0 | 4. 58 | 14 | 11. 99 | 28 | 28. 35 |
| 1 | 4. 93 | 15 | 12. 79 | 29 | 30. 04 |
| 2 | 5. 29 | 16 | 13. 63 | 30 | 31. 82 |
| 3 | 5. 69 | 17 | 14. 53 | 31 | 33. 70 |
| 4 | 6. 10 | 18 | 15. 48 | 32 | 35. 66 |
| 5 | 6. 54 | 19 | 16. 48 | 33 | 37. 73 |
| 6 | 7. 01 | 20 | 17. 54 | 34 | 39. 90 |
| 7 | 7. 51 | 21 | 18. 65 | 35 | 42. 18 |
| 8 | 8. 05 | 22 | 19. 83 | 36 | 44. 56 |
| 9 | 8. 61 | 23 | 21. 07 | 37 | 47. 07 |
| 10 | 9. 21 | 24 | 22. 38 | 38 | 49. 69 |
| 11 | 9. 84 | 25 | 23. 76 | 39 | 52. 44 |
| 12 | 10. 52 | 26 | 25. 21 | 40 | 55. 32 |
| 13 | 11. 23 | 27 | 26. 74 | | |

表 4-6    饱和蒸气压的修正数

| 开始温度/℃ | 在下列大气压力下的修正数 $\Delta P$/mmHg | | | | | | | | | | |
|---|---|---|---|---|---|---|---|---|---|---|---|
| | 760 | 750 | 740 | 730 | 720 | 700 | 680 | 660 | 640 | 620 | 600 |
| 9 | −119 | −118 | −116 | −115 | −114 | −112 | −110 | −108 | −106 | −104 | −102 |
| 10 | −115 | −114 | −113 | −112 | −111 | −109 | −107 | −105 | −103 | −101 | −99 |
| 11 | −111 | −110 | −109 | −108 | −107 | −106 | −104 | −102 | −100 | −98 | −96 |
| 12 | −108 | −107 | −106 | −105 | −104 | −102 | −100 | −99 | −97 | −95 | −93 |
| 13 | −104 | −103 | −102 | −101 | −100 | −99 | −97 | −95 | −93 | −92 | −90 |
| 14 | −100 | −99 | −99 | −98 | −97 | −95 | −94 | −92 | −90 | −89 | −87 |

| 开始温度/℃ | 在下列大气压力下的修正数 $\Delta P/mmHg$ | | | | | | | | | | |
|---|---|---|---|---|---|---|---|---|---|---|---|
| | 760 | 750 | 740 | 730 | 720 | 700 | 680 | 660 | 640 | 620 | 600 |
| 15 | −97 | −96 | −95 | −94 | −93 | −92 | −90 | −89 | −87 | −85 | −84 |
| 16 | −93 | −92 | −91 | −91 | −90 | −88 | −87 | −85 | −84 | −82 | −81 |
| 17 | −89 | −88 | −88 | −87 | −86 | −85 | −83 | −82 | −81 | −79 | −78 |
| 18 | −85 | −85 | −84 | −83 | −83 | −81 | −80 | −79 | −77 | −76 | −74 |
| 19 | −82 | −81 | −80 | −80 | −79 | −78 | −76 | −75 | −74 | −73 | −71 |
| 20 | −78 | −77 | −77 | −76 | −75 | −74 | −73 | −72 | −70 | −69 | −68 |
| 21 | −74 | −73 | −73 | −72 | −72 | −70 | −69 | −68 | −67 | −66 | −65 |
| 22 | −70 | −69 | −69 | −68 | −68 | −67 | −66 | −65 | −63 | −62 | −61 |
| 23 | −66 | −66 | −65 | −65 | −64 | −63 | −62 | −61 | −60 | −59 | −58 |
| 24 | −62 | −62 | −61 | −61 | −60 | −59 | −58 | −57 | −56 | −55 | −55 |
| 25 | −58 | −58 | −57 | −57 | −56 | −55 | −55 | −54 | −53 | −52 | −51 |
| 26 | −54 | −54 | −53 | −53 | −52 | −52 | −51 | −50 | −49 | −48 | −48 |
| 27 | −50 | −50 | −49 | −49 | −48 | −48 | −47 | −46 | −46 | −45 | −44 |
| 28 | −46 | −45 | −45 | −45 | −44 | −44 | −43 | −42 | −42 | −41 | −40 |
| 29 | −42 | −41 | −41 | −41 | −40 | −40 | −39 | −39 | −38 | −37 | −37 |
| 30 | −37 | −37 | −37 | −36 | −36 | −36 | −35 | −34 | −34 | −33 | −33 |
| 31 | −33 | −33 | −32 | −32 | −32 | −31 | −31 | −30 | −30 | −30 | −29 |
| 32 | −28 | −28 | −28 | −28 | −28 | −27 | −27 | −26 | −26 | −26 | −25 |
| 33 | −24 | −24 | −24 | −23 | −23 | −23 | −23 | −22 | −22 | −22 | −21 |
| 34 | −19 | −19 | −19 | −19 | −19 | −18 | −18 | −18 | −18 | −17 | −17 |
| 35 | −15 | −15 | −15 | −14 | −14 | −14 | −14 | −14 | −14 | −13 | −13 |
| 36 | −10 | −10 | −10 | −10 | −10 | −9 | −9 | −9 | −9 | −9 | −9 |
| 37 | −5 | −5 | −5 | −5 | −5 | −5 | −5 | −5 | −5 | −5 | −4 |
| 38 | 0 | 0 | 0 | 0 | 0 | 0 | 0 | 0 | 0 | 0 | 0 |
| 39 | +15 | +5 | +5 | +5 | +5 | +5 | +5 | +5 | +5 | +5 | +5 |
| 40 | +10 | +10 | +10 | +10 | +10 | +10 | +10 | +10 | +9 | +9 | +9 |

## 五、练习题与思考题

1. 饱和蒸气压的测定原理是什么？

2. 测定饱和蒸气压的影响因素有哪些？

3. 测定燃料饱和蒸气压在生产和应用上有何意义？

# 第五章　石油产品闪点测定法

## 一、闪点、燃点、自燃点及其关系

石油和大部分石油产品都是易燃物质。闪点、燃点、自燃点是表示油品的爆炸、着火、燃烧性能的主要参数。

1. 闪点：指在规定的条件下，将油品加热蒸发，其蒸气与空气形成油气混合物，当接触火焰时发生闪火的最低温度，以℃表示。根据油品的性质和使用条件不同，其测定方法也不同。闪点分为开口闪点和闭口闪点。通常轻质油多用闭口闪点测定，而重质及润滑油多用开口闪点测定。

2. 燃点：指当达到闪点后继续按规定条件，加热至其蒸气能被接触的火焰点着并燃烧不少于 5s 时的最低温度，以℃表示。

3. 自燃点：指油品加热至与空气接触能因剧烈的氧化而产生火焰自行燃烧时的最低温度，以℃表示。

自燃点的高低随馏分轻重和化学组成而异，主要取决于油品是否易于氧化。一般烷烃比芳香烃更容易氧化，油品含烷烃越多，自燃点越低；含芳香烃越多，则自燃点越高。油品越轻，自燃点越高，不容易自燃；反之，油品越重，越易氧化分解，则自燃点越低，越容易自燃。

闪点、燃点、自燃点三者都是条件性的，都与油品的燃烧爆炸有关，也与油品的馏分组成和化学组成有关。对不同油品来说，馏分越重，蒸气分压越低，闪点越高，燃点也越高，但自燃点却越低；反之，馏分越轻，蒸气分压越大，其闪点越低，燃点也越低，自燃点却越高。对各种油品来说，开口闪点高于闭口闪点，闪点愈高二者相差愈大。当重质油中混入少量轻组分时，二者差值更大。

## 二、闪点测定的实际意义

闪点测定在生产和应用中有着重要的实际意义。闪点的测定，可以判断油品馏分组成的轻重。一般规律是油品蒸气压越高，馏分组成越轻，则油品的闪点越低；反之，馏分组成越重的油品则具有较高的闪点。闪点是一个安全指标。从油品闪点的高低可鉴定油品发生火灾的危险性。闪点越低，燃料越易燃，火灾危险性也越大。根据油品闪点的高低，确定其运送、贮存和使用时的各种防火安全措施。对于某些润滑油来说，闪点可作为油品中含有低沸点混合物的指标，检查油品是否混入轻质油品。

# 第二节　宾斯基-马丁闭口杯法
## （GB/T 261—2008）

### 一、实验目的
1. 掌握宾斯基-马丁闭口杯法测定油品的闪点。
2. 了解闭口闪点测定的意义。

### 二、实验原理
将样品倒入试验杯中，在规定的速率下连续搅拌，并以恒定速率加热样品；以规定的温度间隔，在中断搅拌的情况下，将火源引入试验杯开口处，使样品蒸气发生瞬间闪火，且蔓延至液体表面的最低温度，此温度为环境大气压下的闪点，再用公式修正至标准大气压下的闪点。

### 三、试剂与材料
实验原料；闭口闪点专用温度计，根据样品的预期闪点选择适合的温度计(低温度范围：量程-5~110℃，精度0.5℃；中温度范围：量程20~150℃，精度1℃)；气压计：精度0.1kPa，不能使用气象台或机场所用的已预校准至海平面读数的气压计；液化气；球胆；点火枪。

### 四、实验仪器
宾斯基-马丁闭口闪点试验仪，如图5-1所示。

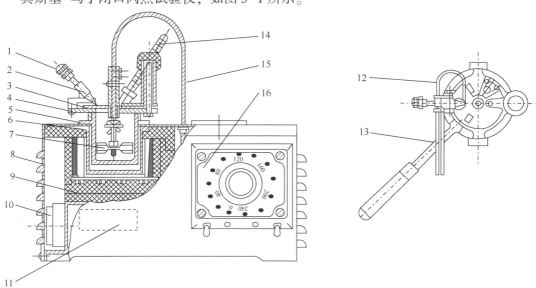

图5-1　宾斯基-马丁闭口闪点试验仪

1—点火器调节螺丝；2—点火器；3—滑板；4—油杯盖；5—油杯；6—浴套；7—搅拌桨；8—壳体；9—电炉盘；
10—电动机；11—铭牌；12—点火管；13—油杯手柄；14—温度计；15—传动软轴；16—开关箱

## 五、试验方法及操作步骤

1. 实验准备。

（1）仪器放在无空气对流的房间，必要时可以用防护屏挡在仪器周围。

（2）试验杯必须用清洗溶剂清洗干净。

（3）样品要保证无水、无杂质。

（4）油样要轻轻地摇荡均匀。

2. 实验步骤。

按样品性质，油漆和清漆及馏分油和未使用过的润滑油使用步骤 A 进行测定；残渣燃料油和稀释沥青，已用过润滑油及表面趋于成膜的液体、带悬浮颗粒的液体或高黏度样品使用步骤 B 进行测定。

步骤 A

（1）观察气压计，记录试验期间仪器附近的环境大气压①。

（2）将试样倒入试验杯至加料线，盖上试验杯盖，然后放入加热室，确保试验杯与杯盖就位，装置连接好后插入温度计。点燃试验火源，并将火焰直径调节为 3~4mm。在整个试验期间，试样以 5~6℃/min 的速率升温，且搅拌速率为 90~120r/min。

（3）当试验的预期闪点为不高于 110℃时，从预期闪点以下 23℃±5℃开始点火，试样每升高 1℃点火一次，当试样的预期闪点高于 110℃时，从预期闪点以下 23℃±5℃开始点火，试样每升高 2℃点火一次，点火时停止搅拌。用试验杯盖上的滑板操作旋钮或点火装置点火，要求火焰在 0.5s 内下降至试验杯的蒸气空间内，并在此位置停留 1s，然后迅速升高回至原位置。

（4）当测定未知试样的闪点时，在适当起始温度下开始试验。高于起始温度 5℃时进行第一次点火，然后按（3）进行。

（5）记录火源引起试验杯内产生明显着火的温度，作为试样的观察闪点，但不要把在真实闪点到达之前出现在试验火焰周围的淡蓝色光轮与真实闪点相混淆。

（6）如果所记录的观察闪点温度与最初点火温度的差值少于 18℃或高于 28℃，则认为此结果无效。应更改新试样重新进行试验，调整最初点火温度，直到获得有效的测定结果，即观察闪点与最初点火温度的差值应在 18~28℃范围之内。

步骤 B

（1）观察气压计，记录试验期间仪器附近的环境大气压。

（2）将试样倒入试验杯加料线，盖上试样杯盖，然后放入加热室，确保试样被就位或锁定装置连接好后插入温度计。点燃试验火焰，并将火焰直径调节为 3~4mm，或打开电子点火器，按仪器说明书的要求调节电子点火器的强度。在整个试验期间，试样以 1.0~1.5℃/min 的速率升温，且搅拌速率为 250r/min±10r/min。

（3）除试样的搅拌和加热速率按步骤 B（2）的规定，其他试验步骤均按步骤 A（3）~（6）规定进行。

---

①虽然某些气压计会自动修正，但本标准不要求修正至 0℃下的大气压力。

**六、数据记录与处理(见表5-1)**

1. 观察闪点的修正。

用式(5-1)将观察闪点修正至标准大气压(101.3kPa)下的闪点, $T_C$:

$$T_C = T_0 + 0.25(101.3 - P) \qquad (5-1)$$

式中  $T_0$——环境大气压下的观察闪点,℃;

$P$——环境大气压,kPa。

本公式仅限大气压在98~104.7kPa范围内。

2. 结果表示。

结果报告修正至标准大气压101.3kPa下的闪点,精确至0.5℃。

表5-1 实验原始记录

| 试样名称 | | | | | | |
|---|---|---|---|---|---|---|
| 大气压力/kPa | | | | | | |
| 试样号 | | | | | | |
| 预计闪点/℃ | | | | | | |
| 试点次数 | 试扫温度/℃ | 现象① | 试扫温度/℃ | 现象① | 试扫温度/℃ | 现象① |
| 1 | | | | | | |
| 2 | | | | | | |
| 3 | | | | | | |
| 4 | | | | | | |
| 5 | | | | | | |
| 6 | | | | | | |
| 7 | | | | | | |
| 8 | | | | | | |
| 9 | | | | | | |
| 10 | | | | | | |
| 11 | | | | | | |
| 12 | | | | | | |
| 13 | | | | | | |
| 14 | | | | | | |
| 15 | | | | | | |
| 16 | | | | | | |
| 17 | | | | | | |
| 18 | | | | | | |
| 19 | | | | | | |
| 20 | | | | | | |
| 21 | | | | | | |
| 22 | | | | | | |
| 23 | | | | | | |

续表

| 试样名称 | | | | | | |
|---|---|---|---|---|---|---|
| 大气压力/kPa | | | | | | |
| 试样号 | | | | | | |
| 预计闪点/℃ | | | | | | |
| 试点次数 | 试扫温度/℃ | 现象① | 试扫温度/℃ | 现象① | 试扫温度/℃ | 现象① |
| 24 | | | | | | |
| 25 | | | | | | |
| 26 | | | | | | |
| 27 | | | | | | |
| 28 | | | | | | |
| 29 | | | | | | |
| 30 | | | | | | |
| 观察闪点 | | | | | | |
| 修正闪点 | | | | | | |
| 实际差值 | | | | | | |
| 允许差值 | | | | | | |
| 平均闪点 | | | | | | |

① 闪火记+，不闪火记-。

## 七、精确度及报告

### 1. 重复性。

在同一实验室，由同一操作者使用同一仪器，按照相同的方法，对同一试样连续测定的两个试验结果之差不能超过表5-2和表5-3中的数值。

表5-2　步骤 A 的重复性

| 材　　料 | 闪点范围/℃ | R/℃ |
|---|---|---|
| 油漆和清漆 | | 1.5 |
| 馏分油和未使用过的润滑油 | 40~250 | 0.029X |

注：X——两个连续试验结果的平均值。

表5-3　步骤 B 的重复性

| 材料 | 闪点范围/℃ | r/℃ |
|---|---|---|
| 残渣燃料油和稀释沥青 | 40~110 | 2.0 |
| 用过的润滑油 | 170~210 | 5℃ |
| 表面趋于成膜的液体、带悬浮颗粒的液体或高黏度材料 | | 5.0 |

### 2. 再现性 R。

在不同的实验室，由不同的操作者使用不同的仪器，按照相同的方法，对同一试样测定的两单一独立的试验结果之差不能超过表5-4和表5-5中的数据。

表 5-4　步骤 A 的再现性

| 材　　料 | 闪点范围/℃ | $R$/℃ |
|---|---|---|
| 油漆和清漆 | | |
| 馏分油和未使用过的润滑油 | 40～250 | 0.071$X$ |

注：$X$——两个独立试验结果平均值。

表 5-5　步骤 B 的再现性

| 材　　料 | 闪点范围/℃ | $R$/℃ |
|---|---|---|
| 残渣燃料油和稀释沥青 | 40～110 | 6.0 |
| 用过润滑油 | 170～210 | 16[①] |
| 趋向于表面成膜的液体、悬浮颗粒的液体或高黏度材料 | | 10.0 |

① 在 20 个实验室对一个用过柴油发动机油试样测定得到的结果。

### 八、石油产品闭口闪点测定的影响因素

1. 试油中含有水分，如果油样的水分含量大于 0.05% 时，在测闪点前必须脱水，方可进行试验，因为加热试油时，分散在油中的水会形成水蒸气或气泡，覆盖在油样的表面，影响了油的正常气化，延迟了闪火时间，使测得的结果偏高。

2. 装油样量的影响，闭口杯的试油与蒸气空间已作了规定，因为油量的多少会影响液面以上的空气容积，即影响油蒸气和空气混合物的浓度，如加入量过多，蒸气空间减少，升温时油蒸气与空气混合物的浓度容易达到爆炸范围，导致闪点偏低；如装油量太少，结果偏高。所以会影响闪点偏高或偏低。

3. 对点火用的火焰大小的控制，火焰距液面的高低及在液面上的停留时间均应注意，如果火焰较规定的大，火焰离液面越近，在液面上移动的时间越长，则测得结果偏低，反之则测得的结果比正常值高。点火次数越多，测得的结果越高，因为每打开一次杯盖，都会影响试杯中的蒸气量和温度。

4. 升温速度要严格按规定控制，不能过快或过慢，如加热太快，油蒸发速度快，空气中油蒸气浓度提前达到爆炸下限，使测定结果偏低。如加热速度过慢，测定时间较长，点火次数多，损耗了部分油蒸气，推迟了油蒸气和空气混合物达到闪点浓度的时间，使得测定结果偏高。

## 第三节　石油产品闪点和燃点测定法(克利夫兰开口杯法) ( GB/T 3536—2008 )

### 一、实验目的

1. 掌握石油产品开口闪点和燃点测定方法。
2. 了解开口闪点和燃点测定的意义。

## 二、实验原理

把试样装入试验杯至规定的液面刻度。先迅速升高试样的温度，然后缓慢升温。当接近闪点时，恒速升温。在规定的温度间隔，以一个小的试验火焰横着越过试验杯，使试样表面上的蒸气闪火的最低温度，作为闪点。如果需要测定燃点，则要继续进行试验，直到用试验火焰使试样点燃并至少燃烧5s的最低温度，作为燃点。

## 三、实验材料

实验原料；开口闪点专用温度计（量程 0~360℃、精度 1℃）；气压计（精度 0.1kPa）；点火枪；煤气或液化气；球胆；灭火盖。

## 四、实验仪器

石油产品开口闪点和燃点测定器（如图 5-2 所示）。本仪器按照 GB/T 3536《石油产品闪点和燃点测定法（克利夫兰开口杯法）》的规定使用。

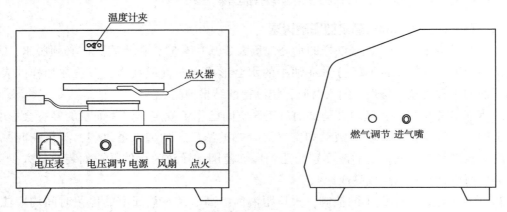

图 5-2  石油产品开口闪点和燃点测定仪

## 五、实验方法及操作方法

1. 准备工作。

当试样的含水量超过 0.1% 时，需要做脱水处理，如果油样黏稠需要加热至可以流动，但不得高于预计闪点前的 56℃，实验杯用无铅汽油洗涤，如有积碳要用钢丝刷除去，用水冲洗实验杯，并在加热板上干燥，以除去残存的溶剂和水，使用前实验杯要冷却至预计闪点前的 56℃。

2. 操作步骤。

（1）将试样油倒入克利夫兰杯至规定刻度线，实验杯的边缘擦拭干净后，把实验杯放在仪器的加热板上，将专用温度计插入实验杯，温度计的感温球要求离开杯底 6mm，用连接管（或灌装了液化气的球胆）与仪器背后液化气入口连接，打开液化气总阀，稍等 1~2min，再用打火枪点燃实验火焰，若未能点燃，则调节仪器右侧的燃气调节阀。调节时一定要缓慢调节，直到将实验火焰调节至直径为 3.2~4.8mm。

（2）打开电源，先将电压调节旋钮逆时针旋到起始位置（为 0），然后通过电压调节旋钮（顺时针为大）调节电压大小，控制升温速度，开始加热，试样的升温速度为 14~17℃/min，当到达预计闪点前56℃时减慢加热速度，控制升温速度，使试样在到达预计闪点前的升温速度为5~6℃/min，在预期闪点前28℃时，按下点火按键，点火杆向一个方向扫划过实验杯，火焰必须离开实验杯的上边缘2mm，如未出现闪火现象，温度升高2℃时再按下点火按键，点火杆向反方向扫过实验杯，试验火焰越过实验杯的时间为1s，当油样的液面任何一点出现闪点时，记录温度计上的温度作为闪点；如果油样的表面有一层油膜，可把油膜拨到一边，再试验。

（3）如还需测定燃点，则应继续加热，使试验的升温速度维持在5~6℃/min，继续使用试验火焰，试样每升高2℃就扫划一次，直到试样着火，并能连续燃烧不少于5s，此时，温度计上指示的温度即为燃点的测定结果。

（4）试验结束后，用一块阻燃板盖住实验杯，将电压调节旋钮逆时针旋到起始位置，关闭液化燃气总阀，打开风扇开关降温，再关闭电源。

## 六、数据记录与处理

1. 闪点(开口)实验原始数据及结果(见表5-6)。

表5-6　实验原始数据

| 试样名称 | | | | | | |
|---|---|---|---|---|---|---|
| 大气压力/kPa | | | | | | |
| 试样号 | | | | | | |
| 预计闪点/℃ | | | | | | |
| 试点次数 | 试扫温度/℃ | 现象① | 试扫温度/℃ | 现象① | 试扫温度/℃ | 现象① |
| 1 | | | | | | |
| 2 | | | | | | |
| 3 | | | | | | |
| 4 | | | | | | |
| 5 | | | | | | |
| 6 | | | | | | |
| 7 | | | | | | |
| 8 | | | | | | |
| 9 | | | | | | |
| 10 | | | | | | |
| 11 | | | | | | |
| 12 | | | | | | |
| 13 | | | | | | |
| 14 | | | | | | |
| 15 | | | | | | |
| 16 | | | | | | |
| 17 | | | | | | |
| 18 | | | | | | |
| 19 | | | | | | |

| 试样名称 | | | | | | |
|---|---|---|---|---|---|---|
| 大气压力/kPa | | | | | | |
| 试样号 | | | | | | |
| 预计闪点/℃ | | | | | | |
| 试点次数 | 试扫温度/℃ | 现象① | 试扫温度/℃ | 现象① | 试扫温度/℃ | 现象① |
| 20 | | | | | | |
| 21 | | | | | | |
| 22 | | | | | | |
| 23 | | | | | | |
| 24 | | | | | | |
| 25 | | | | | | |
| 26 | | | | | | |
| 27 | | | | | | |
| 28 | | | | | | |
| 29 | | | | | | |
| 30 | | | | | | |
| 观察闪点 | | | | | | |
| 修正闪点 | | | | | | |
| 实际差值 | | | | | | |
| 允许差值 | | | | | | |
| 平均闪点 | | | | | | |
| 观察燃点 | | | | | | |
| 修正燃点 | | | | | | |
| 实际差值 | | | | | | |
| 允许差值 | | | | | | |
| 平均燃点 | | | | | | |

① 闪火记+,不闪火记-,燃烧记为o。

2. 数据处理。

大气压力对闪点和燃点影响很大。当大气压力低于 95.3kPa 时,试验所得的闪点和燃点应加上其修正数(见表 5-7)作为试验结果,结果取整数。

表 5-7　大气压修正数

| 大气压力 | | 修正数/℃ |
|---|---|---|
| kPa | mmHg | |
| 95.3~88.7 | 715~665 | 2 |
| 88.6~81.3 | 664~610 | 4 |
| 81.2~73.3 | 609~550 | 6 |

## 七、精确度与报告

1. 重复性：同一操作者重复测定两个闪点或两个燃点之差≤8℃。

再现性：由两个操作者提出的两个闪点之差≤17℃；两个燃点之差≤14℃。

2. 取其算术平均值作为闪点和燃点的测定结果。

## 八、石油产品闪点(开口杯)测定的影响因素

1. 升温速度的控制。加热速度快，测得闪点偏低。因为加热速度过快时，单位时间内蒸发出的油蒸气多，来不及扩散，使可燃混合气提前达到爆炸下限，使测得结果偏低。加热速度过慢时，所测闪点偏高。因为延长了测定时间，点火次数增多，油蒸气损耗多，推迟了油蒸气和空气混合物达到闪火浓度的时间，使测定结果偏高。

2. 点火用的火焰大小，离液面高低及停留时间长短对闪点影响很大。点火用的火焰比规定大时，则所得结果偏低。火焰在液面上移动的时间越长，离液面越低，则所得结果偏低，反之则偏高。

3. 试油是否含水，以及大气压力等，对闪点测定影响很大。

## 九、练习题与思考题

1. 简叙下列概念：闪点、燃点、自燃点。

2. 什么是开口闪点和闭口闪点，为什么要分开、闭口杯两种测定方法？

3. 石油产品闪点测定在实际中有何意义？

4. 为什么加热速度快，测得闪点偏低？

5. 为什么点火用的火焰大小、离液面高低及停留时间长短对闪点结果影响很大？

6. 闪点(开口杯)测定的各种影响因素对结果有何影响？本试验各测定条件控制如何？

# 第六章 石油产品酸值、酸度测定

## 第一节 概 述

根据油品的性质,测定酸度和酸值的方法可分为两大类:一类是颜色指示滴定法,就是根据所用的酸碱指示剂颜色的变化来确定滴定终点;另一类是电位滴定法,就是根据电位的变化来确定滴定终点。

### 一、酸度、酸值的概念

石油产品的酸值和酸度都是用来表明油品中含有酸性物质的指标。一般酸度用于轻质石油产品,如汽油、石脑油、煤油、柴油及喷气燃料的测定,而酸值用于润滑油及其他重质油的测定。油品中所测得的酸值(度)为有机酸和无机酸的总值。在大多数情况下,油品中没有无机酸存在,所测得的酸值(度)实际上是代表油品中所含高分子有机酸的数量。这些高分子有机酸主要是环烷酸,也包括在贮存及使用过程中因氧化而生成的酸性产物。由于油品中的酸性物质不是单体化合物,而是由酸性物质组成的混合物,所以不能根据反应中的当量关系直接求出各种酸的含量,而是以中和100mL或1g试样所消耗的氢氧化钾毫克数表示。

酸值是以中和1g油品所需氢氧化钾的毫克数表示,mgKOH/g。

酸度是以中和100mL油品所需氢氧化钾的毫克数表示,mgKOH/100mL。

环烷酸在石油馏分中,柴油和轻质润滑油(中沸点馏分)中含量较多,而汽油和煤油(低沸点馏分)及重质润滑油(高沸点馏分)中含量较少。环烷酸及其酸性化合物不但对金属有一定的腐蚀作用,而且能加速油品的老化和生成积炭,所以对油品的酸值(度)都作了规定。

### 二、酸度、酸值测定的实际意义

1. 石油产品的酸值(度)测定,可从酸值(度)的大小说明油品中所含酸性物质的多少,一般来说,酸值(度)越高,油品中所含的酸性物质就越多。这些酸性物质的数量因原料及油品的精制程度的不同而变化。

2. 油品在贮存、使用中,可以从酸值(度)的变化判断油品氧化变质的情况。柴油发动机工作状况、酸度对其影响很大。酸度大的柴油会使发动机的积炭增加,造成活塞磨损和喷雾器喷嘴结焦而影响发动机工作。

3. 根据酸值(度)的大小,可以概略地判断油品对金属的腐蚀性质。当油品中有机酸含量少,在无水分和低温时,对金属没有腐蚀作用,而当有机酸含量多及有水分时就能腐蚀金属。有机酸分子量越小其腐蚀能力越大。当有水分存在时，即使是微量的低分子酸对金属也有强烈的腐蚀作用。石油馏分中的环烷酸虽是一种弱酸，在有水分存在的条件下，对某些金属如铅和锌，有腐蚀作用。腐蚀的结果是生成金属皂类。这些皂类将会引起润滑油加速氧化，皂类聚集在油中成为沉积物而破坏机器的正常工作。

酸值的测定对加有添加剂的润滑油不能说明其腐蚀性，没有实际意义。因而酸值规定只限制于未加添加剂的基础油或油品。

# 第二节　石油产品酸值测定法
# ［GB/T 264—1983（2004 确认）］

## 一、实验目的

1. 了解石油产品酸值、酸度的测定意义及测定原理。
2. 掌握滴定分析法的操作技能和正确判断滴定终点。
3. 熟练掌握石油产品酸值、酸度的测定方法。

## 二、酸值、酸度测定的实验原理

酸值、酸度的测定原理是利用沸腾的乙醇抽提出试油中的有机酸，再用已知浓度的氢氧化钾-乙醇溶液进行滴定，通过指示剂颜色的改变来确定其终点，由滴定除去氢氧化钾-乙醇溶液的体积计算出试油的酸值。

## 三、仪器及试剂

锥形烧瓶：标准磨口 24#，250mL；空气冷凝管：磨口与锥形瓶磨口相匹配，长约700mm；微量滴定管：2mL，分度为 0.01mL；量筒：50mL；电热板（套）或水浴；托盘天平：250g 或 500g，分度值 0.01g；氢氧化钾：分析纯，配制成 0.05mol/L 氢氧化钾-乙醇溶液（配制见附录七）；95%乙醇：分析纯；碱性蓝 6B：配制成碱性蓝 6B 指示剂溶液；甲酚红：配置成甲酚红指示剂溶液。

## 四、试验步骤

1. 用清洁、干燥的锥形烧瓶称取试样 8~10g，称准至 0.2g。在另一个清洁无水的锥形烧瓶中加入 95%乙醇 50mL，装上空气冷凝管。在不断摇动下，将 95%乙醇煮沸 5min，除去溶解于 95%乙醇内的二氧化碳。

2. 在煮沸过的 95%乙醇中加入 0.5mL 碱性蓝（或甲酚红）溶液，趁热用 0.05mol/L（按实际标定值）氢氧化钾-乙醇溶液中和直到溶液由蓝色变成浅红色（或由黄色变为紫红色）为止。如乙醇未中和滴定或滴定过量时，呈现浅红（或紫红）色，可滴入若干滴稀盐酸至微酸性，再重新中和滴定。

3. 将中和过的 95%乙醇注入装有已称好试样的锥形烧瓶中，装上空气冷凝管。在不断摇动下，将溶液煮沸 5min。在煮沸过的混合液中，加入 0.5mL 碱性蓝（或甲酚红）溶液，趁热用 0.05mol/L（按实际标定值）氢氧化钾-乙醇溶液滴定，直至乙醇层由蓝色变成浅红色

(或由黄色变为紫红色)为止。对于滴定终点不能呈现浅红(或紫红)色的试样,允许滴定达到混合液原有颜色开始有明显改变时作为终点。

在每次滴定过程中,自锥形烧瓶停止加热至滴定达到终点所经过的时间不应超过 3min。

## 五、数据记录与处理

1. 试验原始数据记录(见表 6-1)。

表 6-1 实验数据表

| 试油名称 | | | | |
|---|---|---|---|---|
| $T$ 滴定度/(mgKOH/mL) | | | | |
| 测定次数 | 第一次 | 第二次 | 第三次 | 第四次 |
| 试油重量/g | | | | |
| KOH-$C_2H_5$OH 滴定量/mL | | | | |
| 酸值/(mgKOH/g) | | | | |
| 平行测定差数/(mgKOH/g) | | | | |
| 测定结果/(mgKOH/g) | | | | |

2. 计算。

试样的酸值 $X$,用 mgKOH/g 的数值表示,按式(6-1)计算:

$$X = \frac{V \times T}{m}; \quad T = 56.1 \times C_{KOH} \tag{6-1}$$

式中　$V$——滴定时所消耗氢氧化钾-乙醇溶液的体积,mL;

　　　$m$——试样的重量,g;

　　　$T$——氢氧化钾-乙醇溶液的滴定度,mgKOH/mL;

　　56.1——氢氧化钾的摩尔质量,g/mol;

　　　$C_{KOH}$——氢氧化钾-乙醇溶液的浓度,mol/L。

## 六、精确度及报告

1. 重复性:同一操作者重复测定两个结果之差不应超过表 6-2 的数值:

表 6-2 重复性

| 范围/(mgKOH/g) | 重复性/(mgKOH/g) | 范围/(mgKOH/g) | 重复性/(mgKOH/g) |
|---|---|---|---|
| 0.00~0.1 | 0.02 | 大于 0.5~1.0 | 0.07 |
| 大于 0.1~0.5 | 0.05 | 大于 1.0~2.0 | 0.10 |

2. 再现性:由两个实验室提出的两个结果之差不应超过表 6-3 的数值:

表 6-3 再现性

| 范围/(mgKOH/g) | 再现性/(mgKOH/g) | 范围/(mgKOH/g) | 再现性/(mgKOH/g) |
|---|---|---|---|
| 0.00~0.1 | 0.04 | 大于 0.5~1.0 | 平均值的 15% |
| 大于 0.1~0.5 | 0.10 | 大于 1.0~2.0 | 平均值的 15% |

3. 报告:取重复测定两个结果的算术平均值作为试样的酸值。

# 第三节　轻质石油产品酸度测定法
## （GB/T 258—2016）

### 一、试剂及材料

氢氧化钾：分析纯，配制成 0.05mol/L 氢氧化钾–乙醇标准滴定溶液（配制见附录七）；95%乙醇：分析纯；盐酸：分析纯，配制成 0.05mol/L 盐酸标准滴定溶液；碱性蓝 6B：配制成碱性蓝 6B 指示剂溶液；酚酞指示剂：1%的酚酞乙醇溶液；甲酚红：配置成甲酚红指示剂溶液。

### 二、实验仪器

锥形烧瓶：标准磨口 24#，250mL；空气冷凝管：磨口与锥形瓶磨口相匹配，长约700mm；微量滴定管：2mL，分度为 0.01mL；移液管：25mL、50mL、100mL；电热板（套）或水浴；天平：200g，可精确称量至 0.001g。

### 三、试验步骤

取样量：柴油试样量为 20mL，其他样品试样量均为 50mL。在 20℃±3℃ 下量取试样。

1. 取 95%乙醇 50mL 注入清洁无水的锥形烧瓶中，装上空气冷凝管。在不断摇动下，将 95%乙醇煮沸 5min，除去溶解于 95%乙醇内的二氧化碳。

2. 在煮沸过的 95%乙醇中加入 0.5mL 碱性蓝（或甲酚红）溶液，趁热用 0.05mol/L（按实际标定值）氢氧化钾–乙醇标准溶液中和直到溶液由蓝色变成浅红色（或由黄色变为紫红色）为止。若在煮沸过的 95%乙醇中加入酚酞–乙醇溶液，则滴定由无色呈现浅玫瑰色为止。如乙醇未中和滴定或滴定过量时，呈现浅红（或紫红或浅玫瑰色）色，可滴入若干滴稀盐酸至微酸性，再重新中和滴定。

3. 将试样加入到盛有经中和过的 95%乙醇的锥形烧瓶中。装上空气冷凝管。在不断摇动下，将溶液煮沸 5min。在煮沸过的混合液中，加入 0.5mL 碱性蓝（或甲酚红）溶液，在不断摇动下趁热用 0.05mol/L（按实际标定值）氢氧化钾–乙醇标准溶液滴定，直至乙醇层由蓝色变成浅红色（或由黄色变为紫红色）为止。若加入酚酞–乙醇溶液，则滴定由无色呈现浅玫瑰色为止。

在每次滴定过程中，从锥形烧瓶停止加热至滴定达到终点所经过的时间不应超过 3min。

### 四、数据记录与处理

1. 试验原始数据记录（见表 6-4）。

表 6-4　实验数据表

| 试油名称 | | | | |
|---|---|---|---|---|
| $T$ 滴定度/(mgKOH/mL) | | | | |
| 测定次数 | 第一次 | 第二次 | 第三次 | 第四次 |
| 试油体积/mL | | | | |

| 试油名称 | | | | |
|---|---|---|---|---|
| 测定次数 | 第一次 | 第二次 | 第三次 | 第四次 |
| KOH-C$_2$H$_5$OH 滴定量/mL | | | | |
| 酸度/(mgKOH/100mL) | | | | |
| 平行测定差数/(mgKOH/100mL) | | | | |
| 测定结果/(mgKOH/100mL) | | | | |

2. 计算。

试样的酸度 $X$，用 mgKOH/100mL 的数值表示，按式（6-2）计算：

$$X = \frac{56.1 \times C_{KOH} \times V}{V_1} \times 100 \qquad (6-2)$$

式中　$V$——滴定时所消耗氢氧化钾-乙醇标准溶液的体积，mL；

　　　$V_1$——试样的体积，mL；

　　$C_{KOH}$——氢氧化钾-乙醇标准溶液的浓度，mol/L；

　　56.1——氢氧化钾的摩尔质量，mol/L；

　　100——酸度换算成 100mL 的常数。

## 五、精确度及报告

1. 重复性和再现性不应超过表 6-5 的要求。

表 6-5　重复性与再现性

| 酸度 | 重复性 | 再现性 |
|---|---|---|
| <0.5 | 0.08 | 0.20 |
| ≥0.5~1.0 | 0.10 | 0.25 |
| >1.0 | 0.20 | — |

2. 报告：取重复测定两个结果的算术平均值作为试样的酸度。

# 第四节　酸值、酸度测定的影响因素

## 一、酸值、酸度测定的影响因素

酸值、酸度测定的影响因素较多，主要可从试验条件与试验操作过程来分析。

1. 选择 95%乙醇，是因为有机酸在 95%乙醇中溶解度很大，可以较彻底地把试样中的有机酸抽提出来。乙醇中含有 5%的水分，同时加热沸腾，有利于有机酸的抽出。

2. 配制浓度为 0.05mol/L 氢氧化钾-乙醇溶液，其目的是便于和已抽提到乙醇中的有机酸在同一相中迅速完全地进行反应；浓度小可减少滴定的相对误差。

3. 指示剂是判断终点和结果准确性的基准物，选择适当的指示剂在油品的酸值(度)的测定中是一个十分重要的条件。因此所用的指示剂必须是变色范围处于或部分处于等当点附近 pH 突跃范围内，变色才明显。此外指示剂的变色要和试样的颜色能区分开。

4. 酸值（度）测定时规定两次煮沸 5min 和滴定不超过 3min 的条件。这是因为室温下空气中的二氧化碳极易溶于乙醇中，油品的酸值（度）一般都很小，这样二氧化碳对测定结果影响较大。为防止因二氧化碳的影响而使测定结果偏高，就必须煮沸并趁热滴定。加热煮沸有利于将试样的有机酸抽提到乙醇中。中和乙醇溶剂必须趁热滴定，一方面是为了避免二氧化碳对测定结果的影响，另一方面是为了和后面中和试样的条件一致，否则会使测定结果偏低。趁热滴定还可避免某些油品和乙醇混合液形成乳化液而妨碍滴定时对颜色变化的判断。

5. 准确判断滴定终点对试验结果有很大的影响，用碱性蓝作为酸值测定的指示剂有优点也有不足之处，那就是判断滴定终点比较困难。

6. 对直馏及经过精制的浅色油品颜色突变较明显，而对某些裂化及未经精制的中间产品或使用过的润滑油类，滴定终点变色不明显，往往是蓝色消退不太明显，更没有出现浅红色。这种情况虽然以蓝色消退时定为终点，但误差较大。

7. 对于所用的指示剂量对测定结果也有较大的影响。为了减少滴定误差，要求各次测定所加指示剂的量要相同，而且按规定量加入。

8. 滴定时动作要迅速，尽量减少滴定时间，以减少二氧化碳对测定结果的影响。滴定接近终点时，碱液的加入应逐滴，甚至要求半滴半滴加入，否则对油品酸值（度）极小的影响将很大。

## 二、思考题与练习题

1. 简述下面概念：酸值、酸度。

2. 油品中的酸性物质通常指的是哪些？

3. 简叙酸值测定的原理。

4. 为什么要选择 95% 乙醇作为酸值测定的溶剂？

5. 酸值（度）测定时规定两次煮沸 5min 和滴定不超过 3min 的原因是什么？

6. 指示剂的加入量多或少对测定结果有无影响？

# 第七章　石油产品苯胺点测定

## 第一节　概　　述

### 一、苯胺点的概念

苯胺点是指在标准试验条件下，石油产品与等体积的苯胺在互相溶解成为单一液相所需的最低温度，以℃表示。

### 二、苯胺点测定的实际意义

1. 通过对苯胺点的测定，可大致判断油品中各种烃类含量的多少。烃类越易溶于苯胺中，则其苯胺点就越低。在各族烃类中，芳香烃的苯胺点最低，环烷烃稍高，烷族烃的苯胺点最高。烯烃和环烯烃较分子质量与其接近的环烷烃稍低；多环环烷烃的苯胺点远比单环环烷烃低。对于同一烃类，其苯胺点均随分子质量和沸点的增加而增大。

2. 根据各烃类的苯胺点具有明显差别的特点，通过测得苯胺点的高低来判断油品中各种烃类的大致含量。一般油品中芳香烃含量越低，其苯胺点就越高。

3. 柴油指数及十六烷值可根据柴油的苯胺点进行计算求得。

4. 计算某些轻质油品芳香烃含量可以通过测定用硫酸处理前后的苯胺点求得。

石油产品苯胺点测定法采用两种试验装置，一种由试管、金属搅拌丝和玻璃套管等组成，适用于测定浅色油品的苯胺点；另一种是 U 形管、玻璃搅拌棒、金属罩和油浴等组成，适用于测定深色油品的苯胺点。这两种装置都称作苯胺点等体积法。

## 第二节　石油产品苯胺点测定法
## （GB/T 262—2010）

### 一、实验目的

1. 学习并掌握苯胺点的测定方法。

2. 了解苯胺点的含义、测定原理及测定意义。

### 二、实验原理

苯胺点与其他物理常数一样，也是烃类的一个特性。苯胺点的测定原理是根据石油产品中各种烃类在极性溶剂中具有不同的溶解度这一特性。在一支试管中注入规定体积的苯胺和试样，搅拌混合物，以控制的速度加热并至混合物中的两相完全混容，呈现透明（单相），按规定的冷却速度冷却并搅拌至混合物两相分离（透明液刚刚模糊不清的一瞬间）时的温度，此时的温度即为所测苯胺点。

### 三、试剂及材料

试验样品：柴油、润滑油、溶剂；苯胺：分析纯；干燥剂：工业无水碳酸钠或碳酸钙，经煅烧，放入干燥器中冷却。

### 四、实验仪器

1. 苯胺点测定器：如图 7-1 所示，包括下述组件。

① 试管：（直径 25mm±1mm，长度 150mm±1mm），由耐热玻璃制成。

② 套管：（直径 40mm±2mm，长度 170mm±3mm），由耐热玻璃制成。

③ 搅拌器：由软铁丝制成，直径约 2mm，在底部有一个直径约 19mm 的同心圆环。搅拌器底部到其顶部直角弯曲部分的长度约 200mm，搅拌器的直角弯曲部分长度约 55mm，可使用一个长约 65mm、内径为 3mm 的玻璃套管作为搅拌器的导向管，可手动或机械操作搅拌器。

④ 温度计：25～105℃，分度为 0.2℃。

图 7-1　苯胺点测定器

1—套管；2—试管；3—软木塞
4—温度计；5—铁线圈搅拌器

2. 加热浴和冷浴：合适的空气浴，非水、不挥发的透明液体浴，或红外灯（250～375W），加热浴应配置加热控制装置①。

3. 移液管：10.0mL，5.00mL。

4. 天平：可准确至 0.01g。

5. 安全防护镜。

6. 安全手套：不可渗透苯胺。

### 五、试验方法及操作步骤

（一）准备工作

1. 苯胺先进行蒸馏，收集馏出 10%～90% 馏分的新鲜苯胺。

2. 试样制备：将试样与体积分数约 10% 的干燥剂一同剧烈震荡 3～5min 以干燥试样，将黏稠或含蜡试样温热到不会引起轻组分损失或干燥剂失水的温度以降低试样黏度，如果试样中存在可见的悬浮水，则先将试样离心脱水，然后再用干燥剂进行干燥。

（二）试验步骤

1. 移取 5.0mL 苯胺和 5.0mL 试样注入清洁、干燥的试管中。如果试样太黏，不便用移液管移取，可称取相当于室温时 10mL±0.02mL 的试样，精确至 0.01g，然后用软木塞（带温度计和搅拌器）塞在试管口内，使温度计的水银球中部处于苯胺层与试样层

---

① 由于苯胺易吸水，受潮的苯胺会得到错误的试验结果，因此不能用水作为加热浴和冷却浴的介质。

的分界线处，并确保温度计不与试管壁接触。再把试管套在玻璃套管上（试管处于套管中心）。

2. 如果苯胺–试样混合物在室温下不能完全混溶，用加热浴加热混合物并快速搅拌试管中的混合物，但要避免搅起气泡。必要时可用约 1~3℃/min 的速度直接加热套管，直至混合物完全混溶。如果混合物在室温下就能完全混溶，则用非水冷却浴代替热源。

3. 将混溶的苯胺–试样混合物在室温或冷却浴中继续搅拌，并以每分钟 0.5~1.0℃ 的速度慢慢冷却。继续冷却到透明溶液开始出现浑浊的温度以下 1~2℃，记录当混合液突然全部变浑浊时（温度计的水银球刚刚模糊不清的一瞬间）的温度作为试样的苯胺点，精确到 0.1℃。

4. 重复地进行加热和冷却，并重复观测苯胺点的温度，直至连续三次测定的苯胺点温度变化范围不大于 0.1℃。

## 六、数据记录与处理（见表 7-1）

表 7-1　实验数据表

| 试油名称 | | | |
|---|---|---|---|
| 试验次数 | | | |
| 试样量/mL（g） | | | |
| 苯胺量/mL | | | |
| 苯胺点/℃ | | | |
| 平行测定差数/℃ | | | |
| 结果/℃ | | | |

## 七、精确度及报告

1. 重复性（r）：同一实验室的同一操作者，对浅色石油产品，重复测定两个结果间的差数不应超过 0.2℃；对深色石油产品，重复测定两个结果的差数不应大于 0.3℃。

2. 再现性（R）：不同实验室的不同操作者，对浅色石油产品，测定两个结果的差数不应超过 0.5℃；对深色石油产品，测定两个结果差数不应大于 1.0℃。

3. 报告：取重复测定三个结果的算术平均值作为试样的苯胺点。

## 八、测定苯胺点的影响因素

1. 苯胺的纯度。苯胺中含有水分时能使苯胺点升高，苯胺放置时间太长对其测定结果也有很大影响。

2. 苯胺及试油要在相同温度下量取，同时体积要相等，否则测定结果会产生较大的误差。

3. 试管温度计的水银球放置地方对测定结果也有一定的影响。要求水银球中部应位于苯胺层与试样层的分界线处。

4. 升温和冷却速度要控制好，严防过快，以免因水银温度计的惯性而引起测定误差。

5. 试样含水，特别是含蜡多时由于过滤时没有稍为加热而损失试样中的蜡，使测定结果不准确。

注意：苯胺即使很少量也是剧毒品，并通过皮肤被吸收。处理时要特别小心，对所有操作者在直接处理苯胺时，应戴安全防护镜和不渗透苯胺的手套。

## 九、思考题与练习题

1. 苯胺点的测定原理是什么？

2. 影响苯胺点测定结果的因素有哪些？为什么？

3. 苯胺点测定有何实际意义？

# 第八章 石油产品凝点和倾点测定

## 一、凝点的概念

石油产品的凝点，指在规定的试验条件下，将装有试油的试管冷却并倾斜45°经过1min后，试油表面不再移动时的最高温度。

由于石油产品是由多种烃类组成的复杂混合物，因而其凝点不像纯物质一样具有一定凝点。一方面，油品随着温度的降低而黏度增大，当黏度增大到一定程度时，油品便丧失流动性；另一方面，油品中的石蜡在冷却过程中发生结晶引起油品凝固而丧失流动性，通常所指的油品凝点只是指油品丧失流动性时的近似最高温度。其实，所谓油品的凝固，只不过是由于温度的下降，油品黏度增大，石蜡形成"结晶网络"把液体油品包围在其中，以致油品失去流动性。

油品凝点高低主要和馏分的轻重、化学组成有关。一般来说，馏分轻则凝点低，馏分重则凝点高。石蜡基石油的直馏重油凝点较高；正构烷烃的凝点随链长度的增加而升高；异构烷的凝点比正构烷要低；不饱和烃的凝点比饱和烃的低。

## 二、凝点测定的实际意义

1. 石油产品凝点的测定，对于含蜡油品来说，凝点可以作为估计石蜡含量的间接指标，油品中含蜡越多，则凝点越高。

2. 在生产上，凝点表示油品的脱蜡程度，以便指导生产。

3. 凝点还用以表示一些油品的牌号。如冷冻机油、变压器油、轻柴油等油品。

4. 在不同气温地区和机器使用条件中，凝点可作为低温选用油品的依据，保证油品正常输送，机器正常运转。

5. 凝点在油品贮运中也有实际意义。根据气温及油品的凝点，能够正确判断油品是否凝固，以便采取相应的措施，保证油品正常装卸和输送。

## 第二节 石油产品凝点测定
## [GB/T 510—1983(2004 确认)]

## 一、实验目的

1. 了解凝点的测定原理及测定意义。

2. 学习并掌握凝点的测定方法。

## 二、实验原理

将试样装在规定的试管中，加热、冷却至预期的温度时，将试管倾斜 45°，经过 1min，观察液面是否移动，当液面不移动时的最高温度为测定结果。

## 三、试剂及材料

冷却剂：试验温度在 0℃ 以上用水和冰；0℃ 以下使用低温恒温冷浴(可降温至 -50℃)，或石油产品凝点测定仪进行测定；无水乙醇：化学纯。

## 四、实验仪器

1. 凝点测定套管及温度计：如图 8-1 所示，包括以下组件。

① 试管：高度 160mm ± 10mm，内径 20mm ± 1mm，在距管底 30mm 的外壁处有一条环形标刻线。

② 玻璃套管：高度 130mm±10mm，内径 40mm±2mm。

③ 温度计：专用温度计(内标式)，-30~60℃，分度值 1℃，供测定凝点用；普通温度计，供测量冷却剂温度用。

2. 广口保温瓶：高度不少于 160mm，内径不少于 120mm。

3. 恒温水浴。

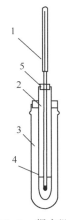

图 8-1  凝点测定
套管及温度计
1—温度计；2—试管；
3—套管；4—环状刻线；
5—胶塞

## 五、试验方法及步骤

(一) 准备工作

1. 冷却剂的制备：根据试样的预计凝点配好冷却剂，使用半导体制冷器时要设定冷却温度。冷却剂的温度比试样预期凝点低 7~8℃。

2. 若试样含水实验前需要脱水。

(二) 试验步骤

1. 在干燥、清洁的试管中注入试样，使液面到环形标线处。用软木塞将温度计固定在试管中央，使水银球距管底 8~10mm。

2. 将装有试样和温度计的试管，垂直地浸到 50℃±1℃ 的水浴中，直至试样的温度达到 50℃±1℃ 为止。

3. 取出试管并在室温下冷却至 35℃±5℃。擦干试管外壁，调好试管中温度计位置，装上外套管，测定低于 0℃ 的凝点时，套管底部应注入无水乙醇 1~2mL。然后将仪器浸在已装好冷却剂的保温瓶中冷却(冷却试样时冷却剂的温度必须准确到 ±1℃)。套管浸入冷却剂的深度应不少于 70mm。

4. 当试样温度冷却到预期的凝点时，将仪器倾斜成 45°，并保持 1min。取出仪器，小心并迅速地用乙醇擦拭套管外壁，垂直放置仪器并透过套管观察试管里面的液面是否有过移动的迹象。

5. 当液面位置有移动时，从套管中取出试管，并将试管重新预热至试样达到 50℃±1℃，然后用比上次试验温度低 4℃ 或更低的温度重新进行测定，直至某试验温度下液面位置停止移动为止。试验温度低于−20℃时，重新测定前应将试管放在室温中，待试样温度升到−20℃，才能将试管浸在水浴中加热。

6. 当第一次试验发现液面的位置没移动时，则采用比上次试验温度高4℃或更高的温度重新进行测定，直至某试验温度下液面位置移动为止。

7. 找出凝点的温度范围（液面位置从移动到不移动或从不移动到移动的温度范围）之后，就采用比移动的低2℃，或比不移动的高2℃，重新进行试验，直至某温度下试样的液面不移动而提高2℃又移动，取液面不移动的温度作为试样的凝点。

8. 试样的凝点必须进行平行测定，第二次测定时的开始试验温度要比第一次所测出的凝点高2℃。

## 六、数据记录与处理（见表8-1）

表8-1　实验数据表

| 试油名称 | | | | | | |
|---|---|---|---|---|---|---|
| 试验次数 | 第1次 | | 第2次 | | 第3次 | |
| — | 温度 | 状态 | 温度 | 状态 | 温度 | 状态 |
| 第1次试验温度及流动状态 | | | | | | |
| 第2次试验温度及流动状态 | | | | | | |
| 第3次试验温度及流动状态 | | | | | | |
| 第4次试验温度及流动状态 | | | | | | |
| 凝点（取整）/℃ | | | | | | |
| 平行测定差数/℃ | | | | | | |
| 结果（取整）/℃ | | | | | | |

## 七、精确度与报告

1. 重复性：同一操作者重复测定两个结果之差不应超过2℃。

2. 再现性：由两个实验室提出的两个结果之差不应超过4℃。

3. 报告：取重复测定两个结果的算术平均值作为试样的凝点。

## 八、石油产品凝点测定的影响因素

1. 石油产品凝点测定结果影响较大的因素与油品本身的化学组成有关，概述中已讲过。凝点还与测定时冷却速度有关。冷却速度太快，一般油品的凝点偏低。因为当油品进行冷却时，冷却速度太快，而油品的晶体增长较慢，需要一个过程，这个过程不是随冷却速度的加快而加快。所以会导致油品在晶体尚未形成坚固的"结晶网络"前，温度就降了很多，这样的测定结果是偏低的。为了提高测定结果的准确性，试验规定了冷却剂温度比试样预期的凝点低7~8℃，试管外加套管，这样就保证了试管中的试样能缓和均匀地冷却。

2. 含蜡油品的凝点与热处理有关。因为油品中的石蜡在进行加热时，其特性有了不同程度的改变，在油品冷却时，形成"结晶网络"的过程及能力也随着改变。所以在测定凝点时规定了预热温度，使测定结果准确。预热还有另一目的，就是将油品中石蜡晶体溶解，破坏其已受损的"结晶网络"，使其重新冷却结晶，而不至于在低温下停留时间过长，影响测定结果。

3. 测定凝点时还要注意仪器处于静止不受震动的状态，温度计要固定好。不然将会由于温度计的活动和受周围环境的影响使仪器震动而阻碍和破坏冷却时试油所形成的"结晶网络"，使测定结果偏低。

### 九、练习题与思考题

1. 什么叫油品的凝点？

2. 油品凝点的高低与什么有关？

3. 油品凝点测定时因冷却速度太快而导致结果偏低，为什么？

4. 为什么在测定凝点时要规定预热温度？

5. 石油产品凝点的测定有何实际意义？

## 第三节　石油产品倾点测定法
## （GB/T 3535—2006）

### 一、倾点的概念

油品在规定条件下冷却时能够流动的最低温度，称为油品的倾点。

### 二、实验目的

1. 了解倾点的测定原理。

2. 学习并掌握倾点的测定方法。

### 三、倾点的测定原理

试样经预加热后，在规定的速率下冷却，每隔3℃检查一次试样的流动性，试样能够流动的最低温度，作为倾点，用℃表示。

### 四、试剂及材料

试验样品：润滑油基础油或润滑油；低温恒温冷浴：可使用压缩机致冷或石油产品倾点测定器；冷却液：无水乙醇或乙二醇；擦拭液：丙酮、甲醇或乙醇。

### 五、试验仪器

1. 倾点测定器：如图8-2所示，包括下述组件。

① 试管：由平底、圆筒状的透明玻璃制成，内径为30～32.4mm，外径为33.2～34.8mm，高为115～125mm，壁厚不大于1.6mm。在距试管内底部54mm±3mm处有一条标刻线；

② 温度计：-38～50℃，-80～20℃，32～127℃，分度为1℃；

③ 软木塞：与温度计、试管配套使用；

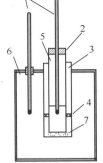

图8-2　倾点测定器

1—温度计；2—软木塞；3—套管；

4—垫圈；5—试管；6—冷浴；7—圆盘

④ 套管：内径 44.2～45.8mm，壁厚约 1mm，高为 115mm±3mm；

⑤ 圆盘：软木或毛毡制成，厚约 6mm；

⑥ 垫圈：环形，厚约 5mm，固定试管；

⑦ 冷浴：与外套管配套，可用制冷装置或合适的冷却剂来维持温度；

2. 计时器：测量 30s 的误差最大不能超过 0.2s。

3. 恒温水浴。

### 六、试验方法及步骤

1. 将清洁试样注入试管至刻线处。对黏稠试样可在水浴中加热至流动后再注入试管内。如试样在 24h 内曾加热到高于 45℃ 的温度，或不知其加热情况，则在室温下放置试样 24h 后再做试验。

2. 用插有温度计（根据油品的预定倾点选择好合适的温度计）的软木塞塞住试管，使温度计和试管在同一轴线上，试样浸没温度计水银球，使温度计的毛细管起点应浸在试样液面下 3mm 处。如果试样的预期倾点高于 36℃ 时，允许使用 32～127℃ 范围的温度计，分度为 0.5℃。

3. 将试管中的试样进行以下的预处理：

（1）倾点高于 -33℃。在不搅动试样的情况下，将试样放入高于预期倾点 12℃，但至少是 48℃ 的水浴中加热至 45℃ 或至高于预期倾点温度大约 9℃（选择较高），将试管放于 24℃±1.5℃ 的水浴中，当试样达到高于预期倾点 9℃（估算为 3℃ 的倍数）再按步骤 6 继续试验。当试样温度已达 27℃ 时，试样仍能流动，则从浴中取出试管，用一块清洁且沾擦拭液的布擦拭试管外表面，然后按步骤 4 的方法放在 0℃ 浴中，按步骤 6 继续试验，并按步骤 5 进行冷却。

（2）倾点在 -33℃ 和低于 -33℃。在不搅动试样的情况下，将试样放入 48℃ 的水浴中加热至 45℃，然后放在 6℃±1.5℃ 浴中冷却至 15℃。当试样温度达到 15℃ 则从浴中取出试管，用一块清洁且沾擦拭液的布擦拭试管外表面，然后按步骤 4 的方法放在 0℃ 浴中，按步骤 5 进行冷却。当试样达到高于预期倾点 9℃（估算为 3℃ 的倍数）再按步骤 6 继续试验。

4. 圆盘、垫圈和套管内外都应清洁和干燥。将圆盘放在套管的底部。在插入试管前，圆盘和套管应放入冷却介质中至少 10min，垫圈放在试管外壁距底部约 25mm 处。将试管放入套管内。

5. 试样温度达到 9℃，移到 -18℃ 的冷浴中；试样温度达到 -6℃，移到 -33℃ 的浴中；试样温度达到 -24℃，移到 -51℃ 的浴中；试样温度达到 -42℃，移到 -69℃ 的浴中。

6. 观察试样的流动性：从第一次观察温度开始，每降低 3℃，都要小心地把试管从套管中取出，倾斜试管，以确定试样是否流动。试样移动，继续降低 3℃ 观察，当试管倾斜而试样不流动时，应立即将试管放置于水平位置 5s，并仔细观察试样表面，如果试样显示出有任何移动，应立即将试管放回水浴或套管中，再降低 3℃ 观察。直至将试管置于水平位置 5s 试样不移动时，记录此时的温度计读数。

7. 对于燃料油、重质润滑油基础油和含有残渣燃料组分的产品按方法 1～6 所述步骤进行，所测的结果是试样的上（最高）倾点。如将试样加热到105℃，注入试管，再按本方法2~6所述步骤进行测定，其测定结果为下（最低）倾点。

### 七、试验数据记录及结果

1. 结果表示：在记录得到的结果上加3℃，作为试样的倾点或下倾点。

2. 实验数据表（见表8-2）。

表8-2 实验数据表

| 试油名称 | | | | |
|---|---|---|---|---|
| 试验次数 | | | | |
| 试样不移动温度/℃ | | | | |
| 倾点（取整）/℃ | | | | |
| 平行测定差数/℃ | | | | |
| 结果（取整）/℃ | | | | |

### 八、精确度与报告

1. 重复性：重复测定两个结果之差不应超过3℃。

2. 再现性：由两个实验室提出的两个结果之差不应大于6℃。

3. 报告：取重复测定两个结果的平均值作为倾点。

### 九、注意事项

1. 取出试管到将试管放回浴中的全部操作，要求不超过3s。

2. 观察过程中注意不能搅动试样中的块状物；试样经过足够的冷却后，形成石蜡结晶，应十分注意不要搅动试样和温度计，也不允许温度计在试样中有移动；对石蜡结晶的海绵网有任何搅动都会导致结果偏低或不真实。

3. 在低温时，冷凝的水雾会妨碍观察，可以用一块清洁的布沾与冷浴温度接近的擦拭液擦拭试管以除去表面的水雾。

### 十、思考题与练习题

1. 什么是油品的倾点？

2. 倾点测定的影响因素有哪些？

# 第九章 石油产品黏度测定

## 第一节 概 述

### 一、概念

黏度是流体(液体)流动时内摩擦力的量度。即是液体分子在外力作用下发生相对运动时,在分子内部产生的一种摩擦阻力,它阻碍液体分子的运动。液体的这种性质叫液体的黏滞性,或称为黏性。油品的黏度大小由其组成所决定。各种烃类中烷烃的黏度最小,黏温性能好;环烷烃和芳香烃的黏度较高,黏温性能较好,而少环和侧链越多越长的黏温性越好;胶质、沥青质黏度高,但黏温性和安定性极差。

黏度是石油产品的重要质量指标。其表示方法一般分为两大类,一类为绝对黏度,绝对黏度可分为动力黏度和运动黏度;另一类为条件黏度,条件黏度可分为恩氏黏度、赛氏黏度和雷氏黏度。各种黏度之间可以进行换算。附表Ⅱ、附表Ⅲ为各种黏度之间的换算。

运动黏度又称动黏度,是在相同温度下液体的动力黏度与其密度之比,用符号"$v$"表示。其法定计量单位为 $m^2/s$,一般常用 $mm^2/s$。

恩氏黏度:恩氏黏度是指试样在某温度下从恩氏黏度计流出 200mL 所需的时间与蒸馏水在 20℃从恩氏黏度计流出相同体积所需的时间(即黏度计的水值)之比。

赛氏黏度:即赛波特(Sagbolt)黏度,是指一定量的试样在规定温度(如 100℉、210℉或 122℉等)下从赛氏黏度计流出 60mL 所需的秒数,以"s"单位。

雷氏黏度:即雷德乌德(Redwood)黏度,是指一定量的试样在规定温度下,从雷氏度计流出 50mL 所需的秒数,以"s"为单位。

在国内测定石油产品运动黏度有两种标准方法。GB/T 265—1988《石油产品运动黏度测定法》和 GB/T 11137—1983《深色石油产品黏度测定法(逆流法)》。测定透明石油产品的运动黏度使用品式黏度计,而测定凝点在零度以上的不透明的深色石油产品、使用过的润滑油、原油等则使用逆流式黏度计。

### 二、黏度测定的意义

黏度是评定石油产品,特别是润滑油质量的一项重要理化指标。测定黏度在实际上有着重要的意义。黏度是选用润滑油的主要依据,正确地选择一定黏度的润滑油,可保证发动机稳定可靠的工作状况。黏度过小,难以形成有足够厚度的油膜,增加机械磨损;黏度过大,机械运转阻力增大,启动困难,消耗燃料增大,降低发动机功率。润滑油的牌号大部分是根据机器的性能,以某一温度下运动黏度的中心值来划分的,以便选用合适的润滑油。测定不同温度下的运动黏度可以表示润滑油的黏温特性。黏温特性好的能保证机械在不同温度下都得到可靠的润滑。在生产上，可以从黏度变化来判断润滑油的精制深度。油品的黏度通常是随着其馏程增高而增加。但在同一馏程的馏分，又因化学组成不同其黏度也不相同。在油品中的烃类，以烷烃的黏度最小，以带有长侧链及多侧链的环状烃类的黏度最大。通常未经精制的馏分油的黏度大于硫酸精制馏分油的黏度，而硫酸精制馏分油的黏度又大于溶剂精制馏分油的黏度。黏度也是轻质燃料油在不同温度下所必需的雾化程度，在燃料规格标准中规定了不同温度下的黏度值。黏度在工艺计算和油品的输送中有重要意义。在工艺计算上可以计算流体在管线中的压力损失；在油品的输送中可根据油品的黏度而采取相应的解决措施，提高输送效率。

## 第二节　石油产品运动黏度测定法
## （GB/T 265—1988）

**一、实验目的**

1. 掌握运动黏度测定的方法。

2. 了解运动黏度测定的意义。

**二、实验原理**

在某恒定的温度下，测定一定体积的液体在重力下流过一个标定好了的玻璃毛细管黏度计的时间，流动时间与黏度计的毛细管常数的乘积，即该温度下液体测定的运动黏度。

用毛细管黏度计测定黏度以泊氏公式为基础：

$$\eta = \frac{\pi P r^4 \tau}{8VL} \tag{9-1}$$

当液体流动靠重力流动时，其压力 $P$ 为：

$$P = g \cdot \rho \cdot h$$

又因运动黏度　　　　　　　　$v = \eta / \rho$

将此两式代入式（9-1），整理得：

$$v = \eta / \rho = \frac{\pi r^4 \cdot g \cdot h}{8VL} \tau \tag{9-2}$$

令　　$C = \dfrac{\pi r^4 g \cdot h}{8VL}$　代入式（9-2）得：

$$v = C \cdot \tau \tag{9-3}$$

式中　$\eta$——动力黏度，Pa·s；

　　　$\pi$——常数 3.1416；

　　　$\tau$——液体流过毛细管的时间，s；

　　　$P$——推动液体流动的压力，Pa；

$L$——毛细管长度，cm；

$r$——毛细管半径，cm；

$V$——通过毛细管的液体体积，$cm^3$；

$h$——液柱高度，cm；

$\rho$——液体的密度，$g/cm^3$；

$g$——重力加速度，$m/s^2$。

### 三、仪器与材料

1. 品式毛细管黏度计（如图9-1所示）：其内径分别为0.4mm、0.6mm、0.8mm、1.0mm、1.2mm、1.5mm、2.0mm、2.5mm、3.0mm、3.5mm、4.0mm、5.0mm、6.0mm，根据试样黏度范围选择合适内径的黏度计。

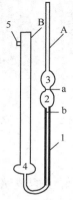

图9-1 毛细管黏度计

1—毛细管；2、3、4—扩张部分；

5—支管；A、B—管身；a、b—标线

2. 恒温器：透明玻璃缸，高度不小于180mm，附有搅拌及恒温热装置。

3. 温度计：分度为0.1℃。

4. 秒表：分度为0.1s。

5. 石油醚：60~90℃。

6. 洗耳球。

7. 试油：黏度合适的任意润滑油。

### 四、实验步骤

1. 按试验温度，将恒温器中的油浴或水浴控制在该温度下并恒定在±0.1℃。

2. 根据试样黏度范围和规定的试验温度，选用常数适当的毛细管黏度计，务必使试样的流动时间不少于200s，内径0.4mm的黏度计流动时间不少于350s。

3. 将选定的毛细管黏度计用溶剂油或石油醚洗涤清洁，并放入80℃的烘箱中烘干或用通过棉花滤过的热空气吹干。

4. 将选用的清洁、干燥的毛细管黏度计装入试油。黏度大的试油可以适当加热。装油的方法是：用一小节橡皮管套在黏度计支管5上，将黏度计倒置，用食指堵住管身B的管口，大拇指和中指夹住管身，然后将管身A插入装有试油的小烧杯中，用洗耳球从支管口5将液体吸到标线b，当液面达到标线b时，就从小烧杯中提起黏度计并迅速恢复其正常状态，同时将管身4的管端外壁所沾着的试油擦去，并把支管5上的橡皮管取下套在管A上，装油时要根据试油的黏度决定抽油的速度，注意管身4要放在试油中部，避免液体在管内产生气泡或裂隙。

5. 将装有试油的黏度计浸入事先加热并达到规定温度的恒温浴中，并用夹子将黏度计固定在支架上。在固定时必须把毛细管黏度计的扩张部分3浸入一半以上或完全浸没。温度计水银球的位置必须接近毛细管1中央点的水平面，同时温度计上所有的测温点的刻度位于恒温浴的液面上约10mm处。

6. 黏度计在恒温浴中达到规定的恒温时间（100℃恒温时间 20min；50℃恒温时间 15min；20℃恒温时间 10min）时。试验温度必须保持恒定到±0.1℃。用洗耳球在黏度计管 A 将试油吸入扩张部分 2，使试油液面稍高于标线 a，然后将黏度计调整成为垂直状态。

7. 观察管身 A 中试油的流动情况，当液面正好达到标线 a 时，启动秒表，液面正好达到标线 b 时，停止秒表，记录试油流经的时间（s）和恒定温度，准确至 0.1℃。注意在整个试验过程中毛细管和扩张部分中的液体不能有气泡。

8. 保持规定的恒定温度，重复测定至少四次，且每次的流动时间与其算术平均值的差数不超过平均值的±0.5%；在低于−10℃温度下测定黏度时，其差数可适当增大。取不少于三次的流动时间所得的算术平均值作为试样的平均流动时间。

### 五、数据记录与处理

1. 实验数据记录表（见表 9-1）。

表 9-1　实验数据表

| 试油名称 | | | | |
|---|---|---|---|---|
| 毛细管编号及常数/(mm²/s²) | | | | |
| 实验次数 | 第一次 | 第二次 | 第三次 | 第四次 |
| 水(油)浴温度/℃ | | | | |
| 每次流动时间/s | | | | |
| 平均流动时间/s | | | | |
| 流动时间允许差数/s | | | | |
| 流动时间实际差数/s | | | | |
| 黏度平均值/(mm²/s) | | | | |

2. 在温度 $t$ 时，试样的运动黏度 $v_t$（mm²/s）按式（9-4）计算：

$$v_t = C \cdot \tau_t \qquad (9-4)$$

式中　$C$——黏度计常数，mm²/s²；

　　$\tau_t$——试样的平均流动时间，s。

**例**：毛细管黏度计常数为 0.0478mm²/s²，在 40℃ 时测得试样的流动时间分别为 318.0s、322.6s、321.0s、322.4s，流动时间的算术平均值为：

$$\tau_{40} = \frac{318.0+322.6+321.0+322.4}{4} = 321.0(s)$$

各次流动时间与平均流动时间的允许差数为：

$$321.0 \times \pm 0.5\% = \pm 1.6(s)$$

各次流动时间实际差数分别为：−3、+1.6、0、1.4，其中 318.0 超过 1.6（±0.5%），应弃去，然后取另三个数重新计算，得到平均流动时间为 322.0s（符合要求），用式（9-3）计算，得到试油的运动黏度为：

$$\tau_{40} = 0.0478 \times 322 = 15.1(mm^2/s)$$

### 六、精确度及报告

平行测定两个结果之差不应超过算术平均值的 1.0%。取其算术平均值为测定结果。

### 七、运动黏度测定的影响因素

运动黏度测定影响因素很多，主要有温度能否保持在恒定±0.1℃的范围，因为温度对黏度测定影响最大，液体石油产品的黏度随温度的升高而减小，随温度的下降而增大，故在测定时严格规定恒定温度为±0.1℃。否则，哪怕是极微小的温度波动，也会使黏度测定结果产生较大的误差。

试样中含有水分、机械杂质或毛细管黏度计不干净时，由于毛细管很细，会因水分或机械杂质而堵塞毛细管，影响试样在毛细管中的正常流动，增长测定的流动时间，使测定结果偏高。

测定时的流动时间是否在规定范围内，时间长短对测定结果影响也较大。因为毛细管法测定黏度的原理是根据泊塞耳方程式求出液体的动力黏度，而泊塞耳方程式是适合于液体处于层流的流动状态。如果液体流速过快，就不能保证液体在管中的流动为层流，而且流动时间读数误差大，得出的结果误差也大。如果液体流动速度太慢，虽然是层流流动状态，但由于测定时间太长而使温度波动，不易保持恒温，使测定结果不准。因此，GB/T 265—1988法规定了试样在毛细管中的流动时间。

测定时，黏度计是否垂直，如果黏度计不垂直，会改变液柱高度从而改变了静压力，还会增加液体流动的阻力，使测定结果产生误差。

此外，黏度计在装油和测定时不能有气泡存在，以免液体在毛细管中形成非连续性的流动，使流动时间拖长，测定结果偏高。

其他的如毛细管黏度计是否标准、黏度计常数和秒表的准确度也是关键影响因素。

### 八、思考题与练习题

1. 什么叫运动黏度？
2. 叙述运动黏度的测定原理。
3. 为什么要规定毛细管黏度计中液体的流动时间范围？
4. 测定黏度时，为什么要严格控制恒温？
5. 运动黏度测定时试样中为什么不能有水分、机械杂质或气泡存在？
6. 测定时黏度计为什么要处于垂直状态？
7. 黏度测定在实际生产中有何意义？

## 第三节 深色石油产品黏度测定法(逆流法) (GB/T 11137—1989)

### 一、实验目的

1. 掌握深色石油产品黏度的测定法(逆流法)。
2. 了解运动黏度测定的意义。

## 二、实验原理

测定一定体积的液体在重力作用下流过一支经校准的玻璃毛细管粘度计（逆流黏度计）的时间来确定深色石油产品的运动黏度。由测得的运动黏度与其密度的乘积，可得到液体的动力黏度。

## 三、仪器与材料

1. 毛细管黏度计，如图9-2所示。

2. 恒温器：透明玻璃缸，高度不小于180mm，附有搅拌及恒温加热装置，控温精度<0.1℃。

3. 温度计：分度为0.1℃。

4. 秒表：分度为0.1s。

5. 石油醚：60~90℃。

6. 洗耳球。

7. 试油：黏度合适的任意润滑油。

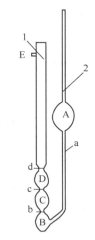

图9-2　逆流法毛细管黏度计
a—毛细管；A、B、C、D—球；
b、c、d—标线；1、2—管身；
E—支管

## 四、实验步骤

1. 试验前试样的处理，恒温时间及操作细节规定均与GB/T 265—1988相同。

2. 将选用的清洁、干燥的黏度计垂直倒立，使毛细管一端浸入小烧杯试样中，用洗耳球抽取试样，使试样充满A球并流到标线a处为止。

3. 取出黏度计，擦净毛细管上所沾的试样，使黏度计微微倾斜，以便使试样由自重而慢慢从A球经毛细管流入B球，直到B球中进入少量的试样时，然后用一端已夹紧的短胶管套在A球上端的管子上，让黏度计垂直放入恒温浴中，当达到恒温时间要求后，放开夹子，使试样自动注入B球，当试样面正好达到标线b时，启动第一只秒表，当试样面正好达到标线c时，停止第一只秒表，同时启动第二只秒表，当试样面正好达到标线d时，停止第二只秒表。测定某一试样的黏度时，每一试验温度都应做重复测定。

## 五、数据处理

用各球中所测得的液体流动时间的秒数乘以各球的黏度计常数，然后将两球所得的结果求算术平均值，作为试样的运动黏度。

按下式算出C球及D球所测出的两个结果：

$$v_C = C_C \cdot t_c \tag{9-5}$$

$$v_D = C_D \cdot t_D \tag{9-6}$$

式中　$C_C$ 和 $C_D$——C球和D球的黏度计常数，$mm^2/s$；

　　　$t_C$ 和 $t_D$——试样在C球和D球的流动时间，s。

在温度t时试样的运动黏度 $v_t$ 按式（9-7）计算：

$$v_t = \frac{v_C + v_D}{2} \tag{9-7}$$

式中　$v_C$ 和 $v_D$——C 球和 D 球的测定结果。

**六、精确度与报告**

重复测定两个结果间的差数不应超过算术平均值的 ±1.5%，取其平均值为测定结果。

# 第四节　石油产品黏度指数算表

黏度指数是表示油品黏度随温度变化而变化的黏温特性，黏度指数越大，表明油品受温度影响相对越小，黏度性能越好。黏温性能对润滑油来说是一项很重要的技术指标。良好的黏温性能保证润滑油在温度变化条件下能起正常的润滑作用。

黏度指数计算法参考 GB/T 1995—1998（2004 年确认），先测定油品在 40℃和 100℃两种温度的运动黏度值，然后用公式计算，当黏度指数小于 100 时，用公式(9-7)计算，黏度指数大于 100 时用公式(9-8)计算：

$$VI = \frac{L-U}{L-H} \times 100 \tag{9-8}$$

$$L - H = D \tag{9-8-1}$$

$$VI = \frac{\lg\lg N - 1}{0.00715} + 100 \tag{9-9}$$

$$N = \frac{\lg H - \lg U}{\lg Y} \tag{9-9-1}$$

式中　$L$——与试样 100℃时运动黏度相同，黏度指数定为 0 的油品在 40℃时的运动黏度，$mm^2/s$；

$H$——与试样 100℃时运动黏度相同，黏度指数定为 100 的油品在 40℃时的运动黏度，$mm^2/s$；

$U$——试样 40℃时的运动黏度，$mm^2/s$；

$Y$——试样 100℃时的运动黏度，$mm^2/s$。

**例 1**：已知试样 40℃和 100℃的运动黏度分别为 73.30$mm^2/s$ 和 8.86$mm^2/s$，计算该试样的黏度指数。

解：以 100℃时的运动黏度为 8.86$mm^2/s$ 查附表 I，并进行尾数修正得：

$$L = 118.5 + \frac{(120.9-118.5)\times 6}{10} = 119.94(mm^2/s)$$

$$D = 49.75 + \frac{(50.96-49.75)\times 6}{10} = 50.476(mm^2/s)$$

而

$$U = 73.30(mm^2/s)$$

将以上数值代入式(9-4)计算得：

$$VI=\frac{119.94-73.30}{50.476}\times100=92.40 \qquad VI=92$$

**例2**：已知试样40℃和100℃的运动黏度分别为22.83mm²/s和5.05mm²/s，计算该试样的黏度指数。

解：以100℃时的运动黏度为5.05mm²/s查附表Ⅰ，并进行尾数修正得：

$$H=28.49+\frac{(29.46-28.49)\times5}{10}=28.98(\text{mm}^2/\text{s})$$

而　　　　$U=22.83(\text{mm}^2/\text{s})$，$Y=5.05(\text{mm}^2/\text{s})$

将以上数值代入式(9-5-1)计算得：

$$N=\frac{\lg28.98-\lg22.83}{\lg5.05}=0.14708$$

再将$N=0.14708$代入式(9-5)计算得：

$$VI=\frac{\lg\lg(0.14708)-1}{0.00715}+100=156.37 \qquad VI=156$$

附表Ⅰ　**L、D和H的运动黏度值表**

| $\nu_{100}$/(mm²/s) | L | D=L-H | H | $\nu_{100}$/(mm²/s) | L | D=L-H | H |
|---|---|---|---|---|---|---|---|
| 2.0 | 7.994 | 1.6 | 6.394 | 2.1 | 8.64 | 1.746 | 6.894 |
| 2.2 | 9.309 | 1.898 | 7.41 | 2.3 | 10 | 2.056 | 7.944 |
| 2.4 | 10.71 | 2.219 | 8.496 | 2.5 | 11.45 | 2.39 | 9.063 |
| 2.6 | 12.21 | 2.567 | 9.647 | 2.7 | 13 | 2.748 | 10.25 |
| 2.8 | 13.8 | 2.937 | 10.87 | 2.9 | 14.63 | 3.132 | 11.5 |
| 3.0 | 15.49 | 3.334 | 12.15 | 3.1 | 16.36 | 3.54 | 12.82 |
| 3.2 | 17.26 | 3.753 | 13.51 | 3.3 | 18.18 | 3.971 | 14.21 |
| 3.4 | 19.12 | 4.196 | 14.93 | 3.5 | 20.09 | 4.428 | 15.66 |
| 3.6 | 21.08 | 4.665 | 16.42 | 3.7 | 22.09 | 4.909 | 17.19 |
| 3.8 | 23.13 | 5.157 | 17.97 | 3.9 | 24.19 | 5.415 | 18.77 |
| 4.0 | 25.32 | 5.756 | 19.56 | 4.1 | 26.5 | 6.129 | 20.37 |
| 4.2 | 27.75 | 6.546 | 21.21 | 4.3 | 29.07 | 7.017 | 22.05 |
| 4.4 | 30.48 | 7.56 | 22.92 | 4.5 | 31.96 | 8.156 | 23.81 |
| 4.6 | 33.52 | 8.806 | 24.71 | 4.7 | 35.13 | 9.499 | 25.63 |
| 4.8 | 36.79 | 10.22 | 26.57 | 4.9 | 38.3 | 10.97 | 27.53 |
| 5.0 | 40.23 | 11.74 | 28.49 | 5.1 | 41.99 | 12.53 | 29.46 |
| 5.2 | 43.76 | 13.32 | 30.43 | 5.3 | 45.53 | 14.13 | 31.4 |
| 5.4 | 47.31 | 14.92 | 32.37 | 5.5 | 49.09 | 15.75 | 33.34 |
| 5.6 | 50.87 | 16.55 | 34.32 | 5.7 | 52.64 | 17.36 | 35.29 |
| 5.8 | 54.42 | 18.16 | 36.26 | 5.9 | 56.2 | 18.97 | 37.23 |
| 6.0 | 57.97 | 19.78 | 38.19 | 6.1 | 59.74 | 20.57 | 39.17 |

| $v_{100}/(\text{mm}^2/\text{s})$ | $L$ | $D=L-H$ | $H$ | $v_{100}/(\text{mm}^2/\text{s})$ | $L$ | $D=L-H$ | $H$ |
|---|---|---|---|---|---|---|---|
| 6.2 | 61.52 | 21.38 | 40.15 | 6.3 | 63.32 | 22.19 | 41.13 |
| 6.4 | 65.18 | 23.03 | 42.14 | 6.5 | 67.12 | 23.94 | 43.18 |
| 6.6 | 69.16 | 24.92 | 44.24 | 6.7 | 71.29 | 25.96 | 45.33 |
| 6.8 | 73.48 | 27.04 | 46.44 | 6.9 | 75.72 | 28.21 | 47.51 |
| 7.0 | 78 | 29.43 | 48.57 | 7.1 | 80.25 | 30.63 | 49.61 |
| 7.2 | 82.39 | 31.7 | 50.69 | 7.3 | 84.53 | 32.74 | 51.78 |
| 7.4 | 86.66 | 33.79 | 52.88 | 7.5 | 88.85 | 34.87 | 53.98 |
| 7.6 | 91.04 | 35.94 | 55.09 | 7.7 | 93.2 | 37.01 | 56.2 |
| 7.8 | 95.43 | 38.12 | 57.31 | 7.9 | 97.72 | 39.27 | 58.45 |
| 8.0 | 100 | 40.4 | 59.6 | 8.1 | 102.3 | 41.57 | 60.74 |
| 8.2 | 104.6 | 42.72 | 61.89 | 8.3 | 106.9 | 43.85 | 63.05 |
| 8.4 | 109.2 | 45.01 | 64.18 | 8.5 | 111.5 | 46.19 | 65.32 |
| 8.6 | 113.9 | 47.4 | 66.48 | 8.7 | 116.2 | 48.57 | 67.64 |
| 8.8 | 118.5 | 49.75 | 68.79 | 8.9 | 120.9 | 50.96 | 69.94 |
| 9.0 | 123.3 | 52.2 | 71.1 | 9.1 | 125.7 | 53.4 | 72.27 |
| 9.2 | 128 | 54.61 | 73.42 | 9.3 | 130.4 | 55.84 | 74.57 |
| 9.4 | 132.8 | 57.1 | 75.73 | 9.5 | 135.3 | 58.36 | 76.91 |
| 9.6 | 137.7 | 59.6 | 78.08 | 9.7 | 140.1 | 60.87 | 79.27 |
| 9.8 | 142.7 | 62.22 | 80.46 | 9.9 | 145.2 | 63.54 | 81.67 |
| 10.0 | 147.7 | 64.86 | 82.87 | 10.1 | 150.3 | 66.22 | 84.08 |
| 10.2 | 152.9 | 67.56 | 85.3 | 10.3 | 155.4 | 68.9 | 86.51 |
| 10.4 | 158 | 70.25 | 87.72 | 10.5 | 160.6 | 71.63 | 88.95 |
| 10.6 | 163.2 | 73 | 90.19 | 10.7 | 165.8 | 74.42 | 91.4 |
| 10.8 | 168.5 | 75.86 | 92.65 | 10.9 | 171.2 | 77.33 | 93.92 |
| 11.0 | 173.9 | 78.75 | 95.19 | 11.1 | 176.6 | 80.2 | 96.45 |
| 11.2 | 179.4 | 81.65 | 97.71 | 11.3 | 182.1 | 83.13 | 98.97 |
| 11.4 | 184.9 | 84.63 | 100.2 | 11.5 | 187.6 | 86.1 | 101.5 |
| 11.6 | 190.4 | 87.61 | 102.8 | 11.7 | 193.3 | 89.13 | 104.1 |
| 11.8 | 196.2 | 90.75 | 105.4 | 11.9 | 199 | 92.3 | 106.7 |
| 12.0 | 201.9 | 93.87 | 108 | 12.1 | 204.8 | 95.47 | 109.4 |
| 12.2 | 207.8 | 97.07 | 110.7 | 12.3 | 210.7 | 98.66 | 112 |
| 12.4 | 213.6 | 100.3 | 113.3 | 12.5 | 216.6 | 101.9 | 114.7 |
| 12.6 | 219.6 | 103.6 | 116 | 12.7 | 222.6 | 105.3 | 117.4 |
| 12.8 | 225.7 | 107 | 118.7 | 12.9 | 228.8 | 108.7 | 120.1 |
| 13.0 | 231.9 | 110.4 | 121.5 | 13.1 | 235 | 112.1 | 122.9 |
| 13.2 | 238.1 | 113.8 | 124.2 | 13.3 | 241.2 | 115.6 | 125.6 |
| 13.4 | 244.3 | 117.3 | 127 | 13.5 | 247.4 | 119 | 128.4 |
| 13.6 | 250.6 | 120.8 | 129.8 | 13.7 | 253.8 | 122.6 | 131.2 |
| 13.8 | 257 | 124.4 | 132.6 | 13.9 | 260.1 | 126.2 | 134 |

续表

| $v_{100}/(mm^2/s)$ | $L$ | $D=L-H$ | $H$ | $v_{100}/(mm^2/s)$ | $L$ | $D=L-H$ | $H$ |
|---|---|---|---|---|---|---|---|
| 14.0 | 263.3 | 128 | 135.4 | 14.1 | 266.6 | 129.8 | 136.8 |
| 14.2 | 269.8 | 131.6 | 138.2 | 14.3 | 273 | 133.5 | 139.6 |
| 14.4 | 276.3 | 135.3 | 141 | 14.5 | 279.6 | 137.2 | 142.4 |
| 14.6 | 283 | 139.1 | 143.9 | 14.7 | 286.4 | 141.1 | 145.3 |
| 14.8 | 289.7 | 142.9 | 146.8 | 14.9 | 293 | 144.8 | 148.2 |
| 15.0 | 296.5 | 146.8 | 149.7 | 15.1 | 300 | 148.8 | 151.2 |
| 15.2 | 303.4 | 150.8 | 152.6 | 15.3 | 306.9 | 152.8 | 154.1 |
| 15.4 | 310.3 | 154.8 | 155.6 | 15.5 | 313.9 | 156.9 | 157 |
| 15.6 | 317.5 | 158.9 | 158.6 | 15.7 | 321.1 | 161 | 160.1 |
| 15.8 | 324.6 | 163 | 161.6 | 15.9 | 328.3 | 165.2 | 163.1 |
| 16.0 | 331.9 | 167.3 | 164.6 | 16.1 | 335.5 | 169.4 | 166.1 |
| 16.2 | 339.2 | 171.5 | 167.7 | 16.3 | 342.9 | 173.7 | 169.2 |
| 16.4 | 346.6 | 175.8 | 170.7 | 16.5 | 350.3 | 178.1 | 172.3 |
| 16.6 | 354.1 | 180.3 | 173.8 | 16.7 | 358 | 182.5 | 175.4 |
| 16.8 | 361.7 | 184.7 | 177 | 16.9 | 365.6 | 187 | 178.6 |
| 17.0 | 369.4 | 189.2 | 180.2 | 17.1 | 373.3 | 191.5 | 181.7 |
| 17.2 | 377.1 | 193.8 | 183.3 | 17.3 | 381 | 196.1 | 184.9 |
| 17.4 | 384.9 | 198.4 | 186.5 | 17.5 | 388.9 | 200.8 | 188.1 |
| 17.6 | 392.7 | 203 | 189.7 | 17.7 | 396.7 | 205.3 | 191.3 |
| 17.8 | 400.7 | 207.7 | 192.9 | 17.9 | 404.7 | 210 | 194.6 |
| 18.0 | 408.6 | 212.4 | 196.2 | 18.1 | 412.6 | 214.8 | 197.8 |
| 18.2 | 416.7 | 217.3 | 199.4 | 18.3 | 420.7 | 219.7 | 201 |
| 18.4 | 424.9 | 222.2 | 202.6 | 18.5 | 429 | 224.7 | 204.3 |
| 18.6 | 433.2 | 227.2 | 205.9 | 18.7 | 437.3 | 229.7 | 207.6 |
| 18.8 | 441.5 | 232.3 | 209.3 | 18.9 | 445.7 | 234.7 | 211 |
| 19.0 | 449.9 | 237.3 | 212.7 | 19.1 | 454.2 | 239.8 | 214.4 |
| 19.2 | 458.4 | 242.3 | 216.1 | 19.3 | 462.7 | 245 | 217.7 |
| 19.4 | 467 | 247 | 219.4 | 19.5 | 471.3 | 250.2 | 221.1 |
| 19.6 | 475.7 | 252.9 | 222.8 | 19.7 | 479.7 | 255.2 | 224.5 |
| 19.8 | 483.9 | 257.8 | 226.2 | 19.9 | 488.6 | 260.9 | 227.7 |
| 20.0 | 493.2 | 263.7 | 229.5 | 20.2 | 501.5 | 268.5 | 233 |
| 20.4 | 510.8 | 274.4 | 236.4 | 20.6 | 519.9 | 279.8 | 240.1 |
| 20.8 | 528.8 | 285.3 | 243.5 | 21.0 | 538.4 | 291.3 | 247.1 |
| 21.2 | 547.5 | 296.8 | 250.7 | 21.4 | 556.7 | 302.6 | 254.2 |
| 21.6 | 566.4 | 308.6 | 257.8 | 21.8 | 575.6 | 314.1 | 261.5 |
| 22.0 | 585.2 | 320.2 | 264.9 | 22.2 | 595 | 326.4 | 268.6 |
| 22.4 | 604.3 | 332 | 272.3 | 22.6 | 614.2 | 338.4 | 275.8 |
| 22.8 | 624.1 | 344.5 | 279.6 | 23.0 | 633.6 | 350.3 | 283.3 |
| 23.2 | 643.4 | 356.6 | 286.8 | 23.4 | 653.8 | 363.3 | 290.5 |

续表

| $v_{100}/(mm^2/s)$ | $L$ | $D=L-H$ | $H$ | $v_{100}/(mm^2/s)$ | $L$ | $D=L-H$ | $H$ |
|---|---|---|---|---|---|---|---|
| 23.6 | 663.3 | 369 | 294.4 | 23.8 | 673.7 | 375.7 | 297.9 |
| 24.0 | 683.9 | 382.1 | 301.8 | 24.2 | 694.5 | 388.9 | 305.6 |
| 24.4 | 704.2 | 394.8 | 309.4 | 24.6 | 714.9 | 401.9 | 313 |
| 24.8 | 725.7 | 408.8 | 317 | 25.0 | 736.5 | 415.6 | 320.9 |
| 25.2 | 747.2 | 422.4 | 324.9 | 25.4 | 758.2 | 429.5 | 328.8 |
| 25.6 | 769.3 | 436.6 | 332.7 | 25.8 | 779.7 | 443 | 336.7 |
| 26.0 | 790.4 | 449.8 | 340.5 | 26.2 | 801.6 | 457.2 | 344.4 |
| 26.4 | 812.8 | 464.4 | 348.4 | 26.6 | 824.1 | 471.8 | 352.3 |
| 26.8 | 835.5 | 479.1 | 356.4 | 27.0 | 847 | 486.6 | 360.5 |
| 27.2 | 857.5 | 492.9 | 364.6 | 27.4 | 869 | 500.6 | 368.3 |
| 27.6 | 880.6 | 508.3 | 372.3 | 27.8 | 892.3 | 515.9 | 376.4 |
| 28.0 | 904.1 | 523.5 | 380.6 | 28.2 | 915.8 | 531.2 | 384.6 |
| 28.4 | 927.6 | 538.8 | 388.8 | 28.6 | 938.6 | 545.7 | 393 |
| 28.8 | 951.2 | 554.5 | 396.6 | 29.0 | 963.4 | 562.3 | 401.1 |
| 29.2 | 975.4 | 570.1 | 405.3 | 29.4 | 987.1 | 577.6 | 409.5 |
| 29.6 | 998.9 | 585.3 | 413.5 | 29.8 | 1011 | 593.4 | 417.6 |
| 30.0 | 1023 | 601.6 | 421.7 | 30.5 | 1055 | 622.3 | 432.4 |
| 31 | 1086 | 643.2 | 443.2 | 31.5 | 1119 | 664.5 | 454 |
| 32.0 | 1151 | 686 | 464.9 | 32.5 | 1184 | 708 | 475.9 |
| 33.0 | 1217 | 730.2 | 487 | 33.5 | 1251 | 752.8 | 498.1 |
| 34.0 | 1286 | 776.8 | 509.6 | 34.5 | 1321 | 799.9 | 521.1 |
| 35.0 | 1356 | 823.4 | 532.5 | 35.5 | 1391 | 847.2 | 544 |
| 36.0 | 1427 | 871.2 | 555.6 | 36.5 | 1464 | 896.5 | 567.1 |
| 37.0 | 1501 | 921.8 | 579.3 | 37.5 | 1538 | 946.8 | 591.3 |
| 38.0 | 1575 | 972.3 | 603.1 | 38.5 | 1613 | 998.3 | 615 |
| 39.0 | 1651 | 1024 | 627.1 | 39.5 | 1691 | 1052 | 639.2 |
| 40.0 | 1730 | 1079 | 651.8 | 40.5 | 1770 | 1106 | 664.2 |
| 41.0 | 1810 | 1133 | 676.6 | 41.5 | 1858 | 1162 | 689.1 |
| 42.0 | 1892 | 1191 | 701.9 | 42.5 | 1935 | 1220 | 714.9 |
| 43.0 | 1978 | 1250 | 728.2 | 43.5 | 2021 | 1280 | 741.3 |
| 44.0 | 2064 | 1310 | 754.4 | 44.5 | 2108 | 1340 | 767.6 |
| 45.0 | 2152 | 1371 | 780.9 | 45.5 | 2197 | 1403 | 794.5 |
| 46.0 | 2243 | 1434 | 808.2 | 46.5 | 2288 | 1466 | 821.9 |
| 47.0 | 2333 | 1498 | 835.5 | 47.5 | 2380 | 1530 | 849.2 |
| 48.0 | 2426 | 1563 | 863 | 48.5 | 2473 | 1596 | 876.9 |
| 49.0 | 2521 | 1630 | 890.9 | 49.5 | 2570 | 1665 | 905.3 |
| 50.0 | 2618 | 1699 | 919.6 | 50.5 | 2667 | 1733 | 933.6 |
| 51.0 | 2717 | 1769 | 948.2 | 51.5 | 2767 | 1804 | 962.9 |
| 52.0 | 2817 | 1839 | 977.5 | 52.5 | 2867 | 1875 | 992.1 |

续表

| $v_{100}/(\text{mm}^2/\text{s})$ | $L$ | $D=L-H$ | $H$ | $v_{100}/(\text{mm}^2/\text{s})$ | $L$ | $D=L-H$ | $H$ |
|---|---|---|---|---|---|---|---|
| 53.0 | 2918 | 1911 | 1007 | 53.5 | 2969 | 1947 | 1021 |
| 54.0 | 3020 | 1984 | 1036 | 54.5 | 3073 | 2022 | 1051 |
| 55.0 | 3126 | 2060 | 1066 | 55.5 | 3180 | 2098 | 1082 |
| 56.0 | 3233 | 2136 | 1097 | 56.5 | 3286 | 2174 | 1112 |
| 57.0 | 3340 | 2213 | 1127 | 57.5 | 3396 | 2253 | 1143 |
| 58.0 | 3452 | 2293 | 1159 | 58.5 | 3507 | 2332 | 1175 |
| 59.0 | 3563 | 2372 | 1190 | 59.5 | 3619 | 2413 | 1206 |
| 60.0 | 3676 | 2454 | 1222 | 60.5 | 3734 | 2496 | 1238 |
| 61.0 | 3792 | 2538 | 1254 | 61.5 | 3850 | 2579 | 1270 |
| 62.0 | 3908 | 2621 | 1286 | 62.5 | 3966 | 2664 | 1303 |
| 63.0 | 4026 | 2707 | 1319 | 63.5 | 4087 | 2751 | 1336 |
| 64.0 | 4147 | 2795 | 1352 | 64.5 | 4207 | 2858 | 1369 |
| 65.0 | 4268 | 2882 | 1386 | 65.5 | 4329 | 2927 | 1402 |
| 66.0 | 4392 | 2973 | 1419 | 66.5 | 4455 | 3018 | 1436 |
| 67.0 | 4517 | 3064 | 1454 | 67.5 | 4580 | 3110 | 1471 |
| 68.0 | 4645 | 3157 | 1488 | 68.5 | 4709 | 3204 | 1506 |
| 69.0 | 4773 | 3250 | 1523 | 69.5 | 4839 | 3298 | 1541 |
| 70.0 | 4905 | 3346 | 1558 | | | | |

## 附表 II　运动黏度与恩氏黏度换算表

| $v/(\text{mm}^2/\text{s})$ | $E/°E$ | $v/(\text{mm}^2/\text{s})$ | $E/°E$ | $v/(\text{mm}^2/\text{s})$ | $E/°E$ | $v/(\text{mm}^2/\text{s})$ | $E/°E$ |
|---|---|---|---|---|---|---|---|
| 1.00 | 1.00 | 1.10 | 1.01 | 1.20 | 1.02 | 1.30 | 1.03 |
| 1.40 | 1.04 | 1.50 | 1.05 | 1.60 | 1.06 | 1.70 | 1.07 |
| 1.80 | 1.08 | 1.90 | 1.09 | 2.00 | 1.10 | 2.10 | 1.11 |
| 2.20 | 1.12 | 2.30 | 1.13 | 2.40 | 1.14 | 2.50 | 1.15 |
| 2.60 | 1.16 | 2.70 | 1.17 | 2.80 | 1.18 | 2.90 | 1.19 |
| 3.00 | 1.20 | 3.10 | 1.21 | 3.20 | 1.21 | 3.30 | 1.22 |
| 3.40 | 1.23 | 3.50 | 1.24 | 3.60 | 1.25 | 3.70 | 1.26 |
| 3.80 | 1.27 | 3.90 | 1.28 | 4.00 | 1.29 | 4.10 | 1.30 |
| 4.20 | 1.31 | 4.30 | 1.32 | 4.40 | 1.33 | 4.50 | 1.34 |
| 4.60 | 1.35 | 4.70 | 1.36 | 4.80 | 1.37 | 4.90 | 1.38 |
| 5.00 | 1.39 | 5.10 | 1.40 | 5.20 | 1.41 | 5.30 | 1.42 |
| 5.40 | 1.42 | 5.50 | 1.43 | 5.60 | 1.44 | 5.70 | 1.45 |
| 5.80 | 1.46 | 5.90 | 1.47 | 6.00 | 1.48 | 6.10 | 1.49 |
| 6.20 | 1.50 | 6.30 | 1.51 | 6.40 | 1.52 | 6.50 | 1.53 |
| 6.60 | 1.54 | 6.70 | 1.55 | 6.80 | 1.56 | 6.90 | 1.56 |
| 7.00 | 1.57 | 7.10 | 1.58 | 7.20 | 1.59 | 7.30 | 1.60 |
| 7.40 | 1.61 | 7.50 | 1.62 | 7.60 | 1.63 | 7.70 | 1.64 |
| 7.80 | 1.65 | 7.90 | 1.66 | 8.00 | 1.67 | 8.10 | 1.68 |

| $\upsilon/(mm^2/s)$ | $E/°E$ | $\upsilon/(mm^2/s)$ | $E/°E$ | $\upsilon/(mm^2/s)$ | $E/°E$ | $\upsilon/(mm^2/s)$ | $E/°E$ |
|---|---|---|---|---|---|---|---|
| 8.20 | 1.69 | 8.30 | 1.70 | 8.40 | 1.71 | 8.50 | 1.72 |
| 8.60 | 1.73 | 8.70 | 1.73 | 8.80 | 1.74 | 8.90 | 1.75 |
| 9.00 | 1.76 | 9.10 | 1.77 | 9.20 | 1.78 | 9.30 | 1.79 |
| 9.40 | 1.80 | 9.50 | 1.81 | 9.60 | 1.82 | 9.70 | 1.83 |
| 9.80 | 1.84 | 9.90 | 1.85 | 10.00 | 1.86 | 10.10 | 1.87 |
| 10.20 | 1.88 | 10.30 | 1.89 | 10.40 | 1.90 | 10.50 | 1.91 |
| 10.60 | 1.92 | 10.70 | 1.93 | 10.80 | 1.94 | 10.90 | 1.95 |
| 11.00 | 1.96 | 11.20 | 1.98 | 11.40 | 2.00 | 11.60 | 2.01 |
| 11.80 | 2.03 | 12.00 | 2.05 | 12.20 | 2.07 | 12.40 | 2.09 |
| 12.60 | 2.11 | 12.80 | 2.13 | 13.00 | 2.15 | 13.20 | 2.17 |
| 13.40 | 2.19 | 13.60 | 2.21 | 13.80 | 2.24 | 14.00 | 2.26 |
| 14.20 | 2.28 | 14.40 | 2.30 | 14.60 | 2.33 | 14.80 | 2.35 |
| 15.00 | 2.37 | 15.20 | 2.39 | 15.40 | 2.42 | 15.60 | 2.44 |
| 15.80 | 2.46 | 16.00 | 2.48 | 16.20 | 2.51 | 16.40 | 2.53 |
| 16.60 | 2.55 | 16.80 | 2.58 | 17.00 | 2.60 | 17.20 | 2.62 |
| 17.40 | 2.65 | 17.60 | 2.67 | 17.80 | 2.69 | 18.00 | 2.72 |
| 18.20 | 2.74 | 18.40 | 2.76 | 18.60 | 2.79 | 18.80 | 2.81 |
| 19.00 | 2.83 | 19.20 | 2.86 | 19.40 | 2.88 | 19.60 | 2.90 |
| 19.80 | 2.92 | 20.00 | 2.95 | 20.20 | 2.97 | 20.40 | 2.98 |
| 20.60 | 3.02 | 20.80 | 3.04 | 21.00 | 3.07 | 21.20 | 3.09 |
| 21.40 | 3.12 | 21.60 | 3.14 | 21.80 | 3.17 | 22.00 | 3.19 |
| 22.20 | 3.22 | 22.40 | 3.24 | 22.60 | 3.27 | 22.80 | 3.29 |
| 23.00 | 3.31 | 23.20 | 3.34 | 23.40 | 3.36 | 23.60 | 3.39 |
| 23.80 | 3.41 | 24.00 | 3.43 | 24.20 | 3.46 | 24.40 | 3.48 |
| 24.60 | 3.51 | 24.80 | 3.53 | 25.00 | 3.56 | 25.20 | 3.58 |
| 25.40 | 3.61 | 25.60 | 3.63 | 25.80 | 3.65 | 26.00 | 3.68 |
| 26.20 | 3.70 | 26.40 | 3.73 | 26.60 | 3.76 | 26.80 | 3.78 |
| 27.00 | 3.81 | 27.20 | 3.83 | 27.40 | 3.86 | 27.60 | 3.89 |
| 27.80 | 3.92 | 28.00 | 3.95 | 28.20 | 3.97 | 28.40 | 4.00 |
| 28.60 | 4.02 | 28.80 | 4.05 | 29.00 | 4.07 | 29.20 | 4.10 |
| 29.40 | 4.12 | 29.60 | 4.15 | 29.80 | 4.17 | 30.00 | 4.20 |
| 30.20 | 4.22 | 30.40 | 4.25 | 30.60 | 4.27 | 30.80 | 4.30 |
| 31.00 | 4.33 | 31.20 | 4.35 | 31.40 | 4.38 | 31.60 | 4.41 |
| 31.80 | 4.43 | 32.00 | 4.46 | 32.20 | 4.48 | 32.40 | 4.51 |
| 32.60 | 4.54 | 32.80 | 4.56 | 33.00 | 4.59 | 33.20 | 4.61 |
| 33.40 | 4.64 | 33.60 | 4.66 | 33.80 | 4.69 | 34.00 | 4.72 |
| 34.20 | 4.74 | 34.40 | 4.77 | 34.60 | 4.79 | 34.80 | 4.82 |
| 35.00 | 4.85 | 35.20 | 4.87 | 35.40 | 4.90 | 35.60 | 4.92 |
| 35.80 | 4.95 | 36.00 | 4.98 | 36.20 | 5.00 | 36.40 | 5.03 |

续表

| $\upsilon/(mm^2/s)$ | $E/°E$ | $\upsilon/(mm^2/s)$ | $E/°E$ | $\upsilon/(mm^2/s)$ | $E/°E$ | $\upsilon/(mm^2/s)$ | $E/°E$ |
|---|---|---|---|---|---|---|---|
| 36.60 | 5.05 | 36.80 | 5.08 | 37.00 | 5.11 | 37.20 | 5.13 |
| 37.40 | 5.16 | 37.60 | 5.18 | 37.80 | 5.21 | 38.00 | 5.24 |
| 38.20 | 5.26 | 38.40 | 5.29 | 38.60 | 5.31 | 38.80 | 5.34 |
| 39.00 | 5.37 | 39.20 | 5.39 | 39.40 | 5.42 | 39.60 | 5.44 |
| 39.80 | 5.47 | 40.00 | 5.50 | 40.20 | 5.52 | 40.40 | 5.54 |
| 40.60 | 5.57 | 40.80 | 5.60 | 41.00 | 5.63 | 41.20 | 5.65 |
| 41.40 | 5.68 | 41.60 | 5.70 | 41.80 | 5.73 | 42.00 | 5.76 |
| 42.20 | 5.78 | 42.40 | 5.81 | 42.60 | 5.84 | 42.80 | 5.86 |
| 43.00 | 5.89 | 43.20 | 5.92 | 43.40 | 5.95 | 43.60 | 5.97 |
| 43.80 | 6.00 | 44.00 | 6.02 | 44.20 | 6.05 | 44.40 | 6.08 |
| 44.60 | 6.10 | 44.80 | 6.13 | 45.00 | 6.16 | 45.20 | 6.18 |
| 45.40 | 6.21 | 45.60 | 6.23 | 45.80 | 6.26 | 46.00 | 6.28 |
| 46.20 | 6.31 | 46.40 | 6.34 | 46.60 | 6.36 | 46.80 | 6.39 |
| 47.00 | 6.42 | 47.20 | 6.44 | 47.40 | 6.47 | 47.60 | 6.49 |
| 47.80 | 6.52 | 48.00 | 6.55 | 48.20 | 6.57 | 48.40 | 6.60 |
| 48.60 | 6.62 | 48.80 | 6.65 | 49.00 | 6.68 | 49.20 | 6.70 |
| 49.40 | 6.73 | 49.60 | 6.76 | 49.80 | 6.78 | 50.00 | 6.81 |
| 50.20 | 6.83 | 50.40 | 6.86 | 50.60 | 6.89 | 50.80 | 6.91 |
| 51.00 | 6.94 | 51.20 | 6.96 | 51.40 | 6.99 | 51.60 | 7.02 |
| 51.80 | 7.04 | 52.00 | 7.07 | 52.20 | 7.09 | 52.40 | 7.12 |
| 52.60 | 7.15 | 52.80 | 7.17 | 53.00 | 7.20 | 53.20 | 7.22 |
| 53.40 | 7.25 | 53.60 | 7.28 | 53.80 | 7.30 | 54.00 | 7.33 |
| 54.20 | 7.35 | 54.40 | 7.38 | 54.60 | 7.41 | 54.80 | 7.44 |
| 55.00 | 7.47 | 55.20 | 7.49 | 55.40 | 7.52 | 55.60 | 7.55 |
| 55.80 | 7.57 | 56.00 | 7.60 | 56.20 | 7.62 | 56.40 | 7.65 |
| 56.60 | 7.68 | 56.80 | 7.70 | 57.00 | 7.73 | 57.20 | 7.75 |
| 57.40 | 7.78 | 57.60 | 7.81 | 57.80 | 7.83 | 58.00 | 7.86 |
| 58.20 | 7.88 | 58.40 | 7.91 | 58.60 | 7.94 | 58.80 | 7.97 |
| 59.00 | 8.00 | 59.20 | 8.02 | 59.40 | 8.05 | 59.60 | 8.08 |
| 59.80 | 8.10 | 60.00 | 8.13 | 60.20 | 8.15 | 60.40 | 8.18 |
| 60.60 | 8.21 | 60.80 | 8.23 | 61.00 | 8.26 | 61.20 | 8.28 |
| 61.40 | 8.31 | 61.60 | 8.34 | 61.80 | 8.37 | 62.00 | 8.40 |
| 62.20 | 8.42 | 62.40 | 8.45 | 62.60 | 8.48 | 62.80 | 8.50 |
| 63.00 | 8.53 | 63.20 | 8.55 | 63.40 | 8.58 | 63.60 | 8.60 |
| 63.80 | 8.63 | 64.00 | 8.66 | 64.20 | 8.68 | 64.40 | 8.71 |
| 64.60 | 8.74 | 64.80 | 8.77 | 65.00 | 8.80 | 65.20 | 8.82 |
| 65.40 | 8.85 | 65.60 | 8.87 | 65.80 | 8.90 | 66.00 | 8.93 |
| 66.20 | 8.95 | 66.40 | 8.98 | 66.60 | 9.00 | 66.80 | 9.03 |
| 67.00 | 9.06 | 67.20 | 9.08 | 67.40 | 9.11 | 67.60 | 9.14 |

| $v/(mm^2/s)$ | $E/°E$ | $v/(mm^2/s)$ | $E/°E$ | $v/(mm^2/s)$ | $E/°E$ | $v/(mm^2/s)$ | $E/°E$ |
|---|---|---|---|---|---|---|---|
| 67.80 | 9.17 | 68.00 | 9.20 | 68.20 | 9.22 | 68.40 | 9.25 |
| 68.60 | 9.28 | 68.80 | 9.31 | 69.00 | 9.34 | 69.20 | 9.36 |
| 69.40 | 9.39 | 69.60 | 9.42 | 69.80 | 9.45 | 70.00 | 9.48 |
| 70.20 | 9.50 | 70.40 | 9.53 | 70.60 | 9.55 | 70.80 | 9.58 |
| 71.00 | 9.61 | 71.20 | 9.63 | 71.40 | 9.66 | 71.60 | 9.69 |
| 71.80 | 9.72 | 72.00 | 9.75 | 72.20 | 9.77 | 72.40 | 9.80 |
| 72.60 | 9.82 | 72.80 | 9.85 | 73.00 | 9.88 | 73.20 | 9.90 |
| 73.40 | 9.93 | 73.60 | 9.95 | 73.80 | 9.98 | 74.00 | 10.01 |
| 74.20 | 10.03 | 74.40 | 10.06 | 74.60 | 10.09 | 74.80 | 10.12 |
| 75.00 | 10.15 | 76.00 | 10.30 | 77.00 | 10.40 | 78.00 | 10.50 |
| 79.00 | 10.70 | 80.00 | 10.80 | 81.00 | 10.90 | 82.00 | 11.10 |
| 83.00 | 11.20 | 84.00 | 11.40 | 85.00 | 11.50 | 86.00 | 11.60 |
| 87.00 | 11.80 | 88.00 | 11.90 | 89.00 | 12.00 | 90.00 | 12.20 |
| 91.00 | 12.30 | 92.00 | 12.40 | 93.00 | 12.60 | 94.00 | 12.70 |
| 95.00 | 12.80 | 96.00 | 13.00 | 97.00 | 13.10 | 98.00 | 13.20 |
| 99.00 | 13.40 | 100.00 | 13.50 | 101.00 | 13.60 | 102.00 | 13.80 |
| 103.00 | 13.90 | 104.00 | 14.10 | 105.00 | 14.20 | 106.00 | 14.30 |
| 107.00 | 14.50 | 108.00 | 14.60 | 109.00 | 14.70 | 110.00 | 14.90 |
| 111.00 | 15.00 | 112.00 | 15.10 | 113.00 | 15.30 | 114.00 | 15.40 |
| 115.00 | 15.60 | 116.00 | 15.70 | 117.00 | 15.80 | 118.00 | 16.00 |
| 119.00 | 16.10 | 120.00 | 16.20 | | | | |

对于更高的 $mm^2/s$ 数，其换算应该采用式：$E_t = 0.135v_t$

式中　$E_t$——石油产品在温度 $t$ 时的恩氏黏度，$°E$；

　　　　$v_t$——石油产品在温度 $t$ 时的运动黏度，$mm^2/s$。

附表Ⅲ　各种黏度换算及换算公式表

| $v/(mm^2/s)$ | $E/°E$ | RtS/s | SUS/s | $v/(mm^2/s)$ | $E/°E$ | RtS/s | SUS/s |
|---|---|---|---|---|---|---|---|
| 1.0 | 1.00 | 28.5 | | 1.5 | 1.05 | 30.0 | |
| 2.0 | 1.12 | 31.0 | 32.6 | 2.5 | 1.17 | 32.0 | 34.4 |
| 3.0 | 1.22 | 33.0 | 36.0 | 3.5 | 1.26 | 34.5 | 37.6 |
| 4.0 | 1.30 | 35.5 | 39.1 | 4.5 | 1.35 | 37.0 | 40.7 |
| 5.0 | 1.40 | 38.0 | 42.3 | 5.5 | 1.44 | 39.5 | 43.9 |
| 6.0 | 1.48 | 41.0 | 45.5 | 6.5 | 1.52 | 42.0 | 47.1 |
| 7.0 | 1.56 | 43.5 | 48.5 | 7.5 | 1.60 | 45.0 | 50.3 |
| 8.0 | 1.65 | 46.0 | 52.0 | 8.5 | 1.70 | 47.5 | 53.7 |
| 9.0 | 1.75 | 49.0 | 55.4 | 9.5 | 1.79 | 50.5 | 57.1 |
| 10.0 | 1.83 | 52.0 | 58.8 | 10.2 | 1.85 | 52.5 | 59.5 |

续表

| $v/(mm^2/s)$ | $E/°E$ | RtS/s | SUS/s | $v/(mm^2/s)$ | $E/°E$ | RtS/s | SUS/s |
|---|---|---|---|---|---|---|---|
| 10.4 | 1.87 | 53.0 | 60.2 | 10.6 | 1.89 | 53.5 | 60.9 |
| 10.8 | 1.91 | 54.5 | 61.6 | 11.0 | 1.93 | 55.0 | 62.3 |
| 11.4 | 1.97 | 56.0 | 63.7 | 11.8 | 2.00 | 57.5 | 65.2 |
| 12.2 | 2.04 | 59.0 | 66.6 | 12.6 | 2.08 | 60.0 | 68.1 |
| 13.0 | 2.12 | 61.0 | 69.6 | 13.5 | 2.17 | 63.0 | 71.5 |
| 14.0 | 2.22 | 64.5 | 73.4 | 14.5 | 2.27 | 66.0 | 75.5 |
| 15.0 | 2.32 | 68.0 | 77.2 | 15.5 | 2.38 | 70.0 | 79.2 |
| 16.0 | 2.43 | 71.5 | 81.1 | 16.5 | 2.50 | 73.0 | 83.1 |
| 17.0 | 2.55 | 75.0 | 85.1 | 17.5 | 2.60 | 77.0 | 87.2 |
| 18.0 | 2.65 | 78.5 | 89.2 | 18.5 | 2.70 | 80.0 | 91.2 |
| 19.0 | 2.75 | 82.0 | 93.3 | 19.5 | 2.80 | 84.0 | 95.4 |
| 20.0 | 2.90 | 86.0 | 97.5 | 20.5 | 2.95 | 88.0 | 99.6 |
| 21.0 | 3.00 | 90.0 | 101.7 | 21.5 | 3.05 | 92.0 | 103.9 |
| 22.0 | 3.10 | 93.0 | 106.0 | 22.5 | 3.15 | 95.0 | 108.2 |
| 23.0 | 3.20 | 97.0 | 110.3 | 23.5 | 3.30 | 99.0 | 112.4 |
| 24.0 | 3.35 | 101.0 | 114.6 | 24.5 | 3.40 | 103.0 | 116.8 |
| 25.0 | 3.45 | 105.0 | 118.9 | 26.0 | 3.60 | 109.0 | 123.3 |
| 27.0 | 3.70 | 113.0 | 127.7 | 28.0 | 3.85 | 117.0 | 132.1 |
| 29.0 | 3.95 | 121.0 | 136.5 | 30.0 | 4.10 | 125.0 | 140.9 |
| 31.0 | 4.20 | 129.0 | 145.3 | 32.0 | 4.35 | 133.0 | 149.7 |
| 33.0 | 4.45 | 136.0 | 154.2 | 34.0 | 4.60 | 140.0 | 158.7 |
| 35.0 | 4.70 | 144.0 | 163.2 | 36.0 | 4.85 | 148.0 | 167.7 |
| 37.0 | 4.95 | 152.0 | 172.2 | 38.0 | 5.10 | 156.0 | 176.7 |
| 39.0 | 5.20 | 160.0 | 181.2 | 40.0 | 5.35 | 164.0 | 185.7 |
| 41.0 | 5.45 | 168.0 | 190.2 | 42.0 | 5.60 | 172.0 | 194.7 |
| 43.0 | 5.75 | 177.0 | 199.2 | 44.0 | 5.85 | 181.0 | 203.8 |
| 45.0 | 6.00 | 185.0 | 208.4 | 46.0 | 6.10 | 189.0 | 213.0 |
| 47.0 | 6.25 | 193.0 | 217.6 | 48.0 | 6.45 | 197.0 | 222.2 |
| 49.0 | 6.50 | 201.0 | 226.8 | 50.0 | 6.65 | 205.0 | 231.4 |
| 52.0 | 6.90 | 213.0 | 240.6 | 54.0 | 7.10 | 221.0 | 249.9 |
| 56.0 | 7.40 | 229.0 | 259.0 | 58.0 | 7.65 | 237.0 | 268.2 |
| 60.0 | 7.90 | 245.0 | 277.4 | 70.0 | | | 323.4 |

注：上表中的黏度均在同一温度下进行换算。

1 号雷氏黏度，为美国、英国指标采用；赛氏黏度，为美国指标所采用，当超出上表以外的高黏度换算时，可采用下列各公式进行换算。

运动黏度(mm²/s)  $\nu = 7.14 \times$ 恩氏黏度(E) $= 0.247 \times 1$ 号雷氏黏度(s)

$= 0.216 \times$ 赛氏黏度(s)

恩氏黏度(°E)  $E = 0.132 \times$ 运动黏度(mm²/s) $= 0.0326 \times 1$ 号雷氏黏度(s)

$= 0.0285 \times$ 赛氏黏度(s)

1 号雷氏黏度(s)  $RtS = 4.05 \times$ 运动黏度(mm²/s) $= 30.7 \times$ 恩氏黏度(°E)

$= 0.877 \times$ 赛氏黏度(s)

赛氏黏度(s)  $SUS = 4.62 \times$ 运动黏度(mm²/s) $= 35.11 \times$ 恩氏黏度(°E)

$= 1.14 \times 1$ 号雷氏黏度(s)

**例**：已知某油品在 40℃ 的运动黏度为 80mm²/s，试用上列公式求在同一温度下该油品的恩氏、雷氏、赛氏黏度各为多少？

解：代入公式得

$$E = 0.132 \times 80 = 10.56 (°E)$$

$$RtS = 4.05 \times 80 = 324.0 (s)$$

$$SUS = 4.62 \times 80 = 369.6 (s)$$

答：该油在 40℃ 时的恩氏、雷氏、赛氏黏度分别为 10.56(°E)、324.0(s)、369.6(s)。

# 第十章 石油产品残炭测定

## 第一节 概 述

残炭是指石油产品在规定的试验条件下，受热蒸发而形成的焦黑色残留物，以质量百分数表示。

形成残炭的主要物质是油品中的沥青质、胶质及多环芳香烃等。烷烃只起分解反应，完全不参加聚合反应，所以不会形成残炭。不饱和烃和芳香烃在进行聚合反应形成残炭的过程中起着很大的作用，但不是所有芳香烃的残炭值都很高，而是随其结构不同而不同。其中以多环芳香烃的残炭值最高，环烷烃居中。

石油产品残炭值测定在生产和应用上有着重要的意义。残炭值可作为间接检查润滑油精制程度的指标。残炭值越小，说明润滑油精制程度越高。残炭值又可间接判断油品的性质及结焦情况。残炭值越大，说明油品中胶质和不稳定的烃类越多。作为裂化原料油的残炭值越大，则在裂化过程中越易生成焦炭，使设备结焦，损坏设备，影响生产。作为焦化原料油，其残炭值越大时，焦炭产量则越高。所以残炭值的大小能间接查明焦炭的产量。残炭还可以作为轻柴油 10% 残留物的指标。残炭值越小，则说明柴油的馏分越轻和精制的越好。残炭的测定对于保证生产质量良好的柴油具有重要的意义。

## 第二节 残炭测定法 ( 电炉法 )
## [ SH/T 0170—1992 ( 2000 确认 ) ]

### 一、实验目的
1. 了解电炉法测定油品残炭的意义和原理。
2. 掌握电炉法测定油品残炭的实验方法和操作步骤。

### 二、测定原理
残炭测定法 ( 电炉法 ) 的测定原理近似康氏残炭测定法。是将试样放入带毛细管的特殊坩埚中，在空气进不去和规定加热条件下，使试样受热蒸发分解，保持规定时间，测得的焦黑色残留物，用质量百分含量表示。

### 三、实验仪器
电炉法残炭测定仪器：包括加热和控温设备、坩埚、坩埚盖、钢浴盖；高温炉：室温~1000℃，能加热到恒温 800℃±20℃；干燥器；坩埚钳；细砂；分析天平：量程 220g，分度值 0.0001g；火柴或点火枪。

### 四、试验方法及操作步骤

1. 准备工作。在仪器的每个装坩埚的空穴底部装入已煅烧过的细砂 5~6mL。将测定仪设置规定的温度范围 520℃±5℃，接通电源加热升温。

2. 将清洁的瓷坩埚放在事先已加热到 800℃±20℃ 的高温炉中煅烧 1h 之后（新的坩埚煅烧不少于 2h）取出，先在空气中放置 1~2min，然后移入干燥器中冷却约 40min，取出坩埚，在分析天平称出瓷坩埚的重量，称准至 0.0002g。按上述方法重复煅烧、冷却、称量，直至两次称量间的差数不大于 0.0004g 为止。

3. 在已恒重的坩埚中称入试样，称准至 0.01g。润滑油或柴油 10% 残留物称 7~8g；重质燃料油 1.5~2g；渣油沥青 0.7~1g。称试样时，将试样摇匀约 5min，黏稠的和含蜡油品要先加热到 50~60℃ 才进行摇匀；含水量大于 0.5% 的油品要进行脱水。

4. 用坩埚钳子将盛有试样的瓷坩埚放入炉温已达 520℃±5℃ 的电炉空穴中，立即盖上坩埚盖，切勿使瓷坩埚及盖偏斜靠壁。未用空穴均应盖上钢浴盖。

5. 当试样在高温炉中加热到开始从坩埚盖的毛细管中溢出蒸气时，立刻引火点燃蒸气，使它燃烧，在燃烧结束时用钢浴盖将穴盖上，煅烧试样的残留物。试样从开始加热，经过蒸气的燃烧到残留物煅烧结束，共需 30min。

6. 当残留物煅烧结束时，打开钢浴盖和坩埚盖，并立即从电炉空穴中取出瓷坩埚，在空气中放置 1~2min，移入干燥器中冷却约 40min 后，在分析天平称量坩埚和残留物的重量，称准至 0.0002g。

7. 测定时坩埚内的残留物应该是发亮的，且第二次试验时残留物应该同样，否则重新进行测定。

### 五、数据记录与处理

1. 试样的残炭 $X(\%)$，按下式计算：

$$X = \frac{m_1}{m} \times 100 \qquad\qquad (10-1)$$

式中    $m_1$——残留物的质量，g；

　　　　$m$——试样的质量，g。

2. 实验数据、计算及结果（见下表）。

表 10-1  坩埚恒重记录表

| 坩埚编号 | 坩埚质量/g | |
|---|---|---|
| | 第 1 次称量 | |
| | 第 2 次称量 | |
| | 第 3 次称量 | |
| 1 | 第 4 次称量 | |
| | 第 5 次称量 | |
| | 第 6 次称量 | |

续表

| 坩埚编号 | 坩埚质量/g | |
|---|---|---|
| 2 | 第 1 次称量 | |
| | 第 2 次称量 | |
| | 第 3 次称量 | |
| | 第 4 次称量 | |
| | 第 5 次称量 | |
| | 第 6 次称量 | |
| 3 | 第 1 次称量 | |
| | 第 2 次称量 | |
| | 第 3 次称量 | |
| | 第 4 次称量 | |
| | 第 5 次称量 | |
| | 第 6 次称量 | |

表 10-2 数据记录表

| 试油名称 | | | |
|---|---|---|---|
| 实验次数 | 第一次 | 第二次 | 第三次 |
| 坩埚质量/g | | | |
| 试油质量/g | | | |
| 残炭质量/g | | | |
| 残炭值/%（m） | | | |
| 允许差数/% | | | |
| 实际差数/% | | | |
| 测定结果/% | | | |

## 六、精确度及报告

1. 平行测定两个结果间的差数，不应超过下列数值：

柴油 10% 残留物不应超过较小结果的 15%；润滑油不应超过较小结果的 10%；重质燃料油及渣油沥青不应超过较小结果的 5%。

2. 取平行测定两个结果的算术平均值作为试样的残炭值。计算结果准确到 0.1%。

# 第三节　石油产品残炭测定(康氏)法 (GB/T 268—1992)

## 一、实验目的

1. 了解康氏法测定油品残炭的意义和原理。

2. 掌握康氏法测定油品残炭的实验方法和操作步骤。

## 二、测定原理

石油产品残炭测定(康氏法)法的测定原理是将一定重量的试样放入坩埚中加热升温,使最里层坩埚中的试样达600℃左右,在空气进不去的条件下严格控制预热期、燃烧期、强热期三个阶段的不同加热程度,使试样全部蒸发及分解燃烧而形成残炭。

## 三、实验仪器

残炭测定(康氏法)如图10-1所示。

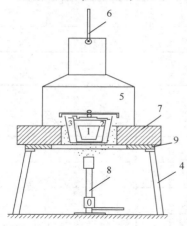

图 10-1　残炭测定(康氏法)装置

1—矮型瓷坩埚; 2—内铁坩埚;

3—外铁坩埚; 4—三角架;

5—铁圆罩; 6—火桥;

7—遮焰体; 8—电炉或喷灯;

9—镍铬三角

箱式电阻炉:室温~1000℃,能加热到恒温800℃±20℃。

分析天平:量程220g,分度值0.0001g。坩埚钳。细砂。干燥器。

## 四、试验方法及操作步骤

1. 将洁净的瓷坩埚放在高温炉(800℃±20℃)中煅烧40min后取出,在室温下冷却3min再移入干燥器中冷却30~40min后,在分析天平称出坩埚重量,称准至0.0002g。如此重复处理瓷坩埚,直至坩埚两次的重量差数不大于0.0004g为止。

2. 在已恒重的坩埚中称入试样,称准至0.01g。残炭值小于5%的试样称10g±0.5g;5%~15%的试样称5g±0.5g;大于15%的试样称3g±0.1g。称试样时将试样摇匀约5min,黏稠的或含石蜡的油品要事先加热到50~60℃才进行摇匀。含水的试样应先用新煅烧的食盐脱水并过滤,再进行摇匀。

3. 将称有试样的瓷坩埚放入内铁坩埚中,然后将内铁坩埚放在事先装好细砂(18~24mL)的外铁坩埚中,将两个坩埚盖盖上。做到内铁坩埚的盖顶能托着外铁坩埚的盖底,以便试样在加热时所产生的蒸气能够从外铁坩埚上边缘的空隙溢出。

4. 在铁三脚架上放上镍铬三角,再安放遮焰体。将装好的全套坩埚放入遮焰体内,必须使外铁坩埚的底面与遮焰体的下表面处在同一水平面。外铁坩埚在遮焰体内不应倾斜,坩埚壁与遮焰体之间应保留空隙。最后在遮焰体上放置铁圆罩,在罩底边缘的三个地点各垫入一小块石棉垫，使石油产品热量分布和蒸气燃烧均匀。

5. 在外铁坩埚下面放置电炉，开始加热并记录时间，当加热到 11min±3min 时才使罩上的蒸气开始点火。蒸气燃烧时要控制罩上的火焰高度不超过火桥。如果罩上的火焰将要消失时就增强加热，当试样蒸气停止燃烧而在罩上看不到蓝烟时即认为燃烧阶段终结。

6. 含残炭 1% 以下试样，燃烧阶段必须连续 13min±2min；大于 1% 的试样可以延长至 17min±3min。

7. 燃烧阶段结束后必须增强加热，使外铁坩埚的底部和下半部烧成赤热。坩埚的煅烧应准确进行 7min，然后停止加热 3min，取出铁圆罩和外铁坩埚盖，再经过 15min 冷却后将瓷坩埚移入干燥器中冷却 30~40min，取出瓷坩埚在分析天平称重，称准到 0.0002g。

## 五、数据记录与处理

1. 试样的残炭 $X(\%)$ 按式（10-2）计算：

$$X = \frac{m_1}{m} \times 100 \qquad (10-2)$$

式中　$m_1$——残炭的质量，g；

　　　$m$——试样的质量，g。

2. 实验数据、计算及结果（见下表）。

表 10-3　坩埚恒重记录表

| 坩埚编号 | 坩埚质量/g | |
|---|---|---|
| 1 | 第 1 次称量 | |
| | 第 2 次称量 | |
| | 第 3 次称量 | |
| | 第 4 次称量 | |
| | 第 5 次称量 | |
| | 第 6 次称量 | |
| 2 | 第 1 次称量 | |
| | 第 2 次称量 | |
| | 第 3 次称量 | |
| | 第 4 次称量 | |
| | 第 5 次称量 | |
| | 第 6 次称量 | |
| 3 | 第 1 次称量 | |
| | 第 2 次称量 | |
| | 第 3 次称量 | |
| | 第 4 次称量 | |
| | 第 5 次称量 | |
| | 第 6 次称量 | |

表 10-4　数据记录表

| 试油名称 | | | |
|---|---|---|---|
| 实验次数 | 第一次 | 第二次 | 第三次 |
| 坩埚质量/g | | | |
| 试油质量/g | | | |
| 残炭质量/g | | | |
| 残炭值/%(m) | | | |
| 允许差数/% | | | |
| 实际差数/% | | | |
| 测定结果/% | | | |

### 六、精确度与报告

1. 平行测定两个结果间的差数不应超过较小结果的 10%。

2. 取测定两个结果的算术平均值作为试样的残炭值。

### 七、残炭测定的影响因素

残炭测定的影响因素较多，主要有三方面：

1. 仪器安装是否正确对测定结果影响较大。如电炉法测定，当瓷坩埚偏斜靠壁，坩埚盖没盖好或毛细管堵塞时，试样将会从坩埚与盖之间的空隙溢出来，使测定结果偏低。康氏法主要是外铁坩埚底与遮焰体下表面是否在同一水平面，它们之间的空隙是否合适，铁圆罩下面是否有空气进去。这些将影响测定结果。

2. 加热强度和加热时间与测定结果有很大关系。在电炉法测定和康氏法测定中都严格规定了加热强度和加热时间。如果加热强度小，将会延长燃烧时间，煅烧强度不够而使测定结果偏大；如果加热强度过大，试样会来不及气化而溢出，或气化太快使试样在燃烧时把残炭带走，由于燃烧时间缩短而使煅烧期增长，导致测定结果偏低。

3. 坩埚的冷却、称重对测定结果影响很大。由于石油产品的残炭值一般都很小，而坩埚的冷却和称重所造成的误差比试样的残炭值还大。因此，试验方法中严格规定了冷却时间和准确称重，以免影响测定结果。

### 八、练习题与思考题

1. 影响残炭测定的因素有哪些？

2. 形成残炭的主要物质是什么？

3. 残炭测定有何实际意义？

# 第十一章　石油产品铜片腐蚀测定

　　腐蚀是指金属在周围介质作用下，发生物理化学变化所造成的损坏现象。石油产品的腐蚀性试验是指用金属片检查燃料油、润滑油、润滑脂等石油产品对金属有无腐蚀的试验。

　　根据石油产品的性质和使用不同的特点，目前国内有八种腐蚀性试验的标准方法。油品中对金属有直接腐蚀的有害物质，主要是游离硫和活性硫化物。它们包括元素硫、硫化氢、低级硫醇、磺酸和酸性硫酸脂等。活性硫化物多数是其他含硫化合物在加工过程中产生的，主要分布在石油的轻质馏分中（如汽油、煤油、柴油馏分），对金属有直接而且具有强烈的腐蚀作用。

　　由于石油产品腐蚀性测定法较多，而且其测定原理大同小异，在此只作 GB/T 378—1990 发动机燃料铜片腐蚀试验法的介绍。发动机燃料铜片腐蚀试验对游离硫和活性硫化物的检验非常灵敏，适合于评定燃料系统温度较低的发动机燃料（汽油、轻柴油、军用柴油等）的腐蚀性。其测定原理是在规定的条件下，观察发动机燃料使铜片所产生的颜色变化，判断试验燃料的腐蚀性。

　　铜片腐蚀试验在生产上和应用中有着重要意义。通过铜片腐蚀试验，可以判断燃料中是否含有能腐蚀金属的活性硫化物。在工艺生产上起着指导作用，又可以预知燃料在贮存、运输和使用过程中对金属腐蚀的可能性。因此铜片腐蚀试验这一项目是燃料的重要指标之一。

## 第二节　石油产品铜片腐蚀实验测定方法
## ［GB/T 5096—1985（2004 确认）］

### 一、实验目的
掌握油品铜片腐蚀实验的方法，了解测定油品铜片腐蚀的意义。

### 二、实验原理
在规定条件下，观察石油产品使铜片所产生的颜色变化，判断实验油品的腐蚀性。

### 三、仪器材料与试剂
1. 试验弹：用不锈钢按图 11-1 所示尺寸制作，并能承受 689kPa（5168mmHg）试验表压。只要试验弹的内部尺寸与图 11-1 所示相同，则试验弹盖和合成橡胶垫圈也可以用其他的设计图样。

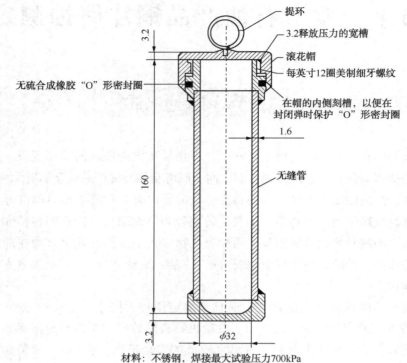

材料：不锈钢，焊接最大试验压力700kPa

图 11-1　铜片腐蚀试验弹

2. 玻璃试管：直径 15~20mm，高度 140~150mm。

3. 恒温水(油)浴。

4. 瓷皿：直径约 75mm。

5. 镀铬镊子、温度计(40~100℃)、磨片夹具。

6. 洗涤溶剂：异辛烷或者分析纯的石油醚(90~120℃)也可以用符合 SH0004(橡胶工业用溶剂油)要求的溶剂。

7. 铜片：纯度大于 99.9% 的电解铜。宽为 12.5mm，厚为 1.5~3.0mm，长为 75mm。可用符合 GB 466—82《铜分类》中的 $Cu_2$(2 号铜)。铜片可以重复使用，但当铜片表面出现有不能磨去的坑点或在处理过程中表面发生变形时，就不能再用。

8. 磨光材料：65μm(240 目)的碳化硅或氧化铝(刚玉)砂纸(或砂布)，105μm(150 目)的碳化硅或氧化铝(刚玉)砂粒，以及药用脱脂棉。

9. 铜片腐蚀标准色板。

**四、试片的制备**

1. 表面准备。

为了有效地达到预期的效果，需先用碳化硅或氧化铝(刚玉)砂纸(或砂布)把铜片六个面上的瑕疵去掉。再用 $65\mu m$（240 目）的碳化硅或氧化铝（刚玉）砂纸（或砂布）处理，以除去在此以前用其他等级砂纸留下的打磨痕迹。用定量滤纸擦去铜片上的金属屑后，把铜片浸没在洗涤溶剂中。铜片从洗涤溶剂中取出后，可直接进行最后磨光，或贮存在洗涤溶剂中备用。

表面准备的操作步骤：把一张砂纸放在平坦的表面上，用煤油或洗涤溶剂湿润砂纸，以旋转动作将铜片对着砂纸摩擦，用无灰滤纸或夹钳夹持，以防止铜片与手指接触。另一种方法是用粒度合适的干砂纸（砂布）装在马达上，通过驱动马达来加工铜片表面。

2. 最后磨光。

从洗涤溶剂中取出铜片，用无灰滤纸保护手指来夹拿铜片。取一些 $105\mu m$（150 目）的碳化硅或氧化铝（刚玉）砂粒放在玻璃板上，用 1 滴洗涤溶剂湿润，并用一块脱脂棉蘸取砂粒。用不锈钢镊子夹持铜片，千万不能接触手指。先摩擦铜片各端边，然后将铜片夹在夹钳上，用沾在脱脂棉上的碳化硅或氧化铝（刚玉）砂粒磨光主要表面。磨时要沿铜片的长轴方向，在返回来磨以前，使动程越出铜片的末端。用一块干净的脱脂棉使劲地摩擦铜片，以除去所有的金属屑，直到用一块新的脱脂棉擦拭时不再留下污斑为止。当铜片擦净后，马上浸入已准备好的试样中。

## 五、试验步骤

1. 实验条件。

不同的产品采用不同的试验步骤，分述如下。某些产品类别很宽，可以用多于一组的条件进行试验。在这种情况下，对规定的某一个产品的铜片质量要求，将被限制在单一的一组条件下进行试验。下面叙述的时间和温度大多数是通常使用的条件。

（1）航空汽油、喷气燃料。把完全清澈和无任何悬浮水或无内含水的试样倒入清洁、干燥的试管中 30mL 刻线处，并将经过最后磨光、干净的铜片在 1min 内浸入该试管的试样中。把该试管小心地滑入试验弹中，并把弹盖旋紧。把试验弹完全浸入已维持在 $100℃\pm1℃$ 的水浴中。在浴中放置 $2h\pm5min$ 后，取出试验弹，并在自来水中冲洗几分钟。打开试验弹盖，取出试管，按步骤 2 所述检查铜片。

（2）天然汽油。完全按步骤（1）所述进行，但温度为 $40℃\pm1℃$，试验时间为 $3h\pm5min$。

（3）柴油、燃料油、车用汽油。把完全清澈、无悬浮水或内含水的试样倒入清洁、干燥的试管中 30mL 刻线处，并将经过最后磨光、干净的铜片在 1min 内浸入该试管的试样中。用一个排气孔（打一个直径为 $2\sim3mm$ 小孔）的软木塞塞住试管。把该试管放到已维持 $50℃\pm1℃$ 的浴中。在试验过程中，试管的内容物要防止强烈的光线。在浴中放置 $3h\pm5min$ 后，按步骤 2 所述检查铜片。

（4）溶剂油、煤油。按步骤（3）进行试验，但温度为 $100℃\pm1℃$。

（5）润滑油。按步骤（3）进行试验，但温度为 $100℃\pm1℃$。此外还可以在改变时间和温度下进行试验。为保持统一，建议从 $120℃$ 起，以 $30℃$ 为一个平均增量向上提高温度。

2. 铜片的检查。

把试管的内容物倒入 150mm 高型烧杯中，倒时要让铜片轻轻地滑入，以避免碰破烧杯。用不锈钢镊子立刻将铜片取出，浸入洗涤溶剂中，洗去试样。立即取出铜片，用定量滤纸吸干铜片上的洗涤溶剂。将铜片与腐蚀标准色板比较以检查变色或腐蚀迹象。比较时，用铜片和腐蚀标准色板对准光线成45°角折射的方法拿持，进行观察。如果把铜片放在扁平试管中，能避免夹持的铜片在检查和比较过程中被弄脏或留下斑迹。扁平试管要用脱脂棉塞住。

## 六、结果判断(见表11-1)

表11-1　实验数据及结果

| 腐蚀标准色板的分级 | | |
| --- | --- | --- |
| 分级 | 名称 | 说明① |
| 新磨光的铜片 | — | ② |
| 1 | 轻度变色 | A 淡橙色，几乎与新磨光的铜片一样<br>B 深橙色 |
| 2 | 中度变色 | A 紫红色<br>B 淡紫色<br>C 带有淡紫蓝色，或银色，或两种都有，并分别覆盖紫红色上的多彩色 |
| 分级 | 名称 | 说明① |
| 2 | 中度变色 | D 银色<br>E 黄铜色或金黄色 |
| 3 | 深度变色 | A 洋红色覆盖在黄铜色上的多色彩<br>B 有红和绿显示的多色彩(孔雀绿)，但不带灰色 |
| 4 | 腐蚀 | A 透明的黑色，深灰色或仅带有孔雀绿的棕色<br>B 石墨黑色或无光泽的黑色<br>C 有光泽的黑色或乌黑发亮的黑色 |

① 铜片腐蚀标准色板是由表中这些说明所表示的色板组成的。

② 此系列中所包括的新磨光铜片，仅作为试验前磨光铜片的外观标志。即使是一个完全不腐蚀的试样经试验后也不可能重现这种外观。

## 七、结果的表示

1. 按上表中所列的腐蚀标准色板的分级，某个腐蚀级表示试样的腐蚀性。

2. 当铜片是介于两种相邻的标准色板之间的腐蚀级时，则按其变色严重的腐蚀级来判断试样。当铜片出现有比标准色板中1B还深的橙色时，则认为铜片仍属1级；但是，如果观察到有红颜色时，则所观察的铜片判断为2级。

3. 2级中紫红色铜片可能被误认为是黄铜色完全被洋红色的色彩所覆盖的3级。为了区别这两个级别，可以把铜片浸没在洗涤溶剂中。2级会出现一个深橙色，而3级不变色。

4. 为了区别2级和3级中多种颜色的铜片，把铜片放入试管中，并把这支试管平躺在315~370℃的电热板上4~6min。另用一支试管，放入一支高温蒸馏用温度计，观察这支温度计的温度来调节电炉的温度。如果铜片呈现银色，然后再呈现为金黄色，则认为铜片属2级。如果铜片出现如4级所述透明的黑色及其他各色，则认为铜片属3级。

5. 在加热浸提过程中，如果发现手指印或任何颗粒或水滴弄脏了铜片，则需要重新进行试验。

6. 如果沿铜片的平面边缘角出现一个比铜片大部分表面腐蚀级还要高的腐蚀级，则需要重新进行试验。这种情况大多是在磨片时磨损了边缘而引起的。

7. 如果重复测定的两个结果不相同，则重新进行试验。当重新试验的两个结果仍不相同时，则按变色严重的腐蚀级来判断试样。

## 八、报告

按腐蚀标准色板的分级级别中的一个腐蚀级报告试样的腐蚀性，并报告试验时间和试验温度(见表 11-2)。

表 11-2　实验数据及结果

| 试样名称 | | |
|---|---|---|
| 试样号 | | |
| 试验温度/℃ | | |
| 试验时间/h | | |
| 实验现象 | | |
| 实验结果 | | |

## 九、测定影响因素

铜片腐蚀试验要保证铜片纯度达 99.90%；试验所用试剂必须对铜片无腐蚀；磨光后铜片必须保持干净；试验时间、温度条件要保证；此外对周围环境必须无硫化氢气体，试样不能事先过滤。这样测定结果才准确。

## 十、思考题与练习题

1. 什么叫腐蚀？

2. 油品中所指的腐蚀性物质是什么？

3. 油品的腐蚀有何危害？

4. 油品的腐蚀试验要注意哪些事项？

# 第十二章　润滑油抗氧化安定性测定

## 第一节　概　　述

润滑油在使用和贮存过程中，与空气中的氧接触，在相互接触中反应生成一些新的氧化产物，这种反应称为润滑油的氧化。润滑油在一定的外界条件下，抵抗氧化作用的能力称为润滑油抗氧化安定性，也称氧化安定性。

润滑油的氧化速度、深度以及氧化产物的性质一般由润滑油本身的化学组成和温度、光、氧气、水分等外部条件两个因素所决定。

润滑油中含有各种结构复杂的烃类及少量的含氧、含硫、含氮化合物。润滑油中的各种烃类的抗氧化能力是不同的。在常温条件下，芳香烃最不易氧化，环烷烃次之，烷烃在低温条件下氧化安定性好，但在高温时氧化安定性最差。

润滑油氧化安定性与外界条件有很大关系。温度对润滑油氧化速度与倾向影响很大。在常温常压或更低温度时，润滑油在空气中氧化的速度是很慢的。当温度升高时，其氧化速度就明显地增快，温度升得越高，氧化速度也越快。导致润滑油的颜色变深，酸性物质沉淀。氧气的压力，空气与油品的接触面影响也很大。氧气的压力越大，空气与油品的接触面越大，其氧化速度也越快，使之生成大量的酸、胶质、沥青等二次氧化聚合产物。金属是润滑油氧化的最好的催化剂，润滑油中有金属及其盐类存在时会加速润滑油的氧化。

由于润滑油的氧化变质使颜色变坏，黏度和酸值增高，胶质沥青质及其化合物沉淀，影响其使用效果。

润滑油抗氧化安定性测定就是人为的供氧、供杂质及使用温度高的温度条件，造成润滑油的快速深度氧化，测定其酸值和沉淀物，判断润滑油的使用和贮存期限。

润滑油抗氧化安定性的测定，在生产和应用中有着重要的意义。通过抗氧化安定性的测定结果，可以判断润滑油在贮存和使用过程中的氧化倾向，从而间接了解其精制深度及可能使用的期限，在一定程度上评价了润滑油的使用价值。因而把氧化后酸值的大小作为油品氧化程度的质量指标之一。由于油品在深度氧化时所形成的大部分是中性产物，这些产物往往和它们的缩合物生成不溶于油的高分子酸的深色沉淀物而使酸值降低。所以，润滑油的氧化安定性指标除了规定酸值外，还规定了沉淀物含量的指标。

# 第二节　润滑油抗氧化安定性测定法
# （SH/T 0196—1992）

**一、实验目的**

1. 掌握润滑油抗氧化安定性测定的方法。

2. 了解测定润滑油抗氧化安定性的意义。

3. 掌握影响润滑油安定性的因素。

**二、测定原理**

将试油装入玻璃氧化管内，在管内加入金属小球或金属片和金属螺旋线，并不断地通入一定量的氧气，在 125℃±0.5℃ 的温度下，连续保持一定时间，使润滑油加速氧化。最后测出其沉淀物含量及酸值。

**三、润滑油缓和氧化试验**

1. 仪器与试剂及材料。

（1）润滑油氧化安定性测定仪如图 12-1 所示。

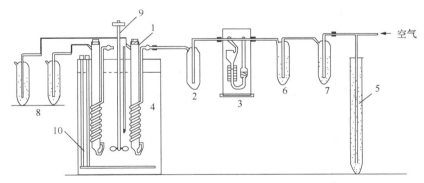

图 12-1　润滑油缓和氧化试验装置图

1—氧化管；2—安全瓶；3—流速计；4—油浴；5—气压调节器；6—硫酸洗气瓶；

7—氢氧化钠洗气瓶；8—吸收瓶；9—搅拌器；10—电热器

氧化管：带旋管的玻璃制品；安全瓶：用以防止煤油从流速计冲进氧化管中，空气流速计：装有煤油并刻有每分钟 30mL、50mL、100mL 的空气流速刻度；油浴：具有电热设备和搅拌装置，能恒温在 125℃±0.5℃，油浴的深度要能将氧化管的旋管部分全部浸入油中；气压调节器：装贮适当高度的水；洗气瓶：供装贮硫酸和氢氧化钠溶液；吸收瓶：供吸收挥发的水溶性酸用，瓶中装贮蒸馏水；温度计：0~150℃；空压机。

（2）试剂与材料。

乙醇-苯：（1:4）；95%乙醇；铬酸洗液；硫酸；蒸馏水；硝酸-磷酸（3:7）；甲醇；氢氧化钠：40%水溶液；氢氧化钾：0.025mol/L 水溶液；甲基橙：0.1% 水溶液；酚酞：

1%乙醇溶液；钢球：低碳；铜球：$T_1$ 号，直径 5mm ± 0.1mm；砂纸：100 号；锥形瓶：50mL 和 250mL；分液漏斗：150mL；试管；电子天平：500g，精度 0.1g。

2. 准备工作。

先用乙醇–苯混合液洗涤氧化管。再将混合液装在仪器里煮沸 15min 后倒出，依次用 95%乙醇、水洗净氧化管，再用热的铬酸洗液洗涤数次，最后用硫酸、水、蒸馏水洗净烘干。

铜球、钢球先用砂纸擦净，用乙醇–苯混合液洗涤。铜球浸在硝酸–磷酸混合液中 5s 取出，用蒸馏水冲净立即放入甲醇中备用，钢球用 95%乙醇洗涤后擦干备用。

3. 试验步骤。

在清洁、干燥的氧化管内称入试样 30g，称准至 0.1g。然后在试样中放入钢球、铜球各一个；并用清洁的软木塞或棉花塞好氧化管的管口。将氧化管浸入事先加热到 125℃ ± 0.5℃温度的油浴中并固定好，使管的旋管部分和试样完全浸在油浴中，然后用胶管将装有 20mL 蒸馏水的吸收瓶连起来；旋管和管口用胶管与安全瓶、流速计、硫酸洗瓶、氢氧化钠洗瓶、空气压缩机连接。启动空气压缩机，调节通入试样中的空气量每分钟 50mL，在连续通入空气和 125℃的温度下氧化 4h，氧化结束。

4. 分析。

（1）不挥发水溶性酸含量的测定：

氧化结束后，从油浴中取出氧化管让其冷却至室温，用 250mL 的锥形瓶称取 25g 氧化油，称准至 0.1g，加入 25mL 蒸馏水，并将锥形瓶中的混合物在水浴中加热到 70℃，再倒入分液漏斗中摇荡 5min，静置后将水层放入 50mL 的锥形瓶中。

用移液管从锥形瓶中取出水抽出液 3mL，注入清洁的试管中，加入甲基橙指示剂溶液 1 滴；在另一支试管中加入 3mL 蒸馏水和 1 滴甲基橙指示剂。比较两试管中溶液的颜色，如果颜色相同就认为抽出液已呈中性。

如果水抽出液呈酸性时，在分液漏斗中再加入 25mL 的 70℃的蒸馏水，摇荡 5min 后静置，将水层放入另一只 50mL 的锥形瓶中，用上述方法检验抽出液是否呈中性。如果还呈酸性，重复进行操作，直至水抽出液显示中性为止。

最后将收集到的水抽出液（酸性和中性）混合均匀，用移液管取出 20mL 的混合液注入 50mL 锥形瓶中，加入 3 滴酚酞溶液，用 0.025mol/L 氢氧化钾水溶液滴定至出现浅红色为止。同时用 60mL 蒸馏水代替抽出液进行空白试验。试验时先将蒸馏水加热至 70℃再冷却至室温后进行滴定。

（2）挥发的水溶性酸含量的测定：

氧化结束后，将吸收瓶中的液体注入 25mL 的容量瓶中，再用 5mL 蒸馏水分数次冲洗吸收瓶内壁，将冲洗过的液体归入同一容量瓶中至刻度线。用移液管从容量瓶中取出 20mL 溶液，注入 50mL 的锥形瓶中，加入 3 滴酚酞指示剂，用 0.025mol/L 氢氧化钾水溶液滴定至呈现浅红色为止。

5. 计算。

（1）氧化后的不挥发水溶性酸含量 $X_1$（mgKOH/g）按式（12-1）计算：

$$X_1 = \left(V - \frac{V_1}{3}\right) n \cdot c_1 \times 0.0561 \frac{1.25}{25} = 0.002805\left(V - \frac{V_1}{3}\right) n \cdot c_1 \qquad （12-1）$$

式中　$V$——滴定水抽出液的混合物时所消耗的氢氧化钾标准滴定溶液的体积，mL；

　　　$V_1$——滴定 60mL 的蒸馏水时所消耗的氢氧化钾标准滴定溶液的体积，mL；

　　　$n$——水抽出液的份数；

　　　3——60mL 与 20mL 的比值；

0.0561——与 1.00mL 氢氧化钾标准滴定溶液（$C_{KOH} = 1.0$mol/L）相当的以克表示的酸（以氢氧化钾表示）的质量；

0.25——25mL 与 20mL 的比值；

　　　$C_1$——氢氧化钾标准滴定溶液的实际浓度，mol/L；

　　　25——氧化油的重量，g。

（2）氧化后挥发的水溶性酸含量 $X_2$（mgKOH/g）按式（12-2）计算：

$$X_2 = \left(V_2 - \frac{V_1}{3}\right) \cdot c_1 \times 0.0561 \times \frac{1.25}{30} = 0.002338\left(V_2 - \frac{V_1}{3}\right) \times c_1 \qquad （12-2）$$

式中　$V_2$——滴定 20mL 的试验溶液时所消耗 0.025mol/L 氢氧化钾水溶液的体积，mL；

　　　30——试样的重量，g；

0.0561——与 1.00mL 氢氧化钾标准滴定溶液（$C_{KOH} = 1.0$mol/L）相当的以克表示的酸（以氢氧化钾表示）的质量；

　　　$C_1$——氢氧化钾标准滴定溶液的实际浓度，mol/L；

$V_1$、3、1.25 所表示的与式（12-1）相同。

6. 实验记录（见表 12-1）。

**表 12-1　润滑油缓和氧化试验记录**

| 项　　目 | 第一次 | 第二次 | 第三次 |
|---|---|---|---|
| 滴定水抽出液的混合物时所消耗的氢氧化钾标准滴定溶液的体积/mL | | | |
| 滴定 60mL 的蒸馏水时所消耗的氢氧化钾标准滴定溶液的体积/mL | | | |
| 水抽出液的份数 | | | |
| 氢氧化钾标准滴定溶液的实际浓度/（mol/L） | | | |
| 不挥发水溶性酸含量 $X_1$/（mgKOH/g） | | | |

7. 精确度与报告。

（1）不挥发的水溶性酸含量或挥发的水溶性酸含量，重复测定两个结果间的差数不得超过 0.002mgKOH/g。

（2）取其重复测定两个结果的算术平均值作为试验结果。

#### 四、润滑油深度氧化试验

1. 仪器与材料。

润滑油氧化安定性测定仪如图 12-2 所示。

精制汽油或石油醚：馏分为 60~90℃，不含芳香烃；0.05mol/L 氢氧化钾-乙醇溶液；碱性蓝 6B：2% 乙醇溶液；其他试剂与缓和氧化同；量筒：100mL、125mL，具磨塞，口径 24mm；微量滴定管：2mL，分度 0.02mL；移液管：20mL、25mL；锥形瓶：250mL，口径 24mm；漏斗；砂纸：100 号或 120 号；电子天平：量程 500g，精度 0.1g；螺旋钢丝：用长度 1000mm 的低碳钢丝绕成直径 15mm，长度 65mm；铜片：用厚度 0.2~0.3mm 的 $T_1$ 号铜制作成 T 型，T 型上宽为 24mm，长 7mm，下宽为 10mm，长 62mm。

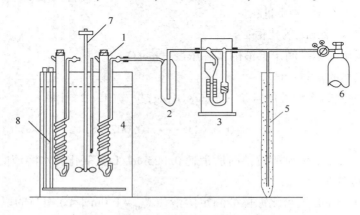

图 12-2　润滑油深度氧化试验装置

1—氧化管；2—安全瓶；3—流速计；4—油浴；5—气压调节器；6—氧气瓶；7—搅拌器；8—电热器

2. 准备工作。

氧化管的洗涤、铜片钢丝的处理与缓和氧化准备工作相同。

3. 试验步骤。

在清洁、干燥的氧化管内称入试样 30g，称准至 0.1g。然后将螺旋线套着铜片放入试样中，用清洁的软木塞或棉花塞好氧化管的管口，浸入并安装好在已加热至 125℃±0.5℃ 温度的油浴中，旋管部分和试管中试油必须完全浸在油浴中，用胶管将氧化管与供氧系统连接好(图 12-2)。用每分钟 200mL 的速度连续通氧，在 125℃±0.5℃ 温度下连续操作 8h。氧化结束，停止供氧和加热。

氧化结束后，从油浴中取出氧化管，冷却至约 60℃ 后用和缓的吹风搅拌管中的氧化油，使其均匀，然后向带磨口塞的 100mL 量筒中注入氧化油 20~25g，称准至 0.01g。并用三倍体积的石油醚稀释量筒中的氧化油，移到温度为 20℃±3℃ 的暗处静置 12h。

4. 分析。

(1) 沉淀物含量测定：

经过静置后的氧化油和石油醚混合液用滤纸滤入 250mL 量筒中，用适量石油醚洗涤滤纸上的沉淀物直到滤出石油醚呈无色为止。将滤液稀释到刻线留用测酸值。

用新鲜配制的温热乙醇-苯混合液溶解滤纸上面的沉淀物到一只已称好重量的 50mL 锥形瓶内，在水浴中将锥形瓶的溶剂蒸出，再放到 105℃±3℃烘箱中将沉淀物干燥至恒重，即两次称量结果的差数不大于 0.0004g。

如果是微量沉淀物时，可将混合物通过已干燥至恒重的滤纸进行过滤，再将过滤完的滤纸和沉淀物移入原来的称量瓶中干燥至恒重。其干燥温度及称量差数同上。

（2）酸值测定：

在 250mL 锥形瓶中加入 20~25mL 乙醇-苯混合液和 1~2 滴 2% 碱性蓝 6B 指示剂溶液，用 0.05mol/L 氢氧化钾-乙醇标准滴定溶液中和。用量筒量出 25mL 的氧化油-石油醚混合液倒入已中和的溶液中，然后滴进 0.5mL 的 2% 碱性蓝 6B 指示剂溶液，用 0.05mol/L 氢氧化钾-乙醇标准滴定溶液滴定至混合液蓝色退尽或突变或呈浅红色，判断为滴定终点。

用酸值测定法做不加氧化油和汽油混合液的空白滴定。

5. 计算。

（1）氧化后沉淀物的含量 $X_3$（%）按式（12-3）计算：

$$X_3 = \frac{m_1}{m} \times 100 \qquad (12\text{-}3)$$

式中　$m_1$——沉淀物的重量，g；

　　　$m$——氧化油的重量，g。

（2）氧化后酸值 $X_4$（mgKOH/g）按式（12-4）计算：

$$X_4 = \frac{(V_3 - V_0) \cdot c_2 \times 0.0561 \cdot n_1}{m} \qquad (12\text{-}4)$$

式中　$V_3$——滴定时所消耗的氢氧化钾-乙醇标准溶液的体积，mL；

　　　$V_0$——空白滴定时所消耗的氢氧化钾-乙醇标准溶液的体积，mL；

　　　$C_2$——氢氧化钾-乙醇标准滴定溶液的实际浓度，mol/L；

　0.0561——与 1.00mL 氢氧化钾-乙醇标准滴定溶液（$C_{KOH} = 1.0mol/L$）相当的以克表示的酸（以氢氧化钾表示）的质量；

　　　$n_1$——全部氧化油-石油醚混合液与滴定用溶液的容积比；

　　　$m$——氧化油的重量，g。

6. 实验记录表（见表 12-2）。

表 12-2　润滑油深度氧化试验记录

| 项　目 | 第一次 | 第二次 | 第三次 |
|---|---|---|---|
| 滴定时所消耗的氢氧化钾-乙醇标准溶液的体积/mL | | | |
| 空白滴定时所消耗的氢氧化钾-乙醇标准溶液的体积/mL | | | |
| 全部氧化油-石油醚混合液与滴定用溶液的容积比 | | | |
| 氧化油的重量/g | | | |
| 沉淀物的重量/g | | | |

| 项　目 | 第一次 | 第二次 | 第三次 |
|---|---|---|---|
| 氢氧化钾-乙醇标准滴定溶液的实际浓度(mol/L) | | | |
| 沉淀物的含量 $X_3$/% | | | |
| 氧化后酸值 $X_4$/(mgKOH/g) | | | |

7. 精确度与报告。

(1) 氧化油的沉淀物和酸值为算术平均值的5%。

(2) 取其算术平均值作为测定结果。

**五、测定润滑油抗氧化安定性的影响因素**

测定润滑油抗氧化安定性的影响因素主要有温度、氧气、空气、金属、氧化管、溶剂和酸值的终点判断等。当温度越高、油品的氧化速度越快，测定的酸值和沉淀物也越大，故试验温度必须控制在规定范围内；通氧和空气量的大小与测定结果有很大关系，氧气和空气量增大会加速油品的氧化。因而试验对氧气空气量都作了规定。金属是油品氧化的催化剂，其制作及处理的好坏程度将直接影响油品的氧化速度。再则就是所用的氧化管是否洗干净、干燥，溶剂是否含有芳香烃，这些都对测定结果有很大的影响，酸值的终点判断是一种人为的误差，在油品酸值很小时，这种人为误差影响也很大。

润滑油氧化后所测得的酸值、沉淀物含量越小，说明其抗氧化安定性越好，使用时造成的危害也越小。反之，氧化后测得的酸值、沉淀物越大，说明其抗氧化安定性越差，使用时造成的危害也越大。润滑油氧化后所生成的有机酸类能腐蚀金属，缩短设备的使用期限。腐蚀后所生成的皂化产物又能加速油品的氧化。对于绝缘油来说，酸性产物污染油质，降低油的绝缘强度；能溶于油的中性胶质和沥青质，增加了油的黏度而影响正常的润滑和散热作用；在循环系统中，由于沉淀物的增多而使传热效率降低，甚至会堵塞油路，威胁设备的安全运转；在变压器中沉淀物过多会堵塞线圈冷却通路，造成局部过热，甚至烧毁设备。润滑油氧化后产生的沉淀物在润滑设备中会增大设备磨损，降低功率。

**六、练习题与思考题**

1. 润滑油抗氧化安定性测定的影响因素有哪些？

2. 测定润滑油抗氧化安定性意义是什么？

# 第十三章　石油产品水分测定

## 第一节　概　　述

石油产品中水分的来源主要是由于油品在贮存、运输、加工及使用过程中的各种因素引起的，其次是由于石油产品特别是轻质燃料本身具有一定的吸水性。当油品温度升高、空气中湿度增大以及芳香烃含量增加时，其吸水性也逐渐增大。

水在石油产品中存在主要有水分以微小的水滴形态悬浮于油中的悬浮状、水分以溶解于油中的溶解状、水分以微小水滴聚集成大颗粒沉降下来的游离状三种形式存在。

燃料油和润滑油的质量指标一般要求不含水分，由于溶解水很难除去，油品不含水通常指的是不含游离水和悬浮水。

测定石油产品水分的标准方法在国内有很多种，主要的方法是定性法和定量法。其中的石油产品水分测定法（GB/T 260—2016）是一种常用方法，它对于含水量少于 0.03% 的油品无法测定，当对水分指标要求严格时可采用微量水分测定法。

石油产品水分测定在生产上和应用中有着重要的意义。石油产品中如果含有水分，在生产上会造成严重的危害性。轻质燃料油中水分蒸发时要吸收热量，使发热量降低；燃烧时会使燃烧过程恶化，并能将溶解的盐带入气缸内，生成积炭，增加气缸的磨损；在低温情况下，燃料中的水会结冰，堵塞燃料导管和滤清器，影响发动机的正常工作；润滑油有水时不但会腐蚀金属部件和设备，而且能促使润滑油乳化，破坏添加剂性能；水和高于 100℃ 的工作状态的设备接触时会形成蒸气，破坏润滑油膜，使润滑油的性能变坏。石油产品中含水会加速油品本身的氧化变质，缩短油品的使用期。

通过油品的水分测定，根据其测定结果的大小，确定油品的脱水方法。还可以计算容器中贮存油品的实际数量。

## 第二节　石油产品水分测定法
## （GB/T 260—2016）

### 一、实验目的

1. 了解常量法测定石油产品水分的原理和方法。

2. 能正确安装油品水分测定装置，规范操作实验。

3. 能正确处理实验数据，对实验结果作合理分析及评价。

## 二、测定原理

将一定量的试样和与水不相溶的溶剂共同在规定的仪器中加热，以一定的回流速度进行蒸馏。溶剂作为夹带剂和油中水分在蒸发、冷却、分离过程中将水分收集在接收器下部，根据试样的量和蒸出水分的体积，计算出试样所含水分的百分数为测定结果。

## 三、仪器与材料

仪器：水分测定器，水分测定仪主要由圆底烧瓶、接收器和冷凝管三部分组成，如图13-1所示。其中接收器的体积规格(mL)为2、5、10、25，可根据试油量和试油含水量来匹配，圆底烧瓶容量规格(mL)为100、200、500；直形冷凝管(长400mm)。

材料：磁力搅拌电热套，无釉瓷片或沸石，托盘天平(量程1000g，分度值0.1g)；量筒100mL。

原料：试验油(汽油、煤油、柴油、润滑油、原油等)。

试剂：芳烃溶剂(甲苯)、80℃以上馏分直馏汽油、石蜡基溶剂(石油醚90-120，异域辛烷)。

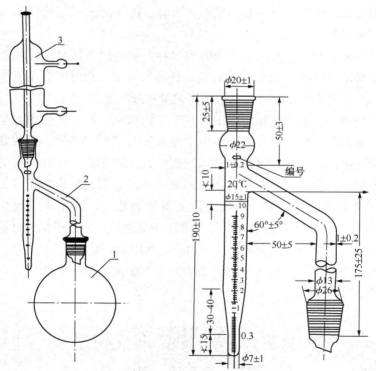

图 13-1　石油产品水含量测定仪

1—圆底烧瓶；2—接受器；3—冷凝管

## 四、试验步骤

将试样摇动5min(黏稠的或含蜡的油品应事先加热至40~50℃才进行摇匀)，使试样混合均匀。然后在洁净干燥的 500mL 圆底烧瓶中称入试样 100g，称准到 0.1g。

用量筒量取 100mL 溶剂（溶剂选择原则：焦油类—芳烃；燃料、润滑油—直馏汽油；润滑脂—石油醚）注入圆底烧瓶中，再将混合液仔细摇匀后投入一些干燥的无釉瓷片或沸石、磁力搅拌子。

将装好试样和溶剂的圆底烧瓶和接收器、直管式冷凝管连接。安装时注意接收器与圆底烧瓶、冷凝管与接收器的轴心线要互相重合，冷凝管下端的斜口切面要与接收器的支管管口相对。冷凝管上端用棉花塞住。装好磁力搅拌电热套，接通冷却水。

加热升温，控制液体回流速度，使冷凝管的斜口每秒滴下 2~9 滴液体。蒸馏将近完毕时，如果冷凝管内壁沾有水滴，可适当加强热量，利用沸腾的溶剂将水滴洗入接收瓶中。

当接收器中收集的水体积 5min 内不再增加，溶剂的上层完全透明时，应停止加热。

容圆底烧瓶冷却后，将仪器拆卸，读出接收器中收集水的体积。如果试样的水分超过 10%时，试样应酌量减少。

当接收器中的溶剂呈现浑浊，而且收集的水不超过 0.3mL 时，可将接收器放入热水中浸 20~30min，使溶剂澄清并冷却至室温，才读出管底所收集水的体积。

### 五、计算

1. 试样的水分重量百分含量 $X(\%)$ 按式（13-1）计算：

$$X = \frac{V}{m} \times 100 \qquad (13-1)$$

式中　$V$——在接收器中收集水的体积，mL；

　　　$m$——试样的重量，g。

2. 如果结果需要体积百分含量表示时，可将上式分子乘以试样的密度或直接量取试样体积。

### 六、精确度与报告

1. 重复性：使用 10mL 精密接收器测定时在两次测定中收集水的体积差数不应超过接收器的一个刻度。

2. 再现性：两个结果之差不大于表 13-1 所规定的值。

表 13-1　精密度要求　　　　　　　　　　　　　　　　　　　　　mL

| 接收水量 | 重复性 | 再现性 |
| --- | --- | --- |
| 0.0~1.0 | 0.1 | 0.2 |
| 1.1~25 | 0.1 或 2%，取较大者 | 0.2 或 10%，取较大者 |

3. 取两次测定结果的算术平均值作为试样的水分。试样的水分少于 0.03%，认为是痕迹。在仪器拆卸后接收器中没有水存在，认为试样无水。

### 七、石油产品水分测定的影响因素

石油产品水分测定的影响因素主要与使用的仪器和溶剂的干燥、仪器连接是否严密、蒸馏速度是否合适有关。

1. 实验装置、沸石、磁力搅拌子等必须要干燥。

2. 溶剂确保无水。

3. 蒸馏前需要对水进行回收试验。在 500mL 的圆底烧瓶中加入 250mL 甲苯，蒸馏分水，若接收器中得到的水符合表 13-2 中允许的误差，则说明仪器符合要求。否则建议检查蒸馏过程是否存在泄漏、蒸馏速度过快、接收器校准不准确或有湿气进入的现象。重新进行校验，并进行重复回收试验。

4. 若试油中含有能溶于水的物质，这部分物质将会被计算在水含量中。

表 13-2  回收水分的允许限值                                            mL

| 接收器容量 | 添加在蒸馏器中的水量 | 回收水分的允许限值 |
| --- | --- | --- |
| D2 | 1.00 | 1.00±0.025 |
| 5 | 1.00 | 1.00±0.025 |
| 5 | 4.5 | 4.5.00±0.025 |
| 10 | 1.00 | 1.00±0.1 |
| 10 | 5 | 5.00±0.25 |
| 25 | 12 | 12.00±0.25 |

**八、练习题与思考题**

1. 测定油品水分时，加入溶剂起什么作用？

2. 油品中若含有水分时，在使用中有何危害？

# 第三节  石油产品微量水分测定法
# （GB/T 11146、NB SH/T 0207、SH/T 0246）

**一、实验目的**

1. 了解常量法测定石油产品水分的原理和方法。

2. 能正确安装和规范操作实验。

3. 能正确处理实验数据，对实验结果作合理分析及评价。

**二、实验原理（库仑法）**

在经典的卡尔·费休容量滴定过程中，有水存在时，碘与二氧化硫发生如下反应：

$$H_2O+I_2+SO_2+CH_3OH+3RN \longrightarrow 2RN \cdot HI+RN \cdot HSO_4CH_3 \tag{13-2}$$

反应所需要的碘通过外加含碘标准溶液补充。本仪器属于电量法，是基于将试样溶于含有一定碘的特殊溶剂的电解液后，水即消耗碘，所需的碘通过电解过程，使溶液中的碘离子在阳极氧化为碘。当电解液中碘浓度恢复到原定浓度时，停止电解。

在电解过程中，电极反应如下：

$$阳极：2I^- -2e \longrightarrow I_2 \tag{13-3}$$

$$阴极：I_2+2e \longrightarrow 2I^- \tag{13-4}$$

所产生的碘又与样品中的水反应，终点用双铂电极指示。然后根据法拉第电解定律：

$$\frac{W \times 10^{-6}}{18} = \frac{Q \times 10^{-3}}{2 \times 96493} \qquad (13-5)$$

$$W = \frac{Q}{10.722} \qquad (13-6)$$

式中　$W$——试样中水重量，$\mu g$；

　　　$Q$——电解消耗的电量，mc；

　　　18——水的相对分子质量；

　　　2——电子转移数；

10722——电解 1mg 水所消耗的电量，mc。

只要将所需参数输入仪器微型计算机，即可将分析试样中含水量以 ppm、%或 $\mu g$ 表示出来。

### 三、仪器与材料

仪器：库仑水分测定仪(主机、电解池及电极)如图 13-2 所示。

试剂：卡氏试剂(无吡咯卡氏试剂)，甲苯(清洗注射器用)，去离子水。

材料：微量注射器($1\mu L$、$10\mu L$)，吸油纸。

主机
电解池
搅拌器
注射器

图 13-2　石油产品微量水分测定仪

### 四、实验步骤

1. 电解池的组装。

将电解电极和测量电极的磨砂部分涂抹一层薄薄的真空脂，小心安装在电解池中，将搅拌子放入电解池，电解液加入量在两个白色刻线之间(130~140mL)，电解电极内的电解液为 3~5mL，保持阴极室的液面低于阳极室液面(防止阴极室内的音质碘向阳极室过快渗透导致试剂出现过碘现象)，盖上进料塞和干燥管；接上电极连线和搅拌器连线；接上电源，打开搅拌开关，调整搅拌速度，使液面形成一个小的漩涡。

2. 调整电解液的平衡。

说明：在过碘的状态下，测量信号指示灯、电解信号指示灯的绿色灯是全部熄灭的，分别只亮一个红灯，并且数字显示器不计数。

打开电解开关。如果电解池还是处于深度过碘状态，用 50μL 微量进样器每次抽取 10μL 的蒸馏水，用滤纸擦拭一下针头，按一下启动键，通过进样旋塞中间的孔分多次注入到电解池液面以下，随时注入随时观察电解液的颜色变化，直到电解液变成淡黄色，测量信号灯和电解信号灯绿灯有指示，计数器开始计数为止。（用新鲜的电解液，并且池瓶是干燥的情况下，大约需要注入 30~50μL 的水。）待计数停止，再停止搅拌，拿起电解池轻轻晃动几下，再次使池瓶内壁上的水分被吸收，终点报警后即可进行标定（刚换上的电解液有时不太稳定，这时可再注入大约 2~3μL 的蒸馏水，使其计 2000~3000μg 的数字，这样便于更快稳定）。

3. 标定微量水分测定仪。

电解液稳定以后，用 0.5μL 微量进样器抽取 0.1μL 蒸馏水，用滤纸擦拭针头，将针尖插入到进样塞中（先不要接触液面），按一下启动键，推动进样针活塞，再把针尖迅速插入液面以下，快速拔出，等待分析。

蜂鸣器响测定结束。当测量结果显示 100μg±10μg 即为合格（说明：快速水分测定仪本身的误差不大于±0.3%，但是考虑到微量进样器有一个±5%的容量误差和人为操作误差，所以用蒸馏水（100%）标定时，允许误差在±10%以内）。

4. 参数设定。

方法1：样品类型→液体→输入进样体积和密度，仪器自动算出含水量。

方法2：不知道密度，差量法。样品和针质量 $m_1$，进样后空针的质量 $m_2$，仪器自动算出含水量。

5. 样品分析。

根据样品含水量选择合适的进样针，按设定试样的量取样。

将针插入进样塞中，按进样键，延时倒数这一过程中将样品注入电解液中。注完后迅速拔出即可，等待分析，蜂鸣器响即分析结束。重复 2~3 次。

**五、数据记录与处理**

1. 仪器调试记录表（见表 13-3）。

表 13-3　仪器调试记录表

| 项　目 | 1 | 2 | 3 | 平均值 |
|---|---|---|---|---|
| 0.1μL 蒸馏水显示值/mg | | | | |

注：注入蒸馏水 0.1μL，仪器显示 100mg±10mg 为合格，仪器可以使用。

2. 样品水分测定记录表（见表 13-4）。

表 13-4　样品水分测定记录表

| 项　目 | 1 | 2 | 3 | 平均值 |
|---|---|---|---|---|
| 试样密度 $\rho$/(g/mL) | | | | |
| 进样体积 $V$/μL | | | | |
| 进样质量 $B$/g | | | | |
| 显示值 $A$/μg | | | | |
| 测定结果 $X$/(μg/g) | | | | |

3. 水含量计算公式：

$$X = \frac{A}{B} \times 100\% = \frac{A}{V \times \rho} \times 100\%$$

（13-7）

式中　$X$——样品水含量；

　　　$\rho$——试样密度，g/mL；

　　　$V$——进样体积，μL；

　　　$B$——进样质量，g；

　　　$A$——显示值，μg。

## 六、精确度及报告

本仪器的测定范围为 10μg/g~100%。

1. GB/T 11146 为原油水含量测定法，如果水含量(质量分数)小于1%，用质量分数报告样品的含水量，精确到0.001%；如果水含量(质量分数)在1%~5%之间，用质量分数报告样品的含水量，精确到0.01%。

重复性 $r$：$\qquad\qquad\qquad r = 0.040X^{\frac{2}{3}}$

再现性 $R$：$\qquad\qquad\qquad R = 0.105X^{\frac{2}{3}}$

$X$ 表示水含量质量分数的平均值，本方法适用范围为 0.02%~5.00%。

2. SH/T 0207 为绝缘液中水含量测定法。重复性 r：0~50μg/g 的水含量范围允差小于 7μg/g。再现性 R：0~50μg/g 的水含量范围允差小于 14μg/g。

3. SH/T 0246 为轻质石油产品中水含量测定法，测定范围从 10μg/g~90%。参考进样及电流见下表。

表 13-5　取样规定

| 试样水含量/(μg/g) | 取样量/mL | 试样水含量/(μg/g) | 取样量/mL |
|---|---|---|---|
| 0~10 | 2~5 | 100~1000 | 0.1~1 |
| 10~100 | 1~2 | 大于1000 | 小于0.1 |

表 13-6　重复性要求

| 项　目 | 重复性允差 | 项　目 | 重复性允差 |
|---|---|---|---|
| 水含量在 1~10μg/g | 1μg/g | 大于50μg/g | 算术平均值的5% |
| 10~50μg/g | 算术平均值的10% | | |

## 七、测定的影响因素

测定结果的影响因素主要有仪器的准确性和试样的代表性。

1. 仪器校准：仪器使用前应该先用高纯水进行校正。

2. 均匀取样：取样前要摇动试样使其均匀，对于黏稠液体，应视其黏稠度在烘箱中稍稍加热，搅拌均匀方可取样。

3. 使用注射器进样，使用前后应该用无水甲苯清洗进样针 10 次以上。

## 八、练习题与思考题

1. 原油进常减压蒸馏装置前需要经过电脱盐脱水，请说出脱后原油的水含量要求达到多少为合格？

2. 叙述石油产品中含水的危害性。

# 第十四章　石油产品灰分测定

## 第一节　概　述

　　油品在规定条件下灼烧后所剩的不燃物质，称为灰分，以质量百分数表示。

　　灰分是油品中的矿物盐。主要是含钙、镁、钠盐的环烷酸形成的，还有混入油品中的金属氧化物、机械杂质、灰尘等不能挥发的物质和各种添加剂。油品的灰分通常为白色、淡黄色和赤红色，其含量是极少的。

　　灰分的测定在生产和应用中有着重要的意义。在油品应用上，由于灰分进入积炭将会增加积炭的坚硬性，柴油灰分过大，会使气缸套和活塞圈的磨损增大；重质燃料油灰分过大，不但会降低传热效率，还会引起设备的提前损坏；润滑油的灰分大小，可评定润滑油在发动机零件上形成积炭的情况；灰分还可作为油品洗涤精制是否正常的指标。对于加有添加剂的油品，由于添加剂本身就是金属盐类，因而测定灰分可间接表明油品中的添加剂含量。

## 第二节　石油产品灰分测定法
## [ GB/T 508—1985( 2004 确认) ]

### 一、实验目的

1. 了解石油产品灰分测定的意义和原理。

2. 掌握石油产品灰分测定的实验方法和操作步骤。

### 二、测定原理

　　称取一定量试样，放在已恒重坩埚中点燃，并燃烧到只剩下灰分和炭，炭质残留物在775℃高温炉中转化成灰分，然后冷却并称重，以质量百分数表示。

### 三、仪器、材料与试剂

　　瓷坩埚或瓷蒸发皿：50mL；箱式电阻炉：室温~1000℃；能精确控温800℃±20℃；干燥器：不装干燥剂；定量滤纸：直径9cm；分析天平：量程220g，精确至0.0001g；盐酸：1∶4(体积比)的水溶液。

### 四、试验方法及操作步骤

　　将瓷坩埚(或瓷蒸发皿)在稀盐酸内煮沸几分钟，用蒸馏水洗涤。烘干后再放到高温炉中在 800℃±20℃ 温度下煅烧 10min 以上，取出后在空气中冷却 3min，移入干燥器中，冷却 30min，进行称量称准至 0.0001g。

重复进行煅烧、冷却及称量，直到连续两次称量间的差数不大于 0.0005g 为止。

取试样前，将瓶中试样剧烈摇动使其均匀，对黏稠的或含蜡的试样要预先加热至 50～60℃，再进行摇匀。

1. 将已恒重的坩埚称准至 0.0001g，并以同样的准确度称入试样。所称取试样量的多少依试样灰分含量的大小而定，以所取试样能足以生成 20mg 的灰分为限，但最多不要超过 100g。典型油品取样质量范围见表 14-1。

表 14-1　建议的油品取样质量

| 油品类型 | 取样质量范围/g | 油品类型 | 取样质量范围/g |
| --- | --- | --- | --- |
| 柴油 | 50～100 | 渣油、沥青质 | 5～10 |
| 润滑油 | 25～50 | | |

2. 用一张定量滤纸卷成圆锥状体，用剪刀把距尖端 5～10mm 的顶端部分剪去放入坩埚内，把圆锥体滤纸(引火芯)立放入坩埚内，放稳并将大部分试样表面盖住。

3. 测定含水的试样时，将装有试样和引火芯的坩埚放置电炉上，缓慢加热到引火芯可以燃着为止。

4. 引火芯浸透试样后，点火燃烧。燃烧火焰高度维持在 10cm 左右，试样的燃烧应进行到获得干性碳化残渣时为止。

对黏稠的或含蜡的试样、含添加剂的润滑油，应边燃烧边加热，使燃烧完全。

5. 试样燃烧完后，将有残渣的坩埚移入 800℃±20℃ 的高温炉中煅烧并保持 1.5～2h，直到残渣完全化为灰烬。如果残渣难烧成灰时，则在坩埚冷却后滴入几滴硝酸铵溶液浸湿残渣，然后将它蒸发并继续煅烧。

6. 残渣成灰后，将坩埚在空气中冷却 3min 后移入干燥器再冷却约 30min，称重，称准至 0.0001g。再移入高温炉中煅烧 20～30min，重复进行煅烧、冷却、称量，直到连续称量间的差数不大于 0.0005g。

## 五、数据记录与处理

1. 试样的灰分 $X(\%)$ 按式(14-1)计算：

$$X = \frac{m_1 - m_2}{m} \times 100 \tag{14-1}$$

式中　$m_1$——试样和滤纸灰分质量，g；

　　　$m_2$——滤纸灰分质量，g；

　　　$m$——试样的质量，g。

2. 试验数据与结果(见下表)。

表 14-2　坩埚恒重记录表

g

| 坩埚编号 | 坩埚质量 | |
|---|---|---|
| 1 | 第 1 次称量 | |
| | 第 2 次称量 | |
| | 第 3 次称量 | |
| | 第 4 次称量 | |
| | 第 5 次称量 | |
| | 第 6 次称量 | |
| 2 | 第 1 次称量 | |
| | 第 2 次称量 | |
| | 第 3 次称量 | |
| | 第 4 次称量 | |
| | 第 5 次称量 | |
| | 第 6 次称量 | |
| 3 | 第 1 次称量 | |
| | 第 2 次称量 | |
| | 第 3 次称量 | |
| | 第 4 次称量 | |
| | 第 5 次称量 | |
| | 第 6 次称量 | |

表 14-3　数据记录表

| 试油名称 | | | |
|---|---|---|---|
| 试样号 | | | |
| 坩埚质量/g | | | |
| 试油质量/g | | | |
| 灰分质量/g | | | |
| 灰分/%（m） | | | |
| 允许差数 | | | |
| 实际差数 | | | |
| 测定结果 | | | |

## 六、精密度与报告

1. 重复性。

同一操作者测得的两个结果之差不应超过表 14-4 的数值：

表 14-4　重复性

| 灰分/% | 重复性 | 灰分/% | 重复性 |
|---|---|---|---|
| 0.001 以下 | 0.002 | 0.080～0.180 | 0.007 |
| 0.001～0.079 | 0.003 | 0.180 以上 | 0.01 |

2. 再现性。

由两个实验室提供的两个结果之差，不应超过表 14-5 数值：

表 14-5　再现性

| 灰分/% | 再现性 | 灰分/% | 再现性 |
|---|---|---|---|
| 0.001 以下 | 未定 | 0.080～0.180 | 0.024 |
| 0.001～0.079 | 0.005 | 0.180 以上 | 未定 |

3. 取重复测定两个结果的算术平均值作为试样的灰分。

## 七、灰分测定的影响因素

测定前应充分将试样摇均匀，以防某些杂物的沉淀或是油溶性及稳定性较差的某些添加剂影响测定结果。必须控制好燃烧速度，防止因火焰过高或试样飞溅而带走灰分微粒，使测定结果偏低。坩埚放入高温炉之前应是干性碳化残渣，否则会因温度过高而将未挥发干净的物质急剧燃烧带走灰分，使测定结果偏低。煅烧、冷却、称量应严格按规定的温度和时间进行操作，不然将对测定结果有很大的影响。试样含水分时，加热脱水速度要缓慢，以防试样起泡溢出而影响测定结果。

## 八、练习题与思考题

1. 石油产品灰分的组成是怎样的？

2. 灰分测定的影响因素有哪些？为什么？

# 第十五章　石油产品水溶性酸及碱试验

## 第一节　概　　述

### 水溶性酸或碱的概念、来源及危害

水溶性酸是指能溶于水的硫酸、磺酸、酸性硫酸酯及低分子有机酸等，水溶性碱是指能溶于水的氢氧化钠和碳酸钠等。原油及其馏分中是不含水溶性酸或碱的。油品中的水溶性酸或碱是在加工精制中残留的，或在贮运、使用中混入以及油品本身老化生成的。这些水溶性酸碱在生产、使用或贮存时，能腐蚀与其接触的金属构件。水溶性酸几乎对所有的金属都有强烈的腐蚀作用，而碱只对铝有腐蚀作用，如汽油中含有水溶性碱，汽化器的铝制零件会因碱的作用生成氢氧化铝的胶状物质，堵塞油路、滤清器及油嘴。油品中存有水溶性酸碱，在大气中的水分、氧气的相互作用及受热的情况下，会引起油品氧化、胶化及分解，促使油品老化。因此，规定轻质燃料油和未加添加剂的润滑油中不允许有水溶性酸及碱存在。

## 第二节　石油产品水溶性酸及碱试验法
### ［GB/T 259—1988（2004 确认）］

### 一、实验目的

掌握石油产品水溶性酸及碱的测定方法，并且了解水溶性酸及碱的危害及其测定意义。

### 二、实验原理

用经过检查呈中性反应的蒸馏水，加入到同体积的试油中，经摇动而使油、水充分接触，将可溶于水的酸或碱溶于水中，然后抽出水溶液用指示剂检查其颜色变化，从而判断有无水溶性酸碱存在，这是一种定性分析。

### 三、仪器与试剂

分液漏斗：250～500mL；试管：直径 15～20cm，高度 140～150cm，用无色玻璃制造；锥形烧瓶：250mL；水浴或电热板；量筒：25mL、50mL、100mL；漏斗：普通玻璃漏斗；甲基橙：配成 0.02%甲基橙水溶液；酚酞：配成 1%酚酞乙醇溶液；95%乙醇：分析纯；滤纸：工业滤纸；蒸馏水：中性；溶剂油。

## 四、试验步骤

1. 取样前将试样摇动 3min，量取 50mL 试样和 50mL 中性蒸馏水，分别加热至 50～60℃，后注入同一分液漏斗中，摇荡 5min。汽油、煤油、溶剂油等轻质产品的试样和水均不需加热。

2. 静置好后将下部的水层用滤纸过滤，用两支试管各取约 10mL 抽出液。在第一支试管中加入 3 滴酚酞溶液，溶液稍变红色或变成玫瑰红色时表示试样含有水溶性碱。在第二支试管中加入 2 滴甲基橙溶液，溶液稍变红色或变成玫瑰红色时表示试样含有水溶性酸。同时在第三支试管中加入 10mL 中性蒸馏水和滴入 2 滴甲基橙溶液作比较。如果抽出液对于酚酞和甲基橙指示剂均不变色时，认为试样不含水溶性酸碱。

说明：如果试样在 50℃ 时黏度大于 $75mm^2/s$，先用同体积中性汽油稀释后再进行试验。

试样是石蜡和地蜡时取约 10g 量，加入 25mL 中性蒸馏水，加热溶化并摇荡 1min，冷却后取抽出液进行试验。

试验柴油、碱洗润滑油、含添加剂润滑油和粗制的残留石油产品时，遇到混合物呈乳浊液或水抽出液对于酚酞呈现碱性反应都应用加热 50℃ 中性的乙醇水溶液（1∶1）进行试验。

## 五、实验现象及结果（见表 15-1）

表 15-1　实验结果

| 试样名称 | | |
|---|---|---|
| 指示剂名称 | | |
| 实验现象 | | |
| 实验结果 | | |

## 六、水溶性酸及碱试验影响因素

试验所用仪器，蒸馏水、乙醇、汽油等溶剂必须呈中性，不含水溶性酸碱，否则会影响试验的准确性；水溶性酸碱极易沉积于试样底部，因而取样前应充分摇匀，以免影响测定结果；试样黏度太大时，必须用溶剂稀释，有利于水溶性酸或碱的抽出，促使油水分离，以保证试验的准确性；试样中有机酸盐（皂化物）的水解对试验结果有较大的影响。油品中含有有机酸盐，由于它们都是强碱弱酸盐，遇水时水解而呈碱性，导致试样的水抽出液出现碱性反应，因而必须改用 1∶1 乙醇水溶液代替蒸馏水，以抑制有机酸盐的水解，保证试验的准确性。

## 七、练习题与思考题

1. 什么叫水溶性酸或碱？
2. 石油产品水溶性酸碱测定的意义是什么？
3. 影响石油产品水溶性酸碱测定的因素有哪些？

# 第十六章　润滑油氢氧化钠
# 抽出物的酸化试验

## 第一节　概　　述

　　润滑油氢氧化钠抽出物的酸化试验，简称苛性钠试验，是为检查润滑油有无环烷酸及其皂类存在的一种定性试验，其试验结果共分为四级。如在酸化后最初1min内溶液保持完全透明，说明环烷酸及其皂类含量极微甚至没有，评为1级；酸化液显淡蓝色，稍呈浑浊，但仍能透过试管读出6号拼音字母，则说明试油中环烷酸及其皂类轻微，评为2级；如只能读出5号拼音字母，则评为3级；如酸化液已浑浊，不能读出5号拼音字母，评为4级，则苛性钠试验不合格。

　　苛性钠试验的基本原理是由试油中的环烷酸与氢氧化钠溶液起化学反应而生成钠盐，溶于碱液中，当滴入盐酸酸化时，又变成难溶于水的环烷酸而呈现浑浊，再根据浑浊的程度进行分级。其反应如下：

$$RCOOH+NaOH \longrightarrow RCOONa+H_2O$$
$$RCOONa+HCl \longrightarrow RCOOH+NaCl$$

　　苛性钠试验是变压器油和汽轮机油的质量指标，而其他种类的润滑油是用灰分和酸值作为质量指标。苛性钠试验可以检查润滑油精制程度的好坏，试验等级越小，说明碱洗过程积聚的环烷酸及其钠盐含量极微，质量越好，反之质量则越差。长期使用的油，由于在使用温度下和金属接触磨擦及受空气中氧的氧化或其他因素影响而使有机酸含量增加了，苛性钠试验等级增大。因而苛性钠试验也能说明油在使用过程中质量变坏的程度。

## 第二节　润滑油氢氧化钠抽出物的酸化试验法
## （SH/T 0267—1992）

### 一、实验目的
掌握检查润滑油中杂质洗净程度的试验方法。
### 二、实验原理
将试样中的杂质成为抽出物存在于碱性溶液中，当用盐酸将抽出物酸化时，杂质成为浑浊物析出。

### 三、仪器与试剂

玻璃试管：直径 30mm±2mm、高度 250~300mm；直径 15mm±1mm，高度 140~150mm；移液管：15mL，25mL；水浴：室温~100℃；温度计：0~100℃，精度1℃。

氢氧化钠：配成 0.6%氢氧化钠水溶液；盐酸：化学纯，其密度为 1.18g/mL。

### 四、实验步骤

1. 用直径为 30mm 的试管注入等体积的试样和氢氧化钠溶液（注入总高度约 60mm），将混合液煮沸 3min，同时进行剧烈的摇动，然后将试管浸在 80℃ 的水浴中静置，直至管内液层完全分离而且油层透明为止。

2. 静置后，用移液管小心将碱液层吸出，移入一支直径为 15mm 的试管中，液层高度为 40mm（碱抽出液不能有试样存在）。然后滴入 3~5 滴盐酸，滴至呈酸性反应。

3. 观察酸化的抽出物在最初 1min 内的透明度。根据规定判别其等级。如完全透明，则试样列为 1 级；能读出紧贴在试管后壁的 6 号汉语拼音字母，则为 2 级；能读出 5 号汉语拼音字母，则为 3 级；读不出浑浊酸化液的列为 4 级。

### 五、苛性钠试验测定的影响因素

1. 苛性钠试验的煮沸时间及分离温度能否按规定条件操作、煮沸时摇动的剧烈程度，将决定油中环烷酸能否充分进入抽出液，并因与油分离的效果而影响试验结果。

2. 移注抽出液的吸管和试管应保持洁净，抽出液不能有试油，否则会使测定结果偏大。

3. 酸化要完全但不能过量，否则也会影响试验结果。

4. 试剂的纯度及配制要符合试验要求，溶液要保持完全透明不浑浊，否则也会影响试验结果。

### 六、练习题与思考题

1. 苛性钠试验测定的实际意义是什么？

2. 苛性钠试验的测定原理是什么？

3. 苛性钠试验的影响因素有哪些？

# 第十七章　润滑油破乳化时间测定

## 第一节　概　　述

### 一、破乳化时间的概念

同体积的试油和蒸馏水通过搅拌形成乳浊液，测定其达到分离（即油、水分离界面乳浊液的体积等于或小于3mL时）所需的时间。用分钟（min）表示。

汽轮机油多用于润滑及冷却蒸汽涡轮机、水力涡轮机和发电机的轴承。在使用过程中常因设备用油系统不正常而带进了水及水蒸汽，使油产生乳化影响设备的安全运转。为了保证汽轮机油能在设备中长期使用，就要求汽轮机油必须具有一定的抗乳化能力。

润滑油破乳化时间越短，说明油水乳化液完全分离越快，汽轮机油的抗乳化能力也越强。破乳化时间越长，油水乳化液分离越慢，汽轮机油的抗乳化能力越差。因此，破乳化时间是用来表示汽轮机油抗乳化性的指标。

汽轮机油抗乳化性差的原因主要是油品在生产过程中精制深度不当，或油在使用时变质而生成环烷酸或其它有机酸，以致油中环烷酸金属皂化物含量增多；此外由于设备磨损的金属物质和外来尘埃、泥土等粉状物和某些酸类物质形成油泥残渣而妨碍了油水分离。这些将使油的破乳化时间增长。

### 二、破乳化时间测定的重要意义

1. 汽轮机油的抗乳化能力太差时，当水和水蒸汽进入汽轮机油系统后，形成了乳化液。乳化液会引起金属的腐蚀，在轴承处破坏油膜，降低润滑效果，增加磨损。

2. 乳化液在油的循环系统中会妨碍油的循环，造成供油不足，同时也加速了油的变质，使酸值增大，沉淀物增多，油的破乳化时间更长，油的抗乳化能力太差，将会严重影响设备的安全运行，甚至损坏设备。因此，润滑油破乳化时间的测定在生产和应用中具有重要的意义。

## 第二节　润滑油破乳化时间测定法
## （GB/T 7305—2003）

### 一、实验目的

1. 了解润滑油破乳化时间的测定原理及测定意义。

2. 学习并掌握润滑油破乳化时间的测定方法。

## 二、测定原理

润滑油破乳化时间的测定原理：在量筒中装入 40mL 试样和 40mL 蒸馏水，并在 54℃ 或 82℃ 下搅拌 5min，记录乳化液分离（即油、水分离界面乳浊液的体积等于或小于 3mL 时）所需的时间。

## 三、试剂与材料

石油醚：分析纯，60～90℃；蒸馏水：符合 GB/T 6682 二级水规格；无水乙醇：分析纯；铬酸洗液；脱脂棉、镊子、石蕊试纸、包有耐油橡胶的玻璃棒。

清洗溶剂：90～120# 石油醚。

## 四、实验设备

抗乳化性能测定仪如图 17-1 所示，由以下组件组成。

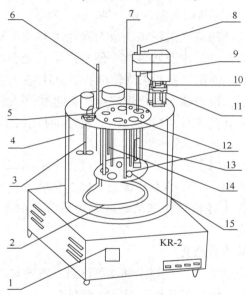

图 17-1　抗乳化性能测定仪

1—数显温控仪；2—辅助加热器；3—水浴搅拌器；4—玻璃缸；5—锁紧套；6—温度计；

7—量筒转盘；8—试样搅拌轴；9—锁紧螺母；10—压紧螺钉；11—旋转盘；

12—量筒夹紧定位套；13—搅拌叶片；14—热电偶；15—量筒托板

量筒：100mL 分度值 1.0mL，高（从量筒顶部到距离底部 6mm 处）225～260mm，内径 27～30mm，刻度误差不大于 1mL，由耐热玻璃制成。

水浴：温度可控制在 ±1℃。足够大和深，能够插入至少两个量筒并且水可浸没到量筒的 85mL 处，配有可固定量筒位置的支撑架，量筒内的物质被搅动时，叶片的纵向轴与量筒的中心垂直线相对应。

搅拌器：由镀铬钢或不锈钢制成的叶片和连杆组成。叶片长 120mm±1.5mm，宽 19mm±0.5mm，厚 1.5mm。连杆直径约为 6mm，并与叶片相固定，且与搅拌装置相连。在搅拌过程中叶片底部中心处摆动不应超过转动轴中心线 1mm。当不使用时，可以将搅拌棒垂直升起，以便清洗量筒顶部。

马达：转速为 1500r/min±15r/min。

秒表：分度为 0.1s。

### 五、试验方法及操作步骤

(一) 准备工作

1. 用清洗溶剂、铬酸洗液、自来水、蒸馏水将量筒清洗干净至量筒内壁不挂水珠。

2. 用脱脂棉、竹镊子在石油醚、无水乙醇中依次清洗搅拌棒和叶片，并风干。清洗过程中注意不要将搅拌棒弄弯曲。

(二) 实验步骤

1. 将 40mL 蒸馏水倒入干净的量筒内，然后倒入 40mL 试样，至量筒刻度为 80mL。将量筒放入 54℃±1℃（比较黏稠的油品放入 82℃±1℃）的恒温浴中，再将搅拌叶片放入量筒内，用金属夹固定，静置使油水温度与水浴温度一致。静置时间最长不能超过 30min。

如果测量水、试样体积时是在室温下进行的，要考虑随着试验温度的升高而产生的体积膨胀。因此，需要校正试验温度下的每一个体积读数，以便使油、水或乳化液的总体积不超过 80mL。也可在试验温度下测量初始体积。

2. 量筒固定在搅拌叶片的正下方，降低叶片至距量筒底部 6mm 处，将传动装置与连杆啮合，调节搅拌棒，以 1500r/min±15r/min 开始搅拌试样 5min，停止搅拌后，提起搅拌棒，用包有耐油橡胶的玻璃棒把叶片上的油刮落到量筒内，观察并记录量筒内分离的油、水和乳化层体积数。必要时将量筒移出水浴，观察并记录。乳化液达到 3mL 的时间为破乳化时间。

### 六、数据记录与处理（见表 17-1）

表 17-1　实验数据表

| 试油名称 | | | | |
|---|---|---|---|---|
| 试验号 | | | | |
| 分离后油的体积/mL | | | | |
| 分离后水的体积/mL | | | | |
| 分离后乳化层体积/mL | | | | |
| 破乳化时间/min | | | | |
| 平行测定差数/min | | | | |
| 结果/min | | | | |

### 七、精确度与报告

1. 精密度：重复性和再现性须符合图 17-2 所示。

2. 报告：取两次平行测定的算术平均值作为试样的破乳化时间。

### 八、破乳化时间测定的影响因素

1. 蒸馏水应保持干净无杂质，呈中性，仪器应清洗干净，否则会使破乳化时间增长。

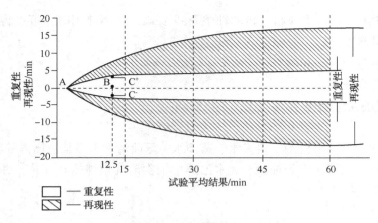

图 17-2　精密度测定图

2. 在水浴中静置分层时，应防止仪器受到震动，震动会缩短破乳化的时间。

3. 试验温度(水浴温度)要保持恒定，因为温度会影响油的黏度从而影响乳化程度及乳化时间。

### 九、练习题与思考题

1. 什么是破乳化试验？

2. 破乳化时间测定的影响因素有哪些？

3. 汽轮机油形成乳化液后对设备有何危害？

# 第十八章　润滑油泡沫特性测定

在高速齿轮、大容积泵送和飞溅润滑系统中，润滑油生成泡沫的倾向是一个严重的问题。润滑油在使用过程中产生泡沫会使油膜变坏，影响润滑，增加磨损，尤其是润滑油供应不足或因泡沫溢出而加速润滑油的氧化变质。抗泡沫性能是内燃机油、液压油等油品重要的质量指标。本试验参考 GB/T 12579—2002《润滑油泡沫特性测定法》。

## 第二节　测定方法

### 一、实验目的

1. 学习润滑油泡沫特性测定方法。

2. 学习润滑油泡沫特性的表示方法。

3. 理解润滑油泡沫特性测定意义。

### 二、实验原理

取规定量的试油放入 1000mL 量筒内，试样在 24℃时，用恒定流速的空气吹气 5min，空气流量为 94mL/min±5mL/min，结束时记下泡沫体积为泡沫倾向性，然后静止 10min 后记录残留的泡沫体积，即泡沫稳定性。取第二份试样，在 93.5℃下进行上述试验，当泡沫消失后，再在 24℃下重复试验。在每个周期结束时，分别测定试验中泡沫的体积。实验结果以泡沫的毫升数表示，泡沫倾向(mL)/泡沫稳定性(mL)。

### 三、试剂及材料

1. 试剂。

正庚烷：分析纯；丙酮：分析纯；甲苯：分析纯；异丙醇：分析纯；水：符合 GB/T6682 中三级水要求。

2. 材料。

清洗剂：非离子型，能溶于水；干燥剂：变色硅胶、脱水硅胶或其他合适的材料。

### 四、实验仪器

1. 泡沫试验设备：如图 18-1 所示，包括下列配件。

(1) 量筒：容量 1000mL，最小分度为 10mL，从量筒内底部到 1000mL 刻度线距离为

335～385mm。圆口，如果切割，需要经过精细抛光。①

（2）塞子：由橡胶或其他合适的材料制成，与上述量筒的圆形顶口相匹配。塞子中心应有两个圆孔，一个插进气管，一个插出气管。

（3）扩散头：由烧结的结晶状氧化铝制成的砂芯球，直径为 25.4mm；或是由烧结的 5μm 多孔不锈钢制成的圆柱形。要求最大孔径不大于 80μm，空气渗透率在 2.45kPa 压力下为 3000～6000mL/min。

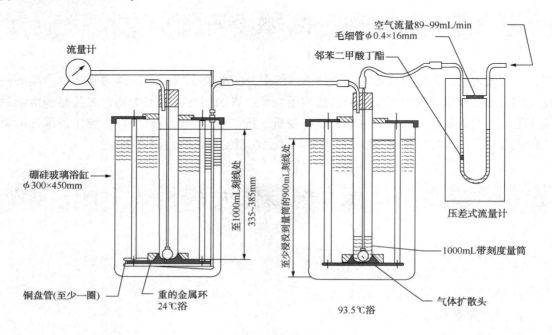

图 18-1　泡沫试验设备

2. 试验浴：直径约 300mm，高约 450mm 的圆柱形硼硅玻璃缸。

3. 空气源：从空气源通过气体扩散头的空气流量能保持在 94mL/min±5mL/min。空气还需通过一个高为 300mm 的干燥塔，干燥塔应依次按下述步骤填充：在塔的收口处以上依次放 20mm 的脱脂棉、110mm 的干燥剂、40mm 的变色硅胶、30mm 的干燥剂、20mm 的脱脂棉。当变色硅胶开始变色时，需重新填充干燥塔。

4. 流量计：能够测量流量为 94mL/min±5mL/min。

5. 湿式气体流量计：分度值 0.01L，在流速为 94mL/min 时，能精确测量约 470mL 的气体体积。

6. 计时器：分度值和精度均为 1s 或更高。

7. 温度计：水银式玻璃温度计，全浸式，测量范围－20～102℃，最小分度值为 0.2℃，或者选用全浸式，测量范围为 0～50℃及 50～100℃，最小分度值为 0.1℃的温度计。

---

①当量筒带有倾倒嘴时，割掉其倾倒嘴部分，使其顶口呈圆形。

**五、试验方法及操作步骤**

1. 准备工作。

每次试验之后，必须彻底清洗试验用量筒和进气管，以除去前一次试验留下的痕迹添加剂，这些添加剂会严重影响下一次的试验结果。

（1）量筒的清洗。先依次用甲苯、正庚烷和清洗剂仔细清洗量筒，然后用水和丙酮冲洗，最后再用清洁、干净的空气流将量筒吹干，量筒的内壁排水要干净，不能留水滴。

（2）气体扩散头的清洗。分别用甲苯和正庚烷清洁扩散头，方法如下：将扩散头浸入约300mL溶剂中，用抽真空和压气的方法，使部分溶剂来回通过扩散头至少5次。然后用清洁、干燥的空气将进气管和扩散头彻底吹干。最后用一块干净的布沾上正庚烷擦拭进气管的外部，再用清洁的干布擦拭，注意不要擦到扩散头。

（3）如图18-1安装仪器。调节进气管的位置，使气体扩散头恰好接触量筒底部中心位置。空气导入管和流量计的连接应通过一根铜管，这根铜管至少要绕冷浴内壁一圈，以确保能在24℃左右测量空气的体积。检查系统是否泄漏。拆开进气管和出气管，并取出塞子。

2. 试验步骤。

（1）不经机械摇动或搅拌，将约200mL试样倒入烧杯中加热至49℃±3℃，并冷却到24℃±3℃。对贮存两星期以上的样品，将18～32℃的500mL的样品倒入1L的高速搅拌容器，加盖，并以最大速度搅拌1min。静置，直到气泡自然分散且油温达到24℃±3℃，在搅拌后3h内进行实验。[①]

（2）程序Ⅰ。将试样装入1000mL量筒中至190mL刻度处。将量筒放进24℃恒温水浴中，至少浸没至900mL刻度处。当试样温度与水浴温度一致时，塞上塞子，接上扩散头和未与空气源连接的进气管，浸泡约5min，将出气管与流量计相连，并接通空气源，调节空气流速为94mL/min±5mL/min。从气体扩散头出现第一个气泡开始记时，通气5min±3s。切断气源，并立即记录气泡的体积（即试样液面与泡沫顶部之间的体积），精确至5mL。通过系统的空气总体积应为470mL±25mL。让量筒静止10min±10s，再记录泡沫的体积，精确至5mL。

（3）程序Ⅱ。将第二份试样倒入清洁的1000mL量筒中至180mL处。将量筒浸入93.5℃油浴中，至少浸没到900mL刻线处。当试样温度达到93℃±1℃时，插入清洁的气体扩散头及进气管，按步骤（2）的方法进行试验，分别记录在吹气结束时和静止周期结束时的泡沫体积，精确至5mL。

（4）程序Ⅲ。用搅动的方法除去步骤（3）试验后产生的泡沫。将试验量筒置于室温，使试样冷却到低于43.5℃，然后将量筒放入24℃水浴中。当试样温度与水浴温度一致时，插入清洁的气体扩散头及进气管，按步骤（2）进行试验，在吹气结束及静止周期结束时，分别记录泡沫体积，精确至5mL。

---

①步骤（2）和步骤（4）所述的步骤都应在前一个步骤完成后3h之内进行。步骤（3）中试验应在试样达到温度要求后立即进行，并且要求量筒浸入93.5℃浴中的时间不超过3h。

3. 简易试验步骤。

对于常规分析，可用一个简单的试验步骤，即不测定空气经过气体扩散头 5min 的总体积。

## 六、数据记录与处理

试验原始数据及结果报告(见表 18-1)。

表 18-1　试验原始数据记录表

试油名称：_____　　　　　经搅拌(是□　　否□)

| 程序号 | 泡沫倾向(吹气 5min 结束时的泡沫体积/mL) | 泡沫稳定性(静止 10min 结束时的泡沫体积/mL) |
|---|---|---|
| 程序Ⅰ | | |
| 程序Ⅱ | | |
| 程序Ⅲ | | |

注：当泡沫或气泡没有完全覆盖油的表面，且可见到片状或"眼睛"状的清晰油品时，报告泡沫体积为"0mL"。

## 七、精确度及报告

1. 重复性($r$)。

同一操作者使用同一仪器，在恒定的试验条件下，对同一试样重复测定的两次试验结果之差不能超过式(18-1)和式(18-2)的值。

$$r(程序Ⅰ和程序Ⅱ) = 10+0.22X \tag{18-1}$$

$$r(程序Ⅲ) = 15+0.33X \tag{18-2}$$

式中　$X$——两次测定结果的平均值，mL。

2. 再现性($R$)。

不同的操作者，在不同的实验室对同一试样得到的两个独立的试验记录之差不能超过式(18-3)和式(18-4)的值。

$$R(程序Ⅰ和程序Ⅱ) = 15+0.45X \tag{18-3}$$

$$R(程序Ⅲ) = 35+1.01X \tag{18-4}$$

式中　$X$——两次测定结果的平均值，mL。

对于简易试验步骤，尚未制定出精确度要求。

## 八、测定的影响因素

1. 温度控制。试验温度和润滑油的起泡性关系很大，因此试验温度要控制在规定温度±0.5℃。

2. 气体扩散头要符合方法标准要求，放置的位置要恰好接触量筒底部，并在量筒圆截面的中心。清洁，每次试验前、试验后都应将扩散头清洁干净，防止孔径堵塞，造成空气流速误差。

3. 空气源要求。通过气体扩散头的空气要求是清洁和干燥的，从空气源通过气体扩散头的空气流量能保持在 94mL/min±5mL/min。

4. 气体扩散头、量筒和进气管等每次试验前应彻底清洁。

某些加有新型添加剂的润滑油，调合时能通过其泡沫特性的要求。但在贮存一段时间后，则不能满足相同的要求，这可能是极性分散添加剂具有吸引并黏着抗泡剂颗粒的能力，增大了抗泡剂颗粒导致泡沫性能测定时明显地降低抗泡沫效果。如将这些贮存油立即倾出，加入到发动机、变压器或齿轮箱等设备中运转几分钟后，则该油能再次达到起泡沫指标。对于这些油，可以采用选择步骤。但是，新调合油中抗泡剂没有分成足够小的颗粒，油可能达不到泡沫指标的要求，经选择步骤强烈搅拌后，则非常可能达到泡沫指标的要求，这样易使产品的泡沫特性的检验结果得到错误的结论，故选择步骤不适合于对新油品的质量控制。

## 九、练习题与思考题

1. 润滑油品形成泡沫的原因有哪些，为什么？

2. 润滑油品的泡沫特性测定在生产和实际应用上有何意义？

# 第十九章　液体石油产品烃类测定

## 第一节　概　述

　　轻质石油馏分和产品主要指溶剂油、汽油调合组分和成品汽油等物质，这些物质的沸点较低、易于挥发，从馏分组成上看，较轻的馏分抗爆性好；从化学组成上看，芳香烃、异构烷烃和烯烃的辛烷值较高。所以为提高汽油的辛烷值，将丁烷掺加入汽油中以增加其轻组分含量，用催化重整等工艺以增加汽油中的芳烃含量。但是随着环境保护日益受到重视，这类物质中存在的芳烃、苯和烯烃由于其自身的毒性和不稳定性可能对人体的健康、环境或产品的稳定性产生不利的影响，丁烷等轻组分易于挥发并在阳光照射下与氧化氮发生光化学反应生成臭氧，污染空气。因此在汽油、溶剂等产品标准中经常对苯、芳烃和烯烃的含量进行限制，近年来，对车用汽油的要求越来越高，要求显著降低油品中烯烃、芳烃含量。

　　液体石油产品烃类测定一般采用多维气相色谱法和荧光指示剂吸收法两种方法。

　　多维气相色谱法适用于终馏点不高于 215℃ 的轻质石油馏分或产品，如汽油调合组分、溶剂油、汽油产品中烃族组成和苯含量的测定。测定浓度范围烯烃体积分数（或质量分数）为 0.5%~70%，芳烃体积分数（或质量分数）为 1%~80%，苯体积分数（或质量分数）为 0.2%~10%。对馏程符合本标准要求，由其他非常规原油如页岩或油砂加工得到的汽油产品，或由非石油矿物燃料合成加工的烃类燃料如费托合成油等，本方法也同样适用。超出含量范围的样品本方法也可测定，但没有给出精密度数据。对车用汽油，为改善汽油产品性能或其他目的，常含有醚类或醇类含氧化合物组分，也可能有多种含氧化合物组分共存，此时样品中的醚类化合物会随着烯烃组分一起出峰，醇类化合物则随 C7$^+$ 芳烃组分一起出峰。对于含有含氧化合物的汽油样品，用相关试验方法（如 SH/T0663）测定其中的含氧化合物类型，并对烃族组成结果进行必要校正。它不适用于测定除苯外的各烃族中的单体组分含量。本试验参考 GB/T 30519—2014《轻质石油馏分和产品中烃族组成和苯的测定——多维气相色谱法》。

　　荧光指示剂吸附法是用荧光指示剂使液体石油产品中主要烃类在硅胶吸附柱上显示出来。它适用于沸点低于 315℃ 的石油馏分中烃类的测定。测定浓度范围：芳烃的体积分数为 5%~99%，烯烃的体积分数为 0.3%~55%，饱和烃的体积分数为 1%~95%；也可用于超出这些范围的样品，但没有确定精密度。它适用于含有某些含氧化合物调和组分的样品。这些含氧化合物为：甲醇、乙醇、甲基叔丁基醚（MTBE）、叔戊基甲醚（TAME）和乙基叔丁基醚(ETBE)，它们在一般调和产品中的浓度不会影响烃类测定，随醇类洗脱剂一起而不被检测，其他含氧化合物必须一一验证。它不适用于含有影响烃类色层读数的深色组分的样品。本试验参考 GB/T 11132—2008《液体石油产品烃类的测定——荧光指示剂吸附法》。

## 第二节　轻质石油馏分和产品中烃族组成和苯的测定（多维气相色谱法 GB/T 30519—2014）

### 一、实验目的
1. 掌握轻质石油馏分和产品中烃族组成和苯的测定方法和计算方法。
2. 了解多维气相色谱法的分析原理。
3. 掌握多维气相色谱法的操作方法。

### 二、实验原理
气相色谱测定轻质石油馏分和产品烃族组分和苯含量的分析原理见图 19-1，系统及柱连接示意图如图 19-2 所示。样品进入色谱系统后首先通过极性分离柱(简称 BCEF 柱)，使脂肪烃组分和芳烃组成得到分离。由饱和烃和烯烃构成的脂肪烃组成通过烯烃捕集阱时烯烃组分被选择性保留，饱和烃组分则穿过烯烃捕集阱进入氢火焰离子化检测器(FID)检测。待饱和烃组分通过烯烃捕集阱后，此时芳烃组分中的苯尚未到达极性分离柱的柱尾，通过六通阀切换使烯烃捕集阱封闭并暂时脱离载气流路，此时苯通过旁路进入检测器检测；苯洗脱

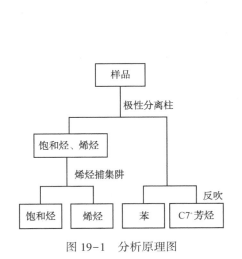

图 19-1　分析原理图

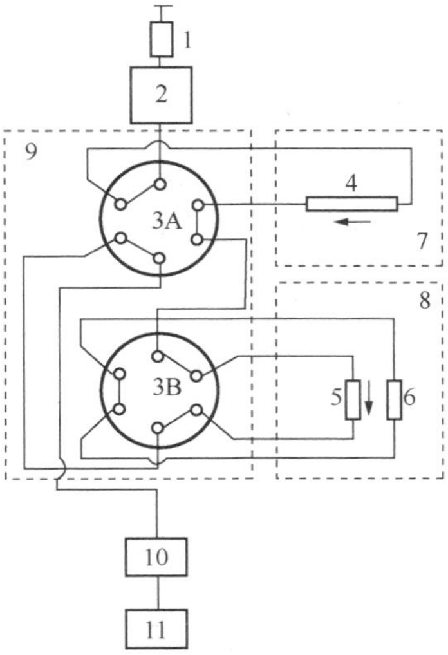

图 19-2　气相色谱仪及分离系统示意图
1—进样器；2—汽化室；3A、3B—六通切换阀；
4—极性分离柱；5—烯烃捕集阱；6—平衡柱；
7—色谱柱箱；8—烯烃捕集阱温控箱；9—阀温控制箱；
10—火焰离子化检测器；11—记录与数据处理单元

检测后，通过切换另一个六通阀对 C7$^+$ 芳烃组分进行反吹，C7$^+$ 芳烃组分进入检测器检测，待 C7$^+$ 芳烃检测完毕后，再次通过阀的切换使烯烃捕集阱置于载气流路中，在适当的条件下使烯烃捕集阱中捕集的烯烃完全脱附并进入检测器检测，检出的色谱峰依次为饱和烃、苯、C7$^+$ 芳烃和烯烃。对一些溶剂油产品，其质量指标主要是苯或芳烃总量，不需测定烯烃含量，则进样后的样品无需通过烯烃捕集阱，只需在苯洗脱后对 BCEF 柱进行反吹即可，此时，检出的色谱峰依次为饱和烃、苯和 C7$^+$ 芳烃。

## 三、试剂及材料

1. 试剂：用于配制系统验证或质量控制的组分，如正戊烷、正己烷、环己烷、甲基环己烷、正庚烷、异辛烷、正辛烷、正壬烷、正癸烷、正十一烷、正十二烷、1-戊烯、1-庚烯、1-辛烯、1-壬烯、1-癸烯、1-十一烯、苯、甲苯、二甲苯、丙基苯、三甲基苯等试剂，其纯度应使用分析纯或以上纯度的试剂。

2. 系统验证样品的制备：为减少配制过程中烃组分挥发对实验结果的影响，建议按照纯物质的挥发性由低到高的次序，以质量比制备系统验证样品。典型系统验证样品的组成构成及浓度值见表 19-1。

表 19-1　典型的系统验证样品组成

| 烃类型 | 组分 | 质量分数/% | 烃类型 | 组分 | 质量分数/% | 烃类型 | 组分 | 质量分数/% |
|---|---|---|---|---|---|---|---|---|
| 饱和烃 | 正戊烷 | 5.0 | 烯烃 | 1-戊烯 | 5.0 | 芳烃 | 苯 | 1.0 |
| | 正己烷 | 4.5 | | 1-己烯 | 6.0 | | 甲苯 | 5.0 |
| | 环己烷 | 4.0 | | 1-庚烯 | 5.0 | | 二甲基甲苯 | 8.0 |
| | 正庚烷 | 4.5 | | 1-辛烯 | 3.5 | | 乙基苯 | 5.0 |
| | 甲基环己烷 | 4.0 | | 1-壬烯 | 2.5 | | 丙基苯 | 4.0 |
| | 正辛烷 | 4.0 | | 1-癸烯 | 2.0 | | 三甲基苯 | 6.0 |
| | 异辛烷 | 6.0 | | 1-十一烯 | 1.0 | | 四甲基苯 | 4.0 |
| | 二甲基环己烷 | 3.0 | | | | | | |
| | 正壬烷 | 3.0 | | | | | | |
| | 正癸烷 | 2.5 | | | | | | |
| | 正十一烷 | 1.5 | | | | | | |
| 饱和烃 | | 42.0 | | | | | | |
| 烯烃 | | 25.0 | | | | | | |
| 苯 | | 1.0 | | | | | | |
| 芳烃（包括苯） | | 33.0 | | | | | | |
| 小计 | | 100 | | | | | | |

3. 质量控制检查样品：可由与被检测试样相近的烃类化合物配制而成。表 19-2 为一个含有 MTBE 的质量控制检测样品的典型组成。

表 19-2　含有含氧化合物的典型质量控制样品的组成

| 烃类型 | 组分 | 质量分数/% | 烃类型 | 组分 | 质量分数/% | 烃类型 | 组分 | 质量分数/% |
|---|---|---|---|---|---|---|---|---|
| 饱和烃 | 正戊烷 | 5.0 | 烯烃 | 1-戊烯 | 3.2 | 芳烃 | 苯 | 1.0 |
| | 正己烷 | 4.5 | | 1-己烯 | 3.8 | | 甲苯 | 5.4 |
| | 环己烷 | 4.0 | | 1-庚烯 | 3.2 | | 二甲基甲苯 | 8.5 |
| | 正庚烷 | 4.5 | | 1-辛烯 | 2.2 | | 乙基苯 | 5.3 |
| | 甲基环己烷 | 4.0 | | 1-壬烯 | 1.6 | | 丙基苯 | 4.2 |
| | 正辛烷 | 4.0 | | 1-癸烯 | 1.3 | | 三甲基苯 | 6.4 |
| | 异辛烷 | 6.0 | | 1-十一烯 | 0.7 | | 四甲基苯 | 4.2 |
| | 二甲基环己烷 | 3.0 | | | | | | |
| | 正壬烷 | 3.0 | | | | | | |
| | 正癸烷 | 2.5 | | | | | | |
| | 正十一烷 | 1.5 | | | | | | |
| 烃组分小计 | | 93.0 | | | | | | |
| 饱和烃 | | 42.0 | | | | | | |
| 烯烃 | | 16.0 | | | | | | |
| 苯 | | 1.0 | | | | | | |
| 芳烃（包括苯） | | 35.0 | | | | | | |
| MTBE | | 7.0 | | | | | | |
| 小计 | | 100 | | | | | | |

4. 压缩空气：助燃气，纯度不小于 99.9%。

5. 氢气：燃气，纯度不小于 99.9%。

6. 分子筛、活性炭：空气和氢气都需要净化，脱除气体中的水和烃类物质。

7. 载气：高纯氮气或氦气，经过载气纯化装置净化。

8. 样品瓶：使用有压盖或螺旋扣盖，且盖中衬有外层为聚四氟乙烯面的橡胶密封垫的小玻璃瓶。

## 四、实验仪器

气相色谱仪：色谱仪器至少应包括汽化室、控温色谱柱箱、火焰离子化检测器（FID）、色谱工作站和一些必需的硬件设备。

1. 进样系统：能将约 0.1μL 的试样导入气相色谱仪的汽化室；微量注射器或自动进样器。

2. 载气及检测器气体流量控制：稳定的载气和检测器气体流速控制对获得准确、可靠、重复性好的分析结果非常关键。

3. 火焰离子化检测器（FID）：检测器必须满足或优于表 19-3 中的要求。

表 19-3　火焰离子化检测器性能要求

| 性　　能 | 典　型　值 | 性　　能 | 典　型　值 |
|---|---|---|---|
| 噪声/A | $10^{-13} \sim 10^{-12}$ | 检测限 n-C6/(g/s) | $10^{-11} \sim 10^{-10}$ |
| 漂移/(A/h) | $10^{-12}$ | 线性范围 | $10^{5} \sim 10^{6}$ |

4. 烯烃捕集阱：一般烯烃捕集时的温度为 120~135℃。当温度升高后，该烯烃捕集阱应完全释放所有保留的烯烃组分，一般释放温度为 190~210℃。具体温度的设定可根据烯烃捕集阱的具体情况确定。

5. 平衡柱：对烃族组分无保留或吸附，只起到压力平衡作用，以保证阀切换时基线的平稳。

6. 切换阀：分析系统应包括两个两点位六通阀，阀的切换可以手动也可以自动，为保证阀切换时间的准确，建议采用自动切换阀。

7. 分析系统组件的温度控制：极性分离柱、烯烃捕集阱、切换阀都应具有独立的温度控制系统，接触样品的所有部分都应保持一定的温度以防止样品冷凝。一些组件典型的控制温度范围，极性分离柱：100~120℃（恒温）；烯烃捕集阱：115~210℃（程序升温 30~50℃/min）；切换阀：100~160℃（恒温）；样品管线：100~160℃（恒温）。

8. 阀切换驱动系统：如阀切换采用气动驱动系统，要注意供给气动系统的空气压力满足驱动的要求，以实现阀的迅速切换。

9. 载气纯化装置：为保障烯烃捕集阱的使用寿命，除气相色谱常规使用的分子筛、活性炭等净化器脱除载气中的水和烃类杂质外，应安装专门的脱氧净化器，确保载气中的氧含量在 $1\mu L/L$ 以下。

10. 色谱柱：极性分离柱，凡满足苯与脂肪烃中的正十二烷或 1-十一烯完全分离及苯与甲苯完全分离并留有合适阀切换时间的色谱柱均可以使用。为保证分离效果，要求苯与 1-十一烯的保留时间比（$t_{苯}/t_{1-十一烯}$）大于 1.5 且分辨率 $R_{S}$ 大于 2.0，甲苯与苯的保留时间比（$t_{甲苯}/t_{苯}$）大于 1.25 且分辨率 $R_{S}$ 大于 1.1。推荐采用 BCEF 作固定液，涂渍量 25%，酸洗 6201 或 Chromosorb P（AW）200~300μm 作为载体，柱管材料为内衬石英的不锈钢管或内壁脱活的不锈钢管，长度 5m，内径 2mm。

11. 记录与数据处理单元：建议采用色谱工作站，并具有下列功能：

（1）可显示采集的色谱图；

（2）显示色谱峰的峰面积及面积百分比数据；

（3）校正因子的计算及使用；

（4）具有处理噪声和鬼峰的功能；

（5）能进行必要的手动积分处理；

（6）测定结果通过色谱峰面积或面积分数、对应的相对质量校正因子和有关参数通过校正的面积归一化方法计算。

**五、试验方法及操作步骤**

样品不需要预处理可直接进样，采用参比样品确定各烃族组分的保留时间。按确定步骤测量试样中各烃族组分的色谱峰面积，采用校正的面积归一化方法定量，计算试样中各烃族组分的体积分数或质量分数。一个汽油样品的色谱分析时间约 12min，溶剂油分析约 9min 左右。

1. 仪器系统的建立和准备。

（1）分析仪系统的集成（色谱仪及独立的温控元件）如图 19-2 所示。

（2）载气中的杂质将对色谱柱和烯烃捕集阱的性能可能产生不利的影响，因此应经过载气纯化装置净化以保证系统的正常运行。

（3）通过实际样品、系统验证样品或质量控制检查样品检验极性柱对脂肪烃和芳烃的分离效果及苯和 C7$^+$ 芳烃组分的出峰时间，以此确定阀的切换时间。通过系统验证样品或实际样品调整烯烃捕集阱的温度直至满足烯烃和醚类化合物的捕集要求。典型的色谱操作条件见表 19-4。

表 19-4 典型色谱操作条件

| 操 作 条 件 | | 典 型 参 数 |
| --- | --- | --- |
| 汽化室温度/℃ | | 250 |
| 极性分离柱控温/℃ | | 110 |
| 烯烃捕集温度/℃ | | 120~135 |
| 烯烃释放温度/℃ | | 190~210 |
| 载气流量/（mL/min） | | 25~45 |
| 检测器气体流量/（mL/min） | 空气 | 300~500 |
| | 氢气 | 40~70 |
| 进样量/μL | | 0.1 |
| 阀切换驱动电压/kPa | | 200~300 |

2. 系统验证和标准化。

（1）仪器系统可靠性检验：以系统验证样品作为测试样品，进行过烯烃捕集阱和不过烯烃捕集阱两次试验，比较两次试验的 C7$^+$ 芳烃测量的峰面积值，如果系统正常，两次试验的 C7$^+$ 芳烃测量值之差不应超过方法的重复性要求，否则应检查仪器系统的管路连接、六通阀和载气纯度等是否存在问题。

（2）烯烃捕集阱的性能检验：烯烃捕集阱是该试验方法分析系统中最关键的部件，如烯烃捕集阱失效或达不到性能要求，将直接影响分析结果的准确性。可采用系统验证样品、质量控制样品或烯烃含量高的实际样品来检验烯烃捕集阱的性能。在确定的试验条件下，烯烃捕集阱应通过所有的饱和烃组分、捕集所有的烯烃组分，如图 19-3 所示。测量的结果偏差不应超过系统验证或质量控制样品中各组分含量水平的再现性要求。否则应调整分析条件以满足上述要求，如果必要应更换烯烃捕集阱。

（3）保留时间的确定：可通过校正样品或实际汽油样品确定饱和烃、苯、C7$^+$ 芳烃和烯烃组分的保留时间范围。表 19-5 给出了按表 19-4 条件通过柱长 5m 的 BCEF 柱及烯烃捕集阱各烃族组分的保留时间，图 19-3 为表 19-2 的系统验证样品的色谱图。

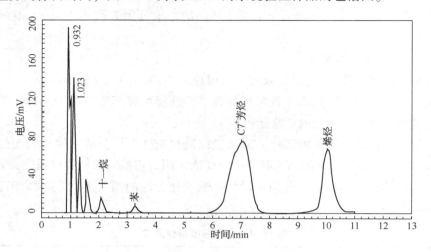

图 19-3 含饱和烃、烯烃、C7⁺芳烃及苯的校正样品的色谱图

表 19-5 各烃族组分的典型保留时间                                    min

| 组　　分 | 保留时间 | 组　　分 | 保留时间 |
|---|---|---|---|
| 饱和烃 | 0.6~3.0 | $C_7^+$芳烃 | 5.0~9.0 |
| 苯 | 3.0~4.5 | 烯烃 | 9.0~13.0 |

3. 试验步骤。

（1）样品采集与准备：样品采样后如不立即分析，为防止样品中轻组分挥发，样品应密封后保存在冰箱中。分析前使试样温度达到室温。

（2）分析系统准备：开机后，检查分析系统的参数设置是否正确，为净化分析系统，分析样品前需按样品的分析步骤将仪器空运行一遍，以驱除色谱柱和烯烃捕集阱中的残留杂质。

（3）取约 0.1μL 有代表性的试样在准备就绪的气相色谱系统上进样，样品行进流程如下：①首先通过极性分离柱，在极性分离柱上，脂肪烃与芳烃组分完全分离；②由极性分离柱中分离出的饱和烃与烯烃的混合物组分进入烯烃捕集阱，在烯烃捕集阱中烯烃组分被选择性保留而饱和烃则通过烯烃捕集阱并进入 FID 检测（见图 19-2），在苯流出极性分离柱前，切换六通阀 3B 使烯烃捕集阱脱离载气流路并密封，此时从极性柱中分离出的苯通过平衡柱进入 FID 检测（图 19-4a）；③待苯出峰完毕后，切换另一六通阀 3A，使 $C_7^+$（含 C7）芳烃反吹出极性柱并进入 FID 检测（图 19-4b）；④在 $C_7^+$芳烃反吹的同时，开始升高烯烃捕集阱的温度，待 $C_7^+$芳烃组分完全洗脱后，再次切换六通阀 3B 使烯烃捕集阱重新进入载气流路，此时烯烃由烯烃捕集阱中脱附进入 FID 检测（图 19-4c），得到的色谱图经色谱工作站及相应的分析软件处理，计算各组分的质量分数或体积分数。对溶剂油样品，如不需要分析烯烃，则只进行①、③步骤操作。

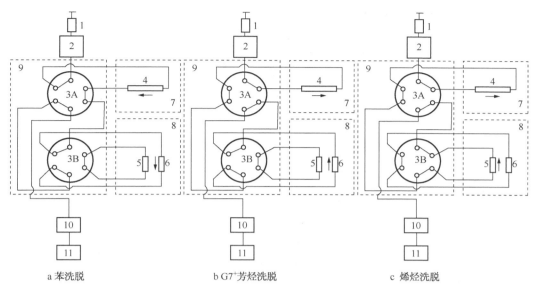

图 19-4 色谱操作流程

4. 质量控制检查。

为确认分析系统的可靠性，在仪器运行一段时间后，应分析系统验证或质量控制检查样品。测定结果与系统验证或质量控制样品的参比数值之差应小于再现性要求，否则应确定误差源，并进行必要的修正。

**六、数据记录与处理**

1. 试样中各烃族组成和苯含量的计算。

检查色谱工作站对谱图的积分状况，以确定对所有的色谱峰都进行了合理的积分，如不合理可以采用工作站的手动积分功能进行基线修正后重新积分①。

2. 相对质量校正因子：符合 GB17930 馏程要求的汽油产品，根据各烃族不同碳数组分的分布以及在氢火焰离子化检测器上的响应，各烃族组分相对 C7⁺芳烃的相对质量校正因子：饱和烃-1.074、烯烃-1.052、C7⁺芳烃-1.000、苯-0.980。相对 C7⁺芳烃的质量校正因子也可以采用标准样品通过实验根据式(19-1)的计算获得。相对质量校正因子测定及计算结果见表 19-6。

$$f_i = \frac{m_i \times P_A}{m_A \times P_i} \qquad (19-1)$$

式中 $f_i$——相对质量校正因子；

$m_A$——标准样品中 C7⁺芳烃的质量分数；

$P_A$——色谱测定标准样品中的 C7⁺芳烃的峰面积分数；

$m_i$——标准样品中饱和烃、烯烃或苯的质量分数；

---

①由于汽油中的苯含量较低，不合理的基线切割和积分将对分析结果产生较大的影响。

$P_i$——色谱测定的标准样品中饱和烃、烯烃或苯的峰面积分数。

**表 19-6　相对质量校正因子测定及计算汇总表**

| 烃族组分 | 质量分数 $m$ | 峰面积分数 $P$ | 相对质量校正因子 $f$ |
|---|---|---|---|
| C7⁺芳烃 | | | 1.000 |
| 饱和烃 | | | |
| 烯烃 | | | |
| 苯 | | | |

3. 试样中饱和烃、烯烃、C7⁺芳烃和苯的质量分数可按式(19-2)进行计算。测定记录见表19-7。

$$m_i = \frac{P_i \times f_i}{\sum P_i \times f_i} \times 100\%　\quad (19-2)$$

式中　$m_i$——试样中某组分 i 的质量分数,%;

　　　　$f_i$——i 组分的相对质量校正因子;

　　　　$P_i$——i 组分色谱测定的峰面积分数。

**表 19-7　试样中饱和烃、烯烃、C7⁺芳烃和苯的质量分数测定记录表**

| 烃族组分 | 相对质量校正因子 f | 峰面积分数 P | 质量分数 m/% |
|---|---|---|---|
| 饱和烃 | | | |
| 烯烃 | | | |
| C7⁺芳烃 | | | |
| 苯 | | | |

4. 试样中饱和烃、烯烃、C7⁺芳烃和苯的体积分数可按式(19-3)进行计算。

$$V_i = \frac{P_i \times f_i / d_i}{\sum P_i \times f_i / d_i} \times 100\%　\quad (19-3)$$

式中　$V_i$——试样中某组分 i 的体积分数,%;

　　　　$f_i$——i 组分的相对质量校正因子;

　　　　$P_i$——i 组分色谱测定的峰面积分数;

　　　　$d_i$——饱和烃、烯烃和 C7⁺芳烃的加权相对密度及苯的相对密度。

5. 对符合 GB17930 馏程要求的汽油产品,各烃族组分的加权相对密度取值:饱和烃-0.6860、烯烃-0.6880、C7⁺芳烃-0.8700、苯-0.8789。

6. 当汽油中含有醚类或醇类化合物时,应首先测定出各个含氧化合物的含量,再对结果进行校正。

**七、精确度及报告**

1. 重复性:由同一操作者在同一实验室使用同一台仪器,对同一试样连续测定的两次试验结果之差不应超过表19-8或表19-9所列数值。

2. 再现性：不同实验室的不同操作者使用不同仪器对同一试样进行试验，所测的两个单一和独立的试验结果之差不应超过表19-8或表19-9所列数值。

3. 溶剂油中芳烃的精密度按表19-8评估。

4. 报告试样中饱和烃、烯烃、芳烃的体积分数（或质量分数），精确至0.1%，芳烃含量为C7$^+$芳烃和苯含量之和。报告苯的体积分数（或质量分数），精确至0.01%。

表 19-8 精密度     %

| 组分 | 重复性 | 再现性 | 范围(体积分数) |
|---|---|---|---|
| 饱和烃 | 0.8 | 1.8 | 28~78 |
| 烯烃 | $0.12X^{0.54}$ | $0.30X^{0.58}$ | 0.5~70 |
| 芳烃 | $0.16X^{0.48}$ | $0.33X^{0.54}$ | 1~80 |
| 苯 | $0.05X^{0.54}$ | $0.12X^{0.72}$ | 0.2~10 |
| C7$^+$芳烃 | $0.14X^{0.46}$ | $0.32X^{0.50}$ | 1~70 |

注：$X$是组分的平均体积分数(%)。

表 19-9 典型含量水平下的精密度     %

| 组分 | 含量 | 重复性 | 再现性 | 烃类 | 含量 | 重复性 | 再现性 | 烃类 | 含量 | 重复性 | 再现性 |
|---|---|---|---|---|---|---|---|---|---|---|---|
| | 5 | 0.3 | 0.8 | | 5 | 0.3 | 0.8 | | 0.5 | 0.03 | 0.07 |
| | 10 | 0.4 | 1.1 | | 10 | 0.5 | 1.1 | | 1.0 | 0.05 | 0.12 |
| | 15 | 0.5 | 1.4 | | 15 | 0.6 | 1.4 | | 1.5 | 0.06 | 0.16 |
| | 20 | 0.6 | 1.7 | | 20 | 0.7 | 1.7 | | 2.0 | 0.08 | 0.20 |
| 烯烃 | 25 | 0.7 | 1.9 | 芳烃 | 25 | 0.8 | 1.9 | 苯 | 2.5 | 0.09 | 0.23 |
| | 30 | 0.8 | 2.2 | | 30 | 0.8 | 2.1 | | | | |
| | 35 | 0.8 | 2.4 | | 35 | 0.9 | 2.3 | | | | |
| | 40 | 0.9 | 2.5 | | 40 | 0.9 | 2.4 | | | | |
| | 45 | 0.9 | 2.7 | | 45 | 1.0 | 2.6 | | | | |
| | 50 | 1 | 2.9 | | | | | | | | |

### 八、测定的影响因素

1. 烯烃捕集阱性质和温度。烯烃捕集阱会受杂质的影响产生不可逆的吸附，加上本身吸附容量的有限性，在检测高烯烃含量试样时会造成烯烃数值偏小。烯烃的穿透性随碳数的降低和捕集阱的温度升高而增加。

2. 样品进样体积。进样体积多少会造成峰移现象，影响峰的独立性。

3. 载气纯度及流速控制。高纯度、稳定的载气和检测器气体流速控制对获得准确、可靠、重复性好的分析结果非常关键。同时可以保障烯烃捕集阱的使用寿命。

4. 极性分离柱温度。温度过高，吸附MTBE的能力会减弱，没有被吸附住的MTBE经过烯烃捕集阱时部分被转化成甲醇和C$_4$烯烃，造成检测到的MTBE值偏低，在色谱的谱图中出现鬼峰。温度过低，会将辛烷吸附住，造成辛烷的分析结果偏低。

5. 阀切换时间。分析过程中阀切换的时间不准确势必会造成分析定量和定性不准确。

## 第三节　液体石油产品烃类测定——荧光指示剂吸附法（GB/T 11132—2008）

### 一、实验目的
1. 掌握液体石油产品烃类的测定方法和计算方法。
2. 掌握荧光指示剂吸附法的操作技术。

### 二、测定原理
取 0.75mL 试样和试样量体积分数 0.1% 的荧光指示剂溶液混合均匀，注入活化过的硅胶填充的玻璃吸附柱中，当试样全部吸附在硅胶上以后，加入异丙醇脱附试样，并加压使试样顺柱而下，试样中的各种烃类按照它们吸附强弱的不同，分离成饱和烃、烯烃和芳烃。荧光指示剂也和烃类一起按选择性分离，在紫外灯光下可以清楚地看到饱和烃、烯烃和芳烃界面。按照在吸附柱中每种烃类色带区域长度计算出每种烃类的体积百分含量。

### 三、试剂及材料
硅胶：表面积，$430 \sim 530 m^2/g$；5% 水悬浊液的 pH 值，$5.5 \sim 7.0$；955℃灼烧损失（质量分数），$4.5\% \sim 10.0\%$；铁含量（以 $Fe_2O_3$ 计算，干基），$\leqslant 50mg/kg$；未通过筛子的颗粒量（质量分数），60 目（0.0%）、80 目（$\leqslant 1.2\%$）、100 目（$\leqslant 5.0\%$）、200 目（$\geqslant 85\%$）。

荧光指示剂染色硅胶：标准染色硅胶。

异戊醇：分析纯。（警告：易燃，有害健康。）

异丙醇：分析纯，含量不小于 99%。（警告：易燃，有害健康。）

压缩空气：空气（或氮气），在 $0 \sim 103kPa$ 可控制压力范围下输送到吸附柱顶部。（警告：小心高压下的压缩空气。）

丙酮：分析纯。（警告：易燃，有害健康。）

缓冲溶液：pH 值分别为 4 和 7。

### 四、实验仪器
吸附柱：由精密内径玻璃管制成（如图 19-5 所示），包括具有毛细管颈的加料段、分离段和分析段。分析段的内径是 $1.60 \sim 1.65mm$，且约 100mm 长的水银柱在分析段的任何部分其长度变化不应超过 0.3mm。

紫外光源：波长以 365nm 为主，灯管长 1220mm 的光源。

电动装柱振动器：振幅大于 1.5mm；频率 100Hz±2Hz。

注射器：1mL，分度为 0.01mL，针头长 102mm，12 号、9 号、7 号针头较为合适。

注射针针管：外径约 1.0mm，长约 1650mm，针尖呈 45°角，另一端通过外径 6mm 的铜管连接橡胶管接在水龙头上，用于清洗吸附柱。

色带区域标记指示夹。烃类测定仪：仪器测定如图 19-6 所示。

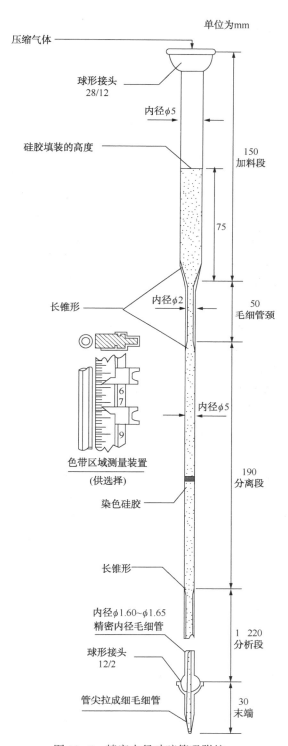

图 19-5 精密内径玻璃管吸附柱

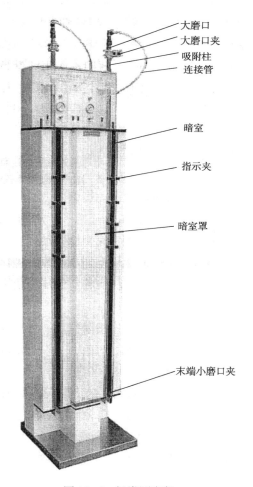

图 19-6 烃类测定仪

**五、试验方法及操作步骤**

1. 准备工作。

（1）样品经无水硫酸钠脱水。

（2）样品和进样注射器（包括注射针头）冷却至2～4℃。

（3）吸附柱洗涤干净，内壁需抽干或自然晾干。

（4）硅胶放在浅的容器中在177℃下干燥3小时，移至干燥器内冷却。

2. 仪器及试剂准备。

（1）填充吸附柱。将清洗好的吸附柱末端球形磨口与球形窝之间夹一小片玻璃棉或脱脂棉，用小磨口钢夹将二者夹紧。将吸附柱自由悬挂在振动板上，然后打开振动器开关启动振动器，一边振动吸附柱，一边通过玻璃漏斗逐渐向吸附柱内填充活化好的吸附硅胶（100～200目）。直至分离段装到大约一半时，振动器暂停振动。添加3～5mm荧光指示剂染色硅胶层，不要立刻启动振动器，以免将染色硅胶层振散，应再填装一段硅胶后，还需继续振动吸附柱，（在使用振动器的情况下，通常振动4min左右即可）直至硅胶界面不再下降[①]。

（2）注入试剂、加脱附剂。用容量为1mL，分度为0.01mL的注射器抽取0.75mL试样，用长度为102mm的注射针头由吸附柱上端的中心位置扎入硅胶上界面以下至少30mm处，注入试样。向吸附柱内灌入脱附剂（分析纯异丙醇）至大球窝面的下端。

（3）气路连接。将吸附柱上端的球面窝面用干净的脱脂棉擦拭干净，在大玻璃磨口的凸球面上涂一薄层真空硅脂，然后将二者对接，并用大磨口钢夹夹紧。将钢夹尾端的螺丝顶紧，以免压力过大导致二者脱离损坏吸附柱。将球面磨口上方的PU连接管牢牢地插入主机上方控制机箱上的起源接口内。

PU管与快速接口相连接和拆卸的方法：需连接PU管时，将PU管握紧，用力插入快速接头的孔内，直插到底至插不动为止。拆卸PU管时，用拇指和食指在夹紧PU管向外拉拽的同时推挤快速接头上的小蓝片，即可将PU管拉出。

（4）接空气压缩机。将空气压缩机上的PU软管牢牢地插入仪器后方的气路接口内（注意：PU管切口要平齐）。

（5）加压。一切连接就绪后，将面板上的"压力调节"阀逆时针方向关紧，开启空气压缩机（空气压缩机的输出压力设定在0.4MPa左右）。

3. 试验步骤。

（1）在14kPa±2kPa压力下保持2.5min±0.5min，使液体沿着吸附柱向下行进，然后加压至34kPa±2kPa，再保持2.5min±0.5min。最后将气压调到适当的压力，使液体向下行进的时间约为1h。通常汽油类试样大约需要28～69kPa，喷气燃料类的试样需要69～103kPa。所需气体压力取决于吸附柱中硅胶装填的紧密程度和试验的分子质量。一般来说，分离时

---

[①] 如有静电现象，在填装硅胶时，可用湿布擦拭吸附柱，以便除去静电而有助于更好地填装硅胶；如用荧光指示剂溶液，在填装硅胶时，除掉为装荧光指示剂染色硅胶而进行的那段操作外，其他与本条所述相同。

间 1h 较为理想，但分子量较大的试验所需的时间要长一些。

（2）在醇-芳烃红色界面进入分析段约 350mm 后，迅速地从下到上按下列顺序用标记夹标记出紫外光下观察到的各种烃类的界面，测得一组数据（警告：直接暴露在紫外光下是有害的，在操作中宜尽量避免紫外线照射，尤其注意保护眼睛）。对无荧光的饱和烃区域，需标记出试样前沿和黄色荧光首次达到最强的位置；对于第二部分即烯烃区域的上端，标记出首次出现强蓝色荧光的位置；对于第三部分即芳烃区域，标记出第一个红色或棕色环的上端。对于无色的馏分，通过一个红环可以清楚地确定醇-芳烃界面，但裂化燃料中的杂质常会使这个红色环变得模糊，出现长度不定的棕色区域，它仍作为芳烃区域的一部分来计算。只有在吸附柱中不出现蓝色荧光的情况下，此棕色或红色环才被认作是环下面另一个可辨区域的一部分。对于某些含有含氧化合物的调合燃料样品，在红色或棕色醇-芳界面的上面可能出现另一个几厘米长的红色带，此红色带应忽视，不计入烃类色带中。标记各烃类区域界面时应避免手与吸附剂表面接触。记录测量结果。

（3）为尽可能减小读数期间由于界面行进引起的误差，当试样中的烃类又向下行进至少 50mm 时，用步骤（2）相反的顺序标记各烃类界面位置，测得第二组数据。使用精密内径玻璃管吸附柱时，如果烃类总长度少于 500mm 就认为洗脱不完全，实验失败①。

（4）解除压力。试验结束后，关闭紫外灯，关闭气源，松开大磨口钢架，取下大磨口，解除气体压力，取出吸附柱（注意：向下提拉吸附柱时，吸附柱末端的小磨口钢架不要撞到仪器壳体而损坏吸附柱）。

（5）清洗吸附柱。将吸附柱取下后，平置于水池旁边。从上端（大端）逐渐插入接好自来水的长注射针头，通水将硅胶慢慢地冲出，然后以快速水流冲洗，最后用丙酮冲洗干净，抽干或自然晾干。

## 六、数据记录与处理

1. 每组烃类的体积分数分别按下列公式计算，精确至 0.1%：

$$C_a = (L_a/L) \times 100 \tag{19-4}$$
$$C_o = (L_o/L) \times 100 \tag{19-5}$$
$$C_s = (L_s/L) \times 100 \tag{19-6}$$

式中　$C_a$——芳烃体积分数，%；

$C_o$——烯烃体积分数，%；

$C_s$——饱和烃体积分数，%；

$L_a$——芳烃区域长度，mm；

$L_o$——烯烃区域长度，mm；

$L_s$——饱和烃区域长度，mm；

$L$——$L_a+L_o+L_s$ 的总和，mm。

取每种烃类相应计算值的平均值，精确至 0.1%。如有必要，修正含量最大组分的测定

①如果试样中含有大量沸点高于 204℃的物质时，用异戊醇代替异丙醇可以增强脱附效果。

结果，使各组分体积分数之和为 100%。

2. 上述公式是在无含氧化合物的基础上计算各烃类浓度，只对仅含有烃类的样品适用；如果试样中含有含氧化合物，按式(19-7)以全部样品为基准修正上述公式计算结果：

$$C' = C \times (100 - B)/100 \qquad\qquad (19-7)$$

式中　$C'$——以全部样品为基准的烃类体积分数,%；

　　　$C$——无含氧化合物基础上的烃类体积分数,%；

　　　$B$——用 SH/T 0663 或 SH/T 0720 或相当的方法测得的试样中总含氧化合物调合组分的体积分数,%。

3. 实验数据记录(见表 19-10)。

表 19-10　试验原始记录表

| 试油名称 | | |
|---|---|---|
| 芳烃区域终点刻度/mm | | |
| 芳烃区域起点刻度/mm | | |
| 芳烃区域的长度/mm | | |
| 烯烃区域起点刻度/mm | | |
| 烯烃区域的长度/mm | | |
| 饱和烃区域起点刻度/mm | | |
| 饱和烃区域的长度/mm | | |
| 各烃类区域的总长度/mm | | |
| 芳烃的体积分数/% | | |
| 烯烃的体积分数/% | | |
| 饱和烃的体积分数/% | | |
| 结果 | 芳烃含量/% | |
| | 烯烃含量/% | |
| | 饱和烃含量/% | |

### 七、精确度及报告

1. 精密度。

(1)重复性：同一操作者用同一台仪器对同一试样测得的连续试验结果之差，不应大于表 19-11 或表 19-12 中所列数值。

(2)再现性：不同操作者于不同实验室对同一试样测得的两个独立结果之差，不应大于表 19-11 或表 19-12 中所列数值。

2. 报告。

取每种烃类体积分数(若含有含氧化合物，则按全样品基准修正)的算术平均值作为试样的测定结果，精确至 0.1%，并报告样品中含氧化合物的体积分数。

表 19-11　不含含氧化合物样品的重复性和再现性

| 烃类 | 含量/% | 重复性/% | 再现性/% | 烃类 | 含量/% | 重复性/% | 再现性/% | 烃类 | 含量/% | 重复性/% | 再现性/% |
|---|---|---|---|---|---|---|---|---|---|---|---|
| 芳烃 | 5 | 0.7 | 1.5 | 烯烃 | 1 | 0.4 | 1.7 | 饱和烃 | 1 | 0.3 | 1.1 |
| | 15 | 1.2 | 2.5 | | 3 | 0.7 | 2.9 | | 5 | 0.8 | 2.4 |
| | 25 | 1.4 | 3.0 | | 5 | 0.9 | 3.7 | | 15 | 1.2 | 4.0 |
| | 35 | 1.5 | 3.3 | | 10 | 1.2 | 5.1 | | 25 | 1.5 | 4.8 |
| | 45 | 1.6 | 3.5 | | 15 | 1.5 | 6.1 | | 35 | 1.7 | 5.3 |
| | 50 | 1.6 | 3.5 | | 20 | 1.6 | 6.8 | | 45 | 1.7 | 5.6 |
| | 55 | 1.6 | 3.5 | | 25 | 1.8 | 7.4 | | 50 | 1.7 | 5.6 |
| | 65 | 1.5 | 3.3 | | 30 | 1.9 | 7.8 | | 55 | 1.7 | 5.6 |
| | 75 | 1.4 | 3.0 | | 35 | 2.0 | 8.2 | | 65 | 1.7 | 5.3 |
| | 85 | 1.2 | 2.5 | | 40 | 2.0 | 8.4 | | 75 | 1.5 | 4.8 |
| | 95 | 0.7 | 1.5 | | 45 | 2.0 | 8.5 | | 85 | 1.2 | 4.0 |
| | 99 | 0.3 | 0.7 | | 50 | 2.1 | 8.6 | | 95 | 0.3 | 2.4 |
| | | | | | 55 | 2.0 | 8.5 | | | | |

表 19-12　含氧化合物样品的重复性和再现性

| 烃类 | 含量范围/% | 重复性/% | 再现性/% |
|---|---|---|---|
| 芳烃 | 13~40 | 1.3 | 3.7 |
| 烯烃① | 4~33 | $0.26X^{0.6}$ | $0.82X^{0.6}$ |
| 饱和烃 | 45~68 | 1.5 | 4.2 |

① X——烯烃的体积分数/%。

### 八、测定的影响因素

1. 硅胶的性能和填充将直接影响试验结果。硅胶很容易吸收水分，本试验是利用硅胶的细孔对试样进行吸附，故使用前必须对硅胶进行干燥。硅胶的填充必须密实连续。

2. 试样和荧光指示剂的量也将影响试验的准确性。按要求抽取 0.75mL±0.03mL 试样和指示剂量的 0.1%（v/v）在试管中或烧杯中混匀再注入吸附柱，在混匀的过程中容器壁将粘住一部分试样和指示剂，所以要适当多抽取一点试样和指示剂。

3. 异丙醇冲洗是否正确也会对结果产生影响。试验中加入异丙醇脱附试样，加压使试样顺柱而下，压力应缓慢增大，否则硅胶会返冲上去。

4. 静电的影响和界面的观察也会影响结果。为了消除静电的影响，在测量各界面之前，用无水乙醇润湿的脱脂棉擦拭吸附柱外壁。记录观测结果，如遇界面不清楚，可在吸附柱下面衬张纸以使界面观察得更清楚。

### 九、练习题与思考题

1. 液体石油产品烃类测定的原理是什么？

2. 液体石油产品烃类测定有何意义？

3. 液体石油产品烃类测定的影响因素有哪些？

# 第二十章　石油产品和润滑剂中和值测定

## 第一节　概　　述

中和值是用来表示石油产品和润滑剂中的酸性或碱性物质的。石油产品和润滑剂中具有酸性的组分包括无机酸、有机酸、酯、酚的化合物、内酯、树脂、重金属盐以及添加剂，如抗氧剂和清净剂。同样，具有碱性的组分包括无机碱和有机碱、胺类化合物、弱酸的盐类(皂类)、多元酸的碱式盐、重金属盐以及添加剂，如抗氧剂和清净剂。由于这些酸性或碱性物质不是单体化合物，而是酸性或碱性物质组成的混合物，所以不能根据反应中的当量关系求出其量，而是以滴定 1g 试样中的酸性物质或碱性物质所需要的氢氧化钾或等当量碱的毫克数表示。

总酸值：滴定一克试样中全部酸性物质所需要的碱量，以 mgKOH/g 表示。

强酸值：滴定一克试样中强酸性物质所需要的碱量，以 mgKOH/g 表示。

强碱值：滴定一克试样中强碱酸性物质所需要的酸量，换算为等当量碱以 mgKOH/g 表示。

根据油品和润滑剂的性质，测定其中和值的方法可分为两类：一类是颜色指示剂法，根据所用的指示剂的颜色判断滴定终点；另一类是电位滴定法，根据电位的变化来判断滴定终点。

## 第二节　石油产品和润滑剂中和值测定法
## （GB/T 4945—2002）

### 一、实验目的

1. 理解中和值的定义及表示。

2. 了解中和值的测定意义。

3. 掌握总酸值、强酸值及强碱值的测定方法。

### 二、实验原理

测定总酸值或强碱值时，将试样溶解在含少量水的甲苯和异丙醇混合溶剂中，再以标准的碱或酸的醇溶液滴定。以对萘酚苯指示剂的颜色变化(在酸性溶液中显橙色，在碱性溶液中显绿色)确定滴定终点，由用去的碱或酸的醇溶液来计算总酸值或强碱值。

测定强酸值时，取一份试样用热水抽提，然后用碱标准溶液滴定水抽出液，以甲基橙为指示剂。

### 三、仪器与试剂（所有试剂均为分析纯试剂；水均为蒸馏水）

滴定管：50mL 分度为 0.1mL；10mL 分度为 0.05mL；5mL 分度为 0.02mL。

锥行瓶：250mL；500mL。

分液漏斗：250mL。

盐酸异丙醇溶液（0.1mol/L）：将 9mL 浓盐酸与 1000mL 无水异丙醇混合。溶液要经常标定，采用电位滴定法或指示剂法，用 0.1mol/L 的氢氧化钾异丙醇标准溶液标定。

甲基橙溶液：0.1g 甲基橙溶解于 100mL 水中。

滴定溶剂：将 500mL 甲苯和 5mL 水加到 495mL 无水异丙醇中，混合均匀。

对萘酚苯溶液：将符合规格的对萘酚苯 10g 溶解于 1L 滴定溶剂中。

氢氧化钾异丙醇标准溶液（0.1mol/L）：称取 5.6g 纯氢氧化钾，加入 1L 无水异丙醇中，回流缓慢煮沸 20min 并不断摇动，待氢氧化钾完全溶解，冷却片刻，再加入 4~5g 氢氧化钡，再缓慢煮沸 30min 以上，冷却至室温，静置，取上层清液。溶液要经常标定。以酚酞作指示剂，用苯二钾酸氢钾标定。

### 四、实验方法及操作步骤

1. 总酸值测定步骤。

（1）按表 20-1 规定称样。

在 250mL 锥行瓶中称取试样，加入 100mL 滴定溶剂和 0.5mL 对萘酚苯指示剂摇动至试样全部溶解。溶液显橙色则测定总酸值。若溶液显绿色，则测定强碱值。

表 20-1　试样量

| 总酸值或强碱值 | 试样用量/g | 称量准确度/g |
|---|---|---|
| 新油或浅色油 | | |
| 0.00~3.00 | 20.0±2.0 | 0.05 |
| 3.00 以上~25.0 | 2.0±0.2 | 0.01 |
| 25.0 以上~250.0 | 0.2±0.02 | 0.001 |
| 使用过的油或深色油 | | |
| 0.00~25.0 | 2.0±0.2 | 0.01 |
| 25.0~250.0 | 0.2±0.02 | 0.001 |

（2）在低于 30℃ 时立即用 0.1mol/L 氢氧化钾-异丙醇标准溶液滴定，接近终点时，溶液颜色由橙色变为亮绿色；在滴定深色试样时，溶液颜色由橙色变为暗绿色。若溶液的绿色能保持 15s 或用 2 滴 0.1mol/L 盐酸-异丙醇溶液能使颜色返回则认为已达终点。

（3）空白实验。取 100mL 滴定溶剂，加入 0.5mL 对萘酚苯指示剂，用 0.1mol/L 氢氧化钾异丙醇标准溶液滴定，记录到达终点时所用的 0.1mol/L 氢氧化钾-异丙醇标准溶液的体积。每批配制的溶剂至少要做一次空白实验。

2. 强碱值测定步骤。

（1）如果溶有试样的溶液加入指示剂后显绿色或绿-棕色时，立即在低于 30℃ 下用 0.1mol/L 盐酸异丙醇标准溶液滴定，溶液的颜色由绿色变为橙色时，认为达到终点。

（2）空白实验（同前）。

3. 强酸值测定步骤。

（1）称取 25g 试样（称准至 0.1g），注入 250mL 分液漏斗中，加入 100mL 热水，剧烈摇动。待分层后，将水放入 500mL 锥行瓶中。用沸水抽提试样两次以上，每次 50mL。抽出液均加入锥行瓶中。

（2）向抽出液中加入 0.1mL 甲基橙指示剂溶液，如果溶液变为粉红色或红色时，则用 0.1mol/L 氢氧化钾-异丙醇标准溶液滴定至溶液变为金棕色。如果溶液颜色既非粉红色，也非红色，则报告其强酸值为零。

（3）空白实验。在 500mL 锥行瓶中，加入与试样抽提时等量沸水，加入 0.1mL 甲基橙指示剂溶液，如果溶液颜色为黄-橙色，则用 0.1mol/L 盐酸-异丙醇标准溶液滴定至与试样溶液颜色相同。如果溶液颜色为粉红色或红色时，则用 0.1mol/L 氢氧化钾-异丙醇标准溶液滴定至与试样滴定终点溶液颜色相同。

## 五、数据处理

试验结果以总酸值、强酸值或强碱值表示。

1. 总酸值 $X$（mgKOH/g）按下式（20-1）计算：

$$X = \frac{(A - B)C_{KOH-IPA} \times 56.1}{W} \tag{20-1}$$

式中　$A$——滴定样品所需的氢氧化钾异丙醇标准溶液的体积，mL；

　　　$B$——空白试验所需的氢氧化钾异丙醇标准溶液的体积，mL；

$C_{KOH-IPA}$——氢氧化钾异丙醇标准溶液的摩尔浓度，mol/L；

　　　$W$——样品的重量，g。

2. 强酸值按式（20-2）计算：

如果空白试验用酸滴定，则强酸值 $X_1$（mgKOH/g）按式（20-2）计算：

$$X_1 = \frac{(C \cdot C_{KOH-IPA} + D \cdot C_{HCl-IPA}) \times 56.1}{W} \tag{20-2}$$

式中　$C$——滴定水抽出液所需的氢氧化钾异丙醇标准溶液的体积，mL；

$C_{KOH-IPA}$——氢氧化钾异丙醇标准溶液的摩尔浓度，mol/L；

　　　$D$——滴定空白溶液所需的盐酸异丙醇标准溶液体积，mL；

$C_{HCl-IPA}$——盐酸溶液异丙醇标准的摩尔浓度，mol/L；

　　　$W$——样品的重量，g。

如果空白试验用碱滴定，则强酸值 $X_2$（mgKOH/g）按式（20-3）计算：

$$X_2 = \frac{(C - D)C_{KOH-IPA} \times 56.1}{W} \tag{20-3}$$

式中 $C$——滴定水抽出液所需的氢氧化钾异丙醇标准溶液的体积，mL；

$C_{KOH-IPA}$——氢氧化钾异丙醇标准溶液的摩尔浓度，mol/L；

$D$——滴定空白溶液所需的氢氧化钾异丙醇标准溶液体积，mL；

$W$——样品的重量，g。

3. 强碱值 $X_3$（mgKOH/g）按式（20-4）计算：

$$X_3 = \frac{(E \cdot C_{HCl-IPA} + F \cdot C_{KOH-IPA}) \times 56.1}{W}$$

（20-4）

式中 $E$——滴定样品所需盐酸异丙醇标准溶液的体积，mL；

$C_{HCl-IPA}$——盐酸异丙醇标准溶液的摩尔浓度，mol/L；

$F$——测定总酸值空白试验所需的氢氧化钾异丙醇标准溶液体积，mL；

$C_{KOH-IPA}$——氢氧化钾异丙醇标准溶液的摩尔浓度，mol/L；

$W$——样品的重量，g。

## 六、精密度与报告

同一试样重复测定两个结果之差，不应大于表 20-2 的数值：

表 20-2  中和值和允许差数

| 中和值 | 允许差数 |
| --- | --- |
| 0.00~0.1 | 0.03 |
| 0.1~0.5 | 0.05 |
| 0.5~1.0 | 0.08 |
| 1.0~2.0 | 0.12 |

以上精密度不适用颜色很深以至使滴定终点不易观察的试样。

试验报告取重复测定两个结果的算术平均值作为试验的结果。

## 七、影响因素

滴定溶剂用水、甲苯、异丙醇的混合物，其中水用来溶解无机酸、碱；异丙醇用来溶解有机酸、碱；其他的酸性或碱性物质溶于苯中。溶剂与试样的接触程度、指示剂的用量、滴定终点的判断、滴定所用时间的长短等都将对试验结果产生影响。

## 八、思考题与练习题

1. 解述以下概念：总酸值、强酸值、强碱值。

2. 石油产品和润滑剂中和值测定原理。

3. 总酸值、强酸值、强碱值的测定方法。

# 第二十一章  石油产品和添加剂机械杂质测定

## 一、机械杂质的概念

机械杂质是指呈沉淀和悬浮于油品中不溶于汽油或苯的，可以过滤出来的物质，如泥沙和金属粉末等。

## 二、机械杂质测定的重要意义

1. 对于燃料类油品，如果汽油中混有机械杂质就会堵塞过滤器，减少供油量，甚至使供油中断。柴油中如有机械杂质特别是砂粒，除了引起油路堵塞外，还可能加剧喷油泵和喷油器精密零件的磨损，使柴油的雾化质量降低，发动机的功率降低，增加燃料的消耗。

2. 润滑油中的机械杂质会增加机械的磨损，还容易堵塞滤清器的油路。

3. 使用中的润滑油除含有尘埃、砂土等杂质外，还含有炭渣和金属屑等。这些杂质在润滑油中聚集的多少，随发动机使用情况而不同，对机件的磨损程度也不同，因此机械杂质不能单独作为润滑油报废和换油的指标。

4. 黏度小的轻质油品，杂质容易沉降分离，通常不含或只含很少量的机械杂质，而黏度大的重质油品，若含有杂质并且未经过滤的话，在测定残炭、灰分、黏度等项目时，结果会偏大。

## 第二节  石油产品和添加剂机械杂质测定法
## （GB/T 511—2010）

### 一、实验目的

1. 了解机械杂质的测定原理及测定意义。

2. 学习并掌握机械杂质的测定方法。

### 二、实验原理

称取一定量的试样，先用溶剂稀释后，再用已恒重的滤纸或微孔玻璃过滤器过滤，使油品中的固体悬浮粒子分离出来，然后用溶剂把油冲洗干净，进行烘干、称重，测定结果以重量百分数表示。

### 三、试剂与材料

95%乙醇：化学纯。

乙醚：化学纯。

甲苯：化学纯。

乙醇-甲苯混合液：用95%乙醇和甲苯按体积比1:4配成。

乙醇-乙醚混合液：用95%乙醇和乙醚按体积比4:1配成。

溶剂油：符合SH0004标准要求[馏程：初馏点不低于80℃，110℃馏出量不小于93%，120℃馏出量不小于98%，残留量不大于1.5%；芳烃含量不大于1.5%（m/m）；密度（20℃）不大于730kg/cm³；溴值不大于0.14gBr/100g；硫含量不大于0.02%（m/m）；无水溶性酸或碱；目测无机械杂质及水分]。

定量滤纸：中速（滤速31~60s），直径11cm。

所有试剂在使用前均应过滤，然后作溶剂用。

### 四、主要仪器

烧杯或宽颈的锥形瓶；称量瓶；玻璃漏斗；保温漏斗；吸滤瓶；玻璃棒；洗瓶；水流泵或真空泵：保证残压不大于1.33×10³Pa；干燥器；烘箱：可加热到105℃±2℃；水浴或电热板；红外线灯泡；微孔玻璃过滤器：漏斗式，P10（孔径4~10μm），直径40mm、60mm、90mm；分析天平：220g，分度值0.0001g。

### 五、实验方法及操作步骤

（一）准备工作

1. 试样制备：将装在玻璃瓶中（不超过瓶容积的四分之三）的试样，摇动5min，使混合均匀。石蜡和黏稠的石油产品应预先加热到40~80℃，润滑油添加剂加热至70~80℃，再用玻璃棒搅拌5min。

2. 将实验用滤纸放在清洁干燥的称量瓶中称量。

3. 滤器恒重：将定量滤纸放在敞盖的称量瓶或微孔玻璃过滤器中，在105℃±2℃的烘箱中干燥不少于45min，然后盖上盖子放在干燥器中冷却30min，称量，称准至0.0002g。重复干燥，（第二次干燥只需30min）及称量，直至连续两次称量间的差数不超过0.0004g。

（二）实验步骤

1. 称取试样。

100℃黏度不大于20mm²/s的石油产品称取100g，称准至0.05g；100℃黏度大于20mm²/s的石油产品称取50g，称准至0.01g；锅炉燃料含机械杂质不大于1%（质量分数）称取25g；大于1%的称取10g；称准至0.01g；添加剂的试样称取10g，称准至0.01g。

2. 稀释。

加入温热的溶剂油，100℃黏度不大于20mm²/s的石油产品加入溶剂油量为试样的2~4倍；100℃黏度大于20mm²/s的石油产品加入溶剂油量为试样的4~6倍；锅炉燃料含机械杂质不大于1%（质量分数）的加入溶剂油量为试样的5~10倍；锅炉燃料含机械杂质大于1%（质量分数）的加入溶剂油量为小于试样的15倍；添加剂加入溶剂油量为小于试样的

15 倍。

在测定深色石油产品、含添加剂的润滑油或添加剂的机械杂质时，采用甲苯作溶剂。

溶解试样的溶剂油或甲苯，应预先放在水浴内分别加热至 40℃ 和 80℃，不应使溶剂沸腾。

3. 搅拌后趁热过滤。

将恒重的滤纸放在固定于漏斗架上的玻璃漏斗中，趁热将稀释液沿着玻璃棒倒在漏斗（滤纸）或微孔玻璃过滤器上，过滤时溶液的高度不超过漏斗（滤纸）或微孔玻璃过滤器的四分之三。用热的溶剂油或甲苯冲洗将残留在烧杯中的沉淀物洗到滤纸或微孔玻璃过滤器上。重复冲洗直至将溶液滴在滤纸上，蒸发后不再留下油斑为止。

如试样含水较难过滤时，将试样溶液静置 10~20min，然后向滤纸中倾倒澄清的溶剂油或甲苯溶液。再向烧杯的沉淀物中加入 5~10 倍的乙醇-乙醚混合液，然后过滤，烧杯中的沉淀用乙醇-乙醚混合液和温热的溶剂油或甲苯冲洗到滤纸或微孔玻璃过滤器上。

在测定难于过滤的试样时，试样溶液的过滤和冲洗滤纸，可用减压吸滤和保温漏斗，或红外线灯泡保温等措施。抽滤速度应控制在使滤液成滴状。

过滤时不要使所过滤的溶液沸腾，溶剂油加热不超过 40℃，甲苯溶液加热不超过 80℃。

新的微孔玻璃滤器在使用前需以铬酸洗液处理，再以蒸馏水冲洗，置于干燥箱干燥后备用。实验后，应放在铬酸洗液中浸泡 4~5h 后以蒸馏水洗净，放入干燥箱干燥后备用。

如实验中采用微孔玻璃滤器与滤纸所测结果发生争议时，以用滤纸过滤的结果为准。

4. 冲洗。

在过滤结束时，用热溶剂油冲洗滤纸或滤器，直至滤纸或滤器中没有试样的痕迹，而且使滤出的溶剂完全透明和无色为止。

在测定含添加剂的润滑油或添加剂的机械杂质时，可用甲苯冲洗残渣。

在测定添加剂或含添加剂的润滑油的机械杂质时，常有不溶于溶剂油和甲苯的残渣，可用热的乙醇-乙醚混合液或乙醇-甲苯混合液冲洗残渣。

在测定添加剂或含添加剂的润滑油的机械杂质时，若需要使用蒸馏水冲洗残渣，对在带沉淀物的滤纸或滤器用溶剂冲洗后，要在空气中干燥 10~15min，然后用 200~300mL 加热到 80℃ 的蒸馏水冲洗。

5. 干燥及称量。

在带有沉淀的滤纸和过滤器冲洗完毕后，将带有沉淀物的滤纸放入过滤前已恒重的称量瓶中，将敞口称量瓶或滤器放在 105℃±2℃ 烘箱中干燥不少于 45min，放在干燥器中冷却 30min（称量瓶应盖上盖子），称量，称准至 0.0002g。重复干燥（第二次干燥时间 30min）及称量的操作，直至两次连续称量间的差数不超过 0.0004g 为止。

如果机械杂质的含量不超过石油产品和添加剂的技术标准的要求范围，第二次干燥及称量处理可省略。

6. 实验时，应同时进行溶剂的空白试验补正。

### 六、数据记录与处理

1. 实验原始数据记录与处理(见表21-1)。

表21-1 实验数据表

| 试样名称 | | | | |
|---|---|---|---|---|
| 试验次数 | | 第一次 | 第二次 | 第三次 |
| 试样质量/g | | | | |
| 滤纸+称量瓶质量/g | | | | |
| (滤纸+称量瓶) | 1 | | | |
| 恒重质量/g | 2 | | | |
| (滤纸+机杂+称量瓶) | 1 | | | |
| 恒重质量/g | 2 | | | |
| 机杂含量/% | | | | |
| 允许差数/% | | | | |
| 实际差数/% | | | | |
| 平均机杂含量/% | | | | |

2. 计算。

试样的机械杂质含量 $X\%$(m/m)按下式(21-1)计算:

$$X = \frac{(m_2 - m_1) - (m_4 - m_3)}{m} \times 100 \qquad (21-1)$$

式中 $m_1$——滤纸和称量瓶的质量(微孔玻璃过滤器的质量),g;

$m_2$——带有机械杂质的滤纸和称量瓶的重量(或带有机械杂质的微孔玻璃过滤器的质量),g;

$m_3$——空白试验过滤前滤纸和称量瓶的质量(微孔玻璃过滤器的质量),g;

$m_4$——空白试验过滤后滤纸和称量瓶的质量(微孔玻璃过滤器的质量),g;

$m$——试样质量,g。

### 七、精密度与报告

1. 重复性:同一实验室的同一操作者使用同一台仪器,对同一试样连续测得的两个实验结果之差不应超过表21-2所规定的数值。

2. 再现性:不同实验室的不同操作者使用不同仪器,对同一试样测得的两个单一、独立的实验结果之差不超过表21-2所规定的数值。

表21-2 重复性与再现性

| 机械杂质(质量分数)/% | 重复性(质量分数)/% | 再现性(质量分数)/% |
|---|---|---|
| ≤0.01 | 0.0025 | 0.005 |
| $0.01 \leq X < 0.1$ | 0.005 | 0.01 |
| $0.1 \leq X < 1.0$ | 0.01 | 0.02 |
| >1.0 | 0.10 | 0.20 |

3. 报告：取重复测定两个结果的算术平均值作为实验结果。

机械杂质的含量在 0.005%（包括 0.005%）以下时，则可认为无机械杂质。

### 八、测定机械杂质的影响因素

机械杂质测定的影响因素主要有三方面：

1. 过滤操作是否规范。过滤时溶液沿着玻璃棒倒在滤纸上，其高度不得超过滤纸的四分之三，否则会因溶液溅起或溢过滤纸而使结果偏低。如果用抽滤应控制好速度，否则会抽走一些细小的机械杂质而使结果偏低。

2. 稀释和冲洗操作对结果影响很大。因试样氧化而生成的胶质可溶于溶剂，如果稀释和冲洗不够彻底，这样就将一些胶质或试样当成了机械杂质而使结果偏高。

3. 干燥和称量对结果影响很大。由于石油产品和添加剂中机械杂质都很小，故试验方法中严格规定了干燥、冷却时间及准确称量，以免影响结果。

### 九、练习题与思考题

1. 机械杂质测定有何实际意义？

2. 影响机械杂质测定的因素有那些？

3. 机械杂质指的是哪些物质？

# 第二十二章　油品的色度分析方法

## 第一节　概　　论

### 色度的概念及测定意义

判断油品颜色的标准，称为油品的色度。色度可以反映油品的精制程度和稳定性。精制的基础油，油中的氧化物和硫化物脱除得越干净，颜色越浅。但即使精制的条件相同，不同油源和类属的原油所生产的基础油，其颜色和透明度也可能是不相同的。在基础油中使用添加剂后，颜色也会发生变化，这时颜色作为判断油品精制程度高低的指标已失去了它原来的意义。因此，大多数的润滑油已无颜色（或色度）的指标。

对于在用或储运过程中的油品，通过比较其颜色的历次测定结果，可以大致地估量其氧化、变质和受污染的情况。如颜色变深，除了受深色油污染的可能外，则表明油品氧化变质，因为胶质有很强的着色力，重芳烃液有较深的颜色；假如颜色变成乳浊，则油品中有水或气泡的存在。

实际上，只要油品的其他指标合乎要求，油品的颜色深浅对油的润滑效果是没有影响的。

## 第二节　石油产品颜色测定法
## [GB/T 6540—1986(2004)确认]

### 一、实验目的

1. 掌握比色仪的使用方法。

2. 了解油品色度的测定原理。

### 二、实验原理

GB/T 6540—1986，测定法是用带有玻璃颜色标准版的比色仪进行测定，属目测比色法。适用于各种润滑油、煤油、柴油和石油蜡等石油产品。

玻璃颜色标准共分 16 个色号，从 0.5 到 8.0 值排列，色号越大，表示颜色越深。

如果试样的颜色深于 8 号标准颜色，则将 15 份试样（按体积）加入 85 份（体积）的稀释剂混合后，测定混合物的颜色，并在该色号后面加入"稀释"二字。

将试样注入比色管内，然后与标准玻璃色片相比较，以其相当的色号作为该试样的色度。

润滑油的颜色，除用视觉直接观察（目测）外，在试验室中的测定方法我国采用 GB/T 6540—1986 石油产品颜色测定法或 SH/T 0168—1992 石油产品色度测定法。

GB/T 6540—1986 和 SH/T 0168—1992 石油产品颜色测定法的测定原理基本相同，其不同点主要是 SH-T 1068 标准玻璃色片分为 25 种色号，而 GB/T 6540 仅分为 16 种色号。它们都适用于各种润滑油、煤油及柴油等石油产品的颜色测定。

### 三、仪器与耗材

比色仪：由光源、标准色盘、棱镜和观察目镜等组成，并附有比色管。比色仪在出厂时应经过调整，使视野的两半部光度一致；

比色管：内径为 32.5~33.4mm，高为 120~130mm，由无色透明玻璃制成的平底圆筒；

煤油：稀释深色油品用，颜色水白，并不得大于本标准 1 号色度；

擦镜纸。

### 四、准备工作

液体石油产品如润滑油，将样品倒入试样容器至 50mm 以上的深度，观察颜色。如果试样不清晰，可以把样品加热至高于浊点 6℃以上，或至浑浊消失，然后在该温度下测其颜色。如果样品的颜色比 8 号标准颜色更深，则将 15 份样品（按体积）加入 85 份体积的稀释剂混合后，测定混合物的颜色。

石油蜡包括软蜡，将样品加热到高于蜡熔点 11~17℃，并在此温度下测定其颜色。如果样品样色深于 8 号，则把 15 份熔融的样品（按体积）与一同温度的 85 份体积的稀释剂混合，并测定此温度下混合物的颜色。

### 五、实验步骤

（1）把蒸馏水注入试样容器至 50mL 以上的高度，将该试样容器放在比色仪的格室内，通过观察室可观察到标准玻璃比色板；再将装试样的另一试样容器放进另一格室内。盖上盖子，以隔绝一切外来光线。

（2）接通电源，比较试样和标准玻璃比色板的颜色。确定和试样相同的标准玻璃比色板号，当不能完全相同时，就采用相邻颜色较深的标准玻璃比色板号。

### 六、报告

将与试样颜色相同的标准玻璃比色板号作为试样颜色的色号。例如 3.0，7.5。

如果试样的颜色居于两个标准玻璃比色板之间，则报告较深的玻璃比色板号，并在色号前面加"小于"，例如：小于 3.0 号，小于 7.5 号。绝不能报告为颜色深于给出的标准，例如：大于 2.5 号，大于 7.5 号，除非颜色比 8 号深，可报告为大于 8 号。

如果试样用煤油稀释，则在报告混合物的色号后面加"稀释"二字。测试结果见表 22-1。

表 22-1　测试结果

| 试样名称 | | | | |
|---|---|---|---|---|
| 颜色 | | | | |

## 七、精密度

用下列规定来判断试验结果的可靠性(95%置信水平)。

1. 重复性。

同一操作者同一台仪器,对同一个试样测定的两个结果色号之差不能大于0.5号。

2. 再现性。

两个实验室对同一试样测定的两个结果,色号之差也不能大于0.5号。

# 第三节 石油产品色度测定法
# (SH/T 0168—1992)

### 一、实验目的

1. 掌握标准 GB/T 6540 石油产品颜色测定法。

2. 掌握比色仪的使用方法。

### 二、仪器与材料

比色仪:由光源、标准色盘、棱镜和观察目镜等组成,并附有比色管,比色仪在出厂时应经过调整,使视野的两半部光度一致;

比色管:内径为32.5~33.4mm,高为120~130mm,由无色透明玻璃制成的平底圆筒;

煤油:稀释深色油品用,颜色水白,并不得大于本标准1号色度;

擦镜纸。

### 三、准备工作

用擦镜纸将比色管仔细擦净,向一只比色管内注入蒸馏水至50mm以上的深度,放入带盖容器室的右边作为参比液,向另一只比色管内注入透明的试样至50mm以上的深度,放入带盖容器室的左边,盖上盖子。

若试样浑浊不透明时,则需加热至浑浊消失后注入比色管内,立即测定。

如试样的颜色深于25号标准玻璃色片时,则用煤油稀释后测定混合物的颜色。稀释的比例是试样与煤油的体积比为15:85。

### 四、实验步骤

1. 开启光源,旋转标准色盘转动手轮,同时从观察目镜中观察。当试样的颜色与某标准玻璃色片颜色相同时,记录数字盘上的读数,作为该试样的色度。如果试样的颜色在两个邻近的标准玻璃色片之间时,则记录其色号范围。如11~12号、15~16号。用煤油稀释后测定的试样,在报告中应注明"稀释"。

2. 测定完毕,关闭灯源,取出比色管,洗涤干净后备用。

### 五、精密度与报告

重复性:同一操作者重复测定两个结果之差不应大于1个色号。取重复测定结果中较大的色号数作为测定结果。

## 六、测定结果( 见表 22-2)

表 22-2  测试结果

| 试样名称 | | | | | |
|---|---|---|---|---|---|
| 色号 | | | | | |

## 七、SH/T 0168 与 GB/T 6540 色度(色号)对照关系图

本标准号与 GB/T 6540 色号(ISO)的对照关系，如图 22-1 所示。

本标准GB/T 6540色号 (ISO色号)

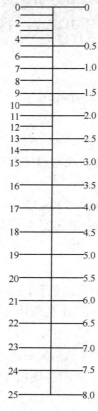

图 22-1  本标准号与 GB/T 6540 色号(ISO)的对照关系

# 第二十三章　原油实沸点蒸馏实验

开采出来的石油(原油)由于其化学组成极其重要且复杂，不同产地的原油具有不同的特性。人们为了更好更合理地利用石油资源，取得最佳的石油产品和经济效益，就需要有一个合理的加工流程方案。它是炼油厂设计和生产的首要任务。要确定一种原油的加工流程方案就必须对原油进行评价。

原油评价就是将原油的性质、组成进行全面地分析，以便得到理想的石油产品。其目的综合起来有三点：

① 在油田勘探开发过程中及时了解原油的一般性质，以便掌握原油性质变化的规律和动态。

② 初步确定原油性质和特点，适用于原油性质的普查，特别适用于地质构造复杂、原油性质变化较大的产油区。

③ 为一般炼油厂和综合性炼油厂设计提供较可靠的理论依据和基本数据。

原油评价按其目的不同可分为三个层次：

① 原油基本性质。

② 常规评价。原油基本性质、原油实沸点蒸馏及窄馏分性质。

③ 综合评价。原油基本性质，实沸点蒸馏及窄馏分性质，直馏产品的产率和性质。

原油评价以综合评价内容最全面。其内容可分为四部分：

① 原油一般性质分析。分析的项目是含水量、含盐量、机械杂质、密度、黏度、凝点、闪点、残炭、灰分、含蜡量、沥青质、胶质、酸值、元素分析、微量金属、馏程及平均分子质量等。

② 原油的馏分组成和馏分的物理性质测定。脱水原油经实沸点蒸馏切割窄馏分，测定各窄馏分的密度、黏度、凝点、苯胺点、酸度(值)、折射率和硫含量，并计算特性因数、黏度常数及结构族组成；直馏产品的切割和分析，按实沸点蒸馏切割的各窄馏分的收率按比例配制成各种汽油、煤油、柴油、重整原料和裂解原料等，按产品规格要求分析产品的主要性质。

③ 汽油、煤油、柴油，重整、裂解、催化裂化原料的族组成分析。

④ 润滑油、石蜡和地蜡的潜含量及其性质的分析。

原油切割方案的制定。在原油评价的技术数据的基础上，根据使用要求和各石油产品的质量规格要求，分析原油制取什么产品为宜，其潜在收率大约是多少，性质如何，从而进一步制定出原油蒸馏的较准切割方案。原油切割方案的确定还必须质、量兼顾。一般都是在考虑产品质量的前提下争取有用产品的最大收率。有些作为半成品的馏分还必须考虑其再加工时的设备及操作费用等问题，一般是以减少设备及操作费用为原则。

原油的实沸点蒸馏是原油评价中的一项最重要的内容，也是原油评价工作的基础。实沸点蒸馏是在实验室中用比工业上分离效果更好的精确度较高的设备，将石油按其沸点的高低分割成若干窄馏分。通过对窄馏分的性质分析，得到原油的馏分组成和馏分的物理性质及化学组成，各种石油产品的潜含量等。同时将实验数据标绘成体现原油主要性质的实沸点蒸馏曲线和性质曲线。经综合后得到原油评价的技术数据。

## 第二节　原油实沸点蒸馏实验方法
## GB/T 17280 等价于 ASTMD—2892(TBP) 和
## ASTMD—5236(Potstill)

### 一、实验目的
1. 了解原油实沸点蒸馏的定义、要求。
2. 熟悉原油实沸点蒸馏的操作规程，正确操作实验。
3. 掌握实沸点蒸馏切割的方案、实验数据的处理。
4. 学会评估实沸点蒸馏实验的安全影响因素。

### 二、实验原理(方法简介)
实沸点蒸馏装置是一套釜式的常减压蒸馏装置，精馏柱理论板数 15~17 层，回流比为 5:1 或 4:1，为间歇式的蒸馏过程。蒸馏分三段进行：第一段为常压蒸馏，切取初馏点到 200℃的各个馏分；第二段为残压 1.33kPa 左右的减压蒸馏，切取 200~395℃的各个馏分；第三段为小于 0.66kPa 的残压，不用精馏柱的减压蒸馏，通常称为克氏蒸馏或快速蒸馏，切取 395℃到约 500℃的各个馏分；最后留下的是 500℃以上的渣油。蒸馏过程中控制釜温不超过 350℃。在第二、三段之间还有冲洗精馏柱、回收滞留液的操作。排出渣油后再清洗蒸馏釜回收附着的渣油。

### 三、仪器及材料
原料油：原油或者混合油；
材料：脱脂棉，台称(量程 0~3kg，1g)，台称(量程 0~1kg，0.1g)；
试剂：乙醇(AR)，乙二醇(AR)，丙酮(AR)；
仪器：韦氏天平，石油产品馏程测定仪。

### 四、实验装置介绍
原油实沸点蒸馏装置示意图如图 23-1 所示，实物图如图 23-2 所示。

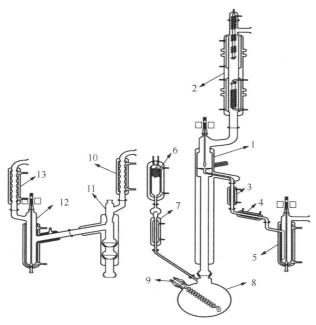

图 23-1 原油实沸点蒸馏装置示意图

1—蒸馏柱 1；2—冷凝头 1；3—冷却器 1；4—冷却器 2；5—缓冲罐 1；6—氮气缓冲罐；7—安全冷却器；

8—蒸馏釜；9—釜冷却器；10—冷凝头 2；11—蒸馏柱 2；12—缓冲罐 2；13—冷凝头 3

图 23-2 原油实沸点蒸馏装置实物

1. 蒸馏系统 I（GB/T 17280，等价于 ASTMD—2892）。

蒸馏系统 I 进行常减压操作，是用来对原油从初馏点到 350℃的蒸馏。

（1）蒸馏柱 1：硬质玻璃，高真空镀银，内装 Φ4×4θ 环填料，顶部设有回流分配阀。柱内径 36mm，填料高度 500mm，理论板数 16～18 块。

（2）蒸馏柱热补偿套：玻璃纤维编织而成，外带保温层，加热功率 500W。

（3）冷凝头 1：硬质玻璃，半镀银。冷却面积 0.2m²，为满足从初馏点到 350℃馏分的冷凝需要，冷凝器分为两段。上段采用低温甲醇作冷却介质，下段采用恒温蒸馏水为冷却介质。

（4）冷却器 1、2：冷却器 1、2 作为馏分冷却器与蒸馏柱连接，夹套式制冷，保证馏出物温度恒定。

（5）缓冲罐 1：缓冲罐与馏分冷却器相连，储存采出馏分。顶部设有电磁阀，控制阀杆起落，到切割点时电磁阀开启，将馏分泄入接收量筒内。中部设有满管监测系统，防止接收馏分过多溢出量筒的情况发生。

（6）馏分接收系统：馏分接收系统由升降系统、旋转定位系统、密封罩、接收量筒等组成，通过自动控制接收管的更换来实现馏分的切割。

（7）球形釜：不锈钢材质，容积 8L。设有测压管接口，冷却盘管接口。实验过程中釜内装搅拌磁子。

（8）釜加热套：玻璃纤维编织而成，加热功率 1100W。

（9）釜热补偿套：玻璃纤维编织而成，外带保温层，加热功率 500W。

（10）磁力搅拌器：作用于搅拌磁子，通过搅拌，使加热过程更稳定。

（11）安全冷却器：硬质玻璃，冷却水夹层防止高温油气进入测压管。

（12）氮气扩散器：顶部与氮气管线、差压变送器高压端连接，底部与蒸馏釜连通，起到稳压作用。

（13）真空冷阱：硬质玻璃，内置冷却盘管，冷源为深冷浴槽。防止进入真空管线的较轻油分进入真空泵，污染泵油。底部设有 150mL 集油瓶。

（14）真空计：测量量程 0~100Torr。连在真空主管线上，用来测量系统压力。底部装有冷凝器，防止进入真空管线的油气污染真空计。

（15）真空泵：排气量 24m³/h。

（16）真空调节阀：熊川针形阀，用来手动控制真空度。

（17）差压变送器：有效量程 0~10kPa。高压端连接至蒸馏釜，低压端连接至冷凝头顶部，用来检测实验过程中蒸馏柱的压力降。

2. 蒸馏系统 II（等价 ASTMD—5236）。

蒸馏系统 II 进行减压操作，是对原油从 350℃ 到 500℃ 左右的蒸馏。

（1）蒸馏柱 2：硬质玻璃，高真空镀银，蒸馏柱无填料，只设有两个球形除沫器。

（2）蒸馏柱热补偿套：玻璃纤维编织而成，外带保温层，加热功率 500W。

（3）冷凝头 2：夹套制冷，防止高温油气污染真空计。

（4）冷凝头 3：夹套制冷，防止油气进入真空管线。

（5）缓冲罐 2：冷凝并储存馏分，顶部设有电磁阀，控制阀杆起落，到切割点时电磁阀开启，将馏分泄入接收量筒内。中部设有满管监测系统，防止接收馏分过多溢出量筒的情况发生。

（6）馏分接收系统：馏分接收系统由升降系统、旋转定位系统、密封罩、接收量筒等组成，通过自动控制接收管的更换来实现馏分的切割。

（7）真空计：测量量程 0~1Torr。连在真空主管线上，用来测量系统压力。底部装有冷凝器，防止进入真空管线的油气污染真空计。

**五、准备工作**

1. 装置准备。

（1）清洗并干燥接收馏分仪器筒（12 支），称重并编号，依次放入接收筒架中；检查馏分接收系统是否切换正常。丁烷收集瓶称重并放置于深冷浴槽内。

（2）检查真空泵转向是否正确，泵油量是否足够。

（3）检查烧瓶与精馏柱连接口、馏分馏出口，烧瓶与安全冷却器连接口的密封圈是否完整和密封。

（4）检查全系统的连接安装是否正确。

（5）对装置的全部电器（加热炉、温度传感和压力传感、三个冷浴箱）试通电，应功能正确。

（6）准备好防火安全措施及设备。

（7）蒸馏过程中可能产生有毒的 $H_2S$ 气体，应采取相应的排气措施。

2. 试样准备。

（1）依据 GB/T 4756 或 ASTM D4177 方法进行取样。

（2）在盛试样容器打开以前，将其放在冰箱中冷却至 0~5℃。

（3）对常温下均匀流动的原油，在密闭容器中取样后即可直接称重和倒入蒸馏釜中使用。

（4）如果试样有蜡析出或太黏稠，升高温度在其倾点 5℃ 以上融化试样。

（5）如果样品中含水量大于 0.3%（质量分数或体积分数）时，试样在蒸馏前应进行脱水。

**六、实验步骤**

1. 装入试样。

放入搅拌磁子，称取一定质量的试样（不得大于釜体积的 2/3）缓缓倒入釜中，装入蒸馏釜中的试样称准至 1g。将盛有试样的蒸馏釜连接到蒸馏柱上，连接压力测量及冷却装置。安装好加热系统、搅拌器和支架。

2. 脱丁烷操作。

（1）控制柜加电，打开计算机及控制程序。将丁烷收集器置于冷阱浴槽内，并将进气口接至分馏塔回流头顶部的放空口。启动恒温浴槽、低温浴槽、深冷浴槽。在冷凝器中的制冷剂开始循环时，深冷浴槽温度不得高于 -20℃。

（2）启动搅拌器，给蒸馏釜加热。控制加热速率，使其在开启后 20~50min 内蒸汽由釜底上升到蒸馏柱的顶部。调节蒸馏釜的加热量，控制填料柱的压力降低至 0.13kPa/m。根据以上要求设定出自动控制器的控制程序。待蒸汽到达塔顶时（此时塔顶温度升高明显加快），降低加热强度，进行全回流运转，达到平衡状态并维持约 15min，然后打开馏出管阀，待出现第一滴冷凝物时记录此时的温度（初馏点一般为 30℃）。（要确保所有轻的气体组分完全被回收，直到常压第一段石脑油馏分切割结束后，才进行下面步骤）

（3）从深冷冷阱中取出盛有轻烃液体的收集器，小心擦拭后称重（为避免轻组分挥发，此过程需快速完成）。收集器中的轻烃试样应用合适的气相色谱实验法进行分析，以固定不变的独立气体为基础报告。

3. 常压蒸馏。

（1）使冷却器管线与接收器和冷凝器温度一致，均保持低于-20℃。按 ASTMD 2892 标准，采用 65℃为界限点。（在收集沸点低于 65℃馏分时，接收器要冷却到 0℃或更低一些的温度。当气相温度达到 65℃后，拔掉丁烷收集器进气管使回流头顶部的放空口放空）。控制回流比为 5:1，周期在 18~30s 之间。蒸馏时切取适当范围的馏分，通常的馏分宽度宜为 20℃。馏出速率 0.5~2mL/min（65℃以前）、4~6mL/min（65℃以后）。

如果观察到有液泛现象时，应降低蒸馏釜的加热强度，继续馏出到恢复正常操作状态。如果这期间有馏分需要切割，应停止蒸馏，冷却蒸馏釜中的试样，并将此时已经切割出的馏分倒回蒸馏釜中。重新开始蒸馏，并在馏分继续馏出前恢复到正常操作条件。在刚开始的 5℃内不应切割馏分。

（2）连续切取馏分，直至达到所要的最高气相温度（不超过 210℃），或直至塔内物质出现裂化蒸馏的迹象（明显的裂化迹象是在蒸馏釜内有油雾出现，系统压力升高）。控制釜内液相温度不超过 310℃。

（3）在达到最高蒸馏温度后，关闭回流阀和加热系统，降下蒸馏釜加热炉，冷却蒸馏釜中的液体（可打开釜内冷却盘管中的冷却水）。

（4）取出接收器中各馏分称量各个质量，并分别测量各馏分在 20℃的密度。

4. 一段减压蒸馏（13.3~1.33kPa 压力下蒸馏）。

如果需要进一步切割更高温度下的馏分，可在减压下继续进行，其最高温度仍以蒸馏釜中沸腾的液体不产生裂化迹象为准，多数情况下是 310℃（此时气相温度应达到 200℃）。

（1）釜温降至 150℃以下后，装好蒸馏釜和馏分接收系统（接收量筒标号称重）。开启冷浴循环。待深冷冷浴达到-20℃以下后启动真空泵，调节压力逐渐达到预设压力。蒸馏釜中液体的温度应低于预设定值压力下要沸腾的温度。如果在压力到达之前液体沸腾，则应立即提高压力并进一步冷却，直到在此压力下液体不再沸腾为止。

（2）加热蒸馏釜，依常减压换算温度进行馏分切割。直至达到所需的最高气相温度，或直至釜内液相的最高温度达到 310~330℃。蒸馏时馏出速率约在 6~12mL/min 为宜。

（3）馏分切割完成后，关闭回流阀和加热系统。当釜温降到 150℃以下时，由放空阀慢慢放入空气，使残压上升，直至系统压力恢复常压后停真空泵。冷却蒸馏釜液体使其温度降到在更低的压力下蒸馏时不沸腾。

（4）称量全部切取的馏分，测定其 20℃的密度。

5. 二段减压蒸馏。

（1）完成蒸馏塔 1 减压蒸馏后，将釜冷却移接至蒸馏塔 2 进行无回流的克氏蒸馏。

（2）开启恒温水浴并加热至 50~70℃，切换真空线，待深冷冷浴达到-20℃以下后开启真空泵。调节真空阀门，使系统处于所需操作压力。

（3）调节压力达到预定值，如果在压力到达此值之前液体已沸腾，则应升高压力并进一步冷却，直到在预定压力下液体不沸腾。加热蒸馏釜，依常减压换算温度进行馏分切割，直至达到所需的最高气相温度，或直至釜内液相的最高温度达到 310~330℃。

在操作期间，定期检查冷凝器中的冷凝液滴落得是否正常，如果发现内壁上有结晶物析出，可用红外灯或电吹风加热使馏分液化，并把恒温浴槽升温至足够使馏分液化的温度。

（4）当蒸馏达到最终切割点或液相温度和柱内压力达到极限妨碍进一步蒸馏时，关闭回流阀和加热系统。当釜温降到150℃以下时，由放空阀慢慢放入空气，使残压上升，直至系统压力恢复常压后停真空泵。

（5）卸下蒸馏釜称重，取出残余渣油。如油有凝固可将釜单独置于加热炉上加热，直至可将残油倒出。

6. 蒸馏塔的清洗。

当釜温和柱温都降至80℃以下后，将60~90℃的石油醚约1000mL倒入釜中，连接在蒸馏柱1上。打开回流分配阀，打开接收系统上的抽气口放空，并关闭馏出管阀。将蒸馏釜缓慢加热至塔顶约70℃左右，使溶剂在蒸馏塔中回流洗塔约10min。开馏出管阀，收取馏分至馏分变得较清澈。停止加热，使釜温降至50℃以下，将收取的馏分倒回釜内并移至蒸馏柱2。同样缓慢加热蒸馏釜，使塔顶约70℃左右蒸馏10min。停止加热并使釜冷却至50℃以下，将收取的馏分与釜中残油一并倒入一已知重量的蒸馏瓶中。将该蒸馏瓶在高于溶剂沸点10℃以下的温度范围内进行蒸馏，将溶剂蒸发完全，此时留在瓶中的即为附着油，称重后计入残油中。

### 七、窄馏分切割及宽馏分调合参考方案

1. 窄馏分切割方案（见表23-1）。

**表23-1 原油实沸点蒸馏窄馏分切割方案**

| 蒸馏形式 | 沸点范围/℃ | | | | | |
|---|---|---|---|---|---|---|
| 常压蒸馏 | 初馏点~80℃　80~100℃　100~120℃　120~140℃　140~160℃　160~180℃　180~200℃ | | | | | |
| 一段减压蒸馏 | 200~220℃　220~240℃　240~260℃　260~280℃　280~300℃　300~320℃　320~340℃　340~360℃　360~380℃　380~395℃ | | | | | |
| 二段减压蒸馏 | 395~425℃　425~450℃　450~480℃　480~500℃ | | | | | |

2. 宽馏分调合方案（见表23-2）。

**表23-2 汽、煤、柴油直馏馏分调合沸点范围**

| 馏分名称 | 沸点范围/℃ | | |
|---|---|---|---|
| 汽油 | 初馏点~140℃ | 初馏点~180℃ | 初馏点~200℃ |
| 煤油 | 180~300℃ | 180~330℃ | 180~350℃ |
| 柴油 | 200~340℃ | 200~360℃ | 240~380℃ |

## 第三节　原油实沸点蒸馏曲线、性质曲线和产率曲线

### 一、原油实沸点蒸馏曲线和性质曲线

经过原油实沸点蒸馏和窄馏分的性质分析，得到原油的实沸点蒸馏数据和窄馏分的性质，把整理后的数据列成表格。根据这些数据进行标绘，可以得到实沸点蒸馏曲线和各窄

馏分的性质曲线。蒸馏曲线和性质曲线通常是标绘在同一张图上，要注意选择好坐标，以免曲线相交。

原油实沸点蒸馏曲线的绘制方法。以馏出温度为纵坐标，累计馏出质量分数为横坐标，逐点描绘，连成一条曲线，这就是实沸点蒸馏曲线。曲线上的某一点表示原油馏出某累计收率时的实沸点。

中百分数：以馏出累计质量分数加上该窄馏分的一半，这就是中百分数。

原油性质(中比性质)曲线的绘制方法。以窄馏分性质为纵坐标，馏出累计质量分数加上该窄馏分的一半为横坐标作图。如累计收率(其在原油中的含量)为16%开始到(3%)19%间的中比点是17.5%。中比性质曲线表示了窄馏分的性质随沸点的升高或累计馏出百分数增大的变化趋势。

**二、直馏产品的性质及产率(产率-性质曲线)**

为了提供合理的石油加工方案，必须将实沸点蒸馏所得到的各个窄馏分调配成各种汽油、柴油馏分、重整原料、裂解原料等，并分析其主要性质。

产率曲线是以某特定油品的不同产率为横坐标，相应产率下油品的物性为纵坐标描绘而成。最常用的是轻油和重油馏分的产率曲线。

要制作各种产品的产率曲线，就必须测出其各自的产率-性质数据。方法是根据某油品测定项目的多少确定所需的油样，然后从最轻的第一个轻油馏分或最重的残油馏分为基本馏分，依次和它相邻的窄馏分按产率比例混合，得到占原油产率不同的轻油或重油的任何一个油样，通过对其分析便可得到各自的数据。

将不同产率下油品的性质数据列成数据表格或绘制成产率曲线。这些曲线能准确而清楚地表明不同产率下该油品的各种性质。

直馏产品及宽馏分的调合方法按式(23-1)计算。

$$m_i = \frac{m}{\sum w_i} \times w_i \qquad (23-1)$$

式中　$m_i$——窄馏分调合量，g；

　　　$m$——总调合量，g；

　　　$w_i$——窄馏分百分收率，%；

　　　$\sum w_i$——各窄馏分百分收率之和，%。

**例**：已知某原油的各窄馏分的沸点范围分别为45~95℃、95~130℃、130~180℃，其相应的馏出百分收率为3.5%、4.0%、4.5%，请调合馏出范围为45~180℃的汽油宽馏分。

**解**：1. 根据该汽油宽馏分需要分析的项目数，确定调合量。如宽馏分所要分析的是密度和馏程两个项目。考虑先做密度分析，再做馏程时，调合量只需够做馏程分析的量就可以了。由汽油馏分的密度就可以确定调合量为80g。

2. 计算：根据题中提供数据代入式(23-1)，计算得到各馏分所需为23.4g、26.6g、30.0g。

3. 调合：用小烧杯分别称取油样，称准至0.1g，最后将油样集中混合调均匀后进行分析，从而得到产率为(3.5+4.0+4.5)%=12%时的45~180℃馏分直馏汽油宽馏分的主要性质。

# 第四节　原油实沸点蒸馏数据汇总

## 一、数据记录与处理(见表 23-3、表 23-4)

### 表 23-3　实沸点常压蒸馏操作数据记录

日期：＿＿＿＿＿＿＿　原油名称：＿＿＿＿＿＿＿＿＿　装入量：＿＿＿＿＿克　室温：＿＿＿＿＿℃

大气压：＿＿＿＿＿＿kPa 操作者：＿＿＿＿＿＿＿＿＿＿＿＿

| 时间 | 釜加热/℃ | | 釜外罩加热/℃ | | 塔柱加热/℃ | | 气相温控/℃ | | 压差/Pa | 真空压力/Pa | 回流比/% | 周期/S | 接收管号 | 备注 |
|---|---|---|---|---|---|---|---|---|---|---|---|---|---|---|
| | SV | PV | SV | PV | SV | PV | PV | AET | | | | | | |
| | | | | | | | | | | | | | | |
| | | | | | | | | | | | | | | |
| | | | | | | | | | | | | | | |
| | | | | | | | | | | | | | | |
| | | | | | | | | | | | | | | |
| | | | | | | | | | | | | | | |
| | | | | | | | | | | | | | | |
| | | | | | | | | | | | | | | |

### 表 23-4　实沸点蒸馏窄馏分分析记录

班级：＿＿＿＿＿＿　分析者：＿＿＿＿＿＿＿＿＿＿＿＿　时间：＿＿＿＿＿＿＿＿

| 馏份编号 | 沸点范围/℃ | 总量/g | 接收容器质量/g | 馏出量/g | 占进料量/% | | 中比点/% | 视密度 | | 相对密度 $d_4^{20}$ |
|---|---|---|---|---|---|---|---|---|---|---|
| | | | | | 每馏分 | 总收率 | | $d_t^t$/(g/cm$^3$) | 温度/℃ | |
| 1 | | | | | | | | | | |
| 2 | | | | | | | | | | |
| 3 | | | | | | | | | | |
| 4 | | | | | | | | | | |
| 5 | | | | | | | | | | |
| 6 | | | | | | | | | | |
| 7 | | | | | | | | | | |
| 8 | | | | | | | | | | |
| 9 | | | | | | | | | | |

宽馏分调配及宽馏分分析记录(见表 23-5、表 23-6)。

表 23-5 实沸点蒸馏宽馏分调配记录表(按调和量 100g 计)

| 项目 | 窄馏分 1/g | 窄馏分 2/g | 窄馏分 3/g | 窄馏分 4/g | 窄馏分 5/g | 窄馏分 6/g | 窄馏分 7/g | 窄馏分 8/g | 合计/100g |
|---|---|---|---|---|---|---|---|---|---|
| 宽馏分 1 | | | | | | | | | |
| 宽馏分 2 | | | | | | | | | |
| 宽馏分 3 | | | | | | | | | |
| 宽馏分 4 | | | | | | | | | |

表 23-6 实沸点蒸馏宽馏分分析记录表

班级：_____ 分析者：_____ 时间：_____

| 沸点范围/℃ | 占原料/% | 闪点/℃ | 凝点/℃ | 20℃黏度/ (mm²/s) | 相对密度 $d_t^t$/(g/cm³) | 恩氏蒸馏数据/℃ | | | | | | |
|---|---|---|---|---|---|---|---|---|---|---|---|---|
| | | | | | | 0% | 10% | 30% | 50% | 70% | 90% | 终馏点 |
| | | | | | | | | | | | | |
| | | | | | | | | | | | | |
| | | | | | | | | | | | | |

注：1mmHg = 133.322Pa。

## 二、思考题与练习题

1. 根据实验数据，作出实沸点蒸馏曲线和性质(密度)曲线。
2. 原油开采出来后，为什么要对其进行评价？
3. 原油评价有哪些类型？其目的是什么？
4. 实沸点蒸馏操作要注意哪些问题？
5. 什么是中比百分数？
6. 什么是实沸点蒸馏曲线？
7. 原油切割方案的制定原则是什么？
8. 实沸点蒸馏到较高沸点时为什么要进行减压？

附馏分油常减压沸点换算图如图 23-3 所示。

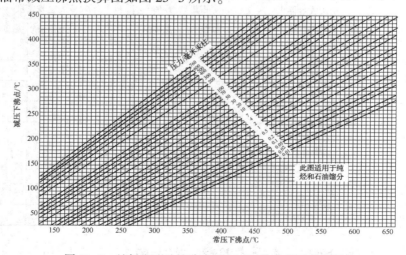

图 23-3 纯烃和石油馏分常压与减压沸点关系换算图

# 第二十四章　渣油、沥青、润滑油四组分测定（棒状薄层色谱法）

渣油、沥青、润滑油同属于高沸点石油产品，其构成产品的物质分子一般沸点大于360℃。对于这类高沸点物质，其结构组成十分复杂，目前的分离和检测手段很难将它们一一分开。因此，这类高沸点产品一般按其结构特点将其族组成划分为：饱和分、芳香分、胶质、沥青质。饱和分包括烷烃、环烷烃；芳香分即是具有芳香性质的烃类；胶质和沥青质的成分并不十分固定，它们是各种不同结构的高分子化合物的复杂混合物。由于分离方法和所采用的溶剂不同，所得的结果也不相同。目前的方法大多是根据胶状沥青状物质在各种溶剂中的不同溶解度来划分的。一般把石油中不溶于低分子（$C_5$-$C_7$）正构烷烃但能溶于热苯的物质称为沥青质。在生产和研究中常用到的是正戊烷沥青质和正庚烷沥青质。既溶于苯又溶于低分子（$C_5$-$C_7$）正构烷烃的物质称为可溶质，可溶质实际上包含饱和分、芳香分和胶质。

用氧化铝吸附柱或色谱棒先将试样进行吸附，然后用不同的溶剂进行冲洗，可将渣油、沥青和润滑油中的可溶质分离成饱和分、芳香分和胶质。

测定渣油、沥青和润滑油中的四组分相对含量，可了解这些产品的物质组成结构特点，从而推断产品的品质、性能。

目前，这类产品的四组分测定方法：石油沥青四组分分析法 NB/SH/T 0509—2010，岩石中可溶有机物及原油族组分分析 SY 6338，润滑油基础油化学族组成测定（薄层色谱）SH/T 0753，减压渣油四组分测定法 Q/SH 3210 0065—2012（中国石化洛阳公司企业标准）。本实验主要介绍后三种。

## 第二节　四组分分析法（棒状薄层色谱法）

### 一、实验目的

1. 了解四组分测定的意义。
2. 掌握四组分测定的原理及方法。
3. 正确进行规范的实验操作及数据处理。
4. 合理评价试样组成。

## 二、实验原理

将原油、重油、渣油、蜡油、油浆、润滑油、油脂等样品，用稀释剂稀释后点到涂有硅胶氧化铝吸附的薄层棒上，依次放入分别装有正庚烷、甲苯、二氯乙烷+甲醇三种溶剂的色谱展开槽内分别展开分离，待溶剂前沿达到一定高度(每种溶剂前沿升至规定高度后，从展开槽取出放入80℃专用烘箱内加热2~3min，之后取出放入下一个)；分离后的薄层棒样品进入到FLC/FID检测器中，按一定速度进行扫描检测，得到离子流信号由计算机采集处理，从而得到分析结果。

## 三、实验原料、试剂及材料

原料：原油、重油、渣油、蜡油、油浆、润滑油、油脂；

试剂：正庚烷、甲苯、二氯甲烷、甲醇；

材料：层析滤纸、方形层析展开槽(3个，含盖)、点样板、点样针、一次性吸管、吸油纸、点火器。

## 四、实验仪器

本实验用的分析仪器为雅特隆棒状薄层色谱分析仪(Iatroscan MK-65)，仪器的原理、结构及主要组件见图24-1~图24-3。提供氢气源的氢气瓶或氢气气体发生器、电子分析天平(220g，0.1mg)。

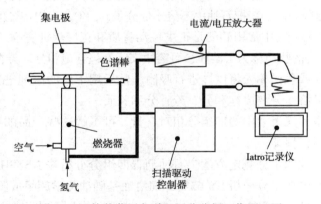

图24-1　棒状薄层色谱四组分分析工作原理图

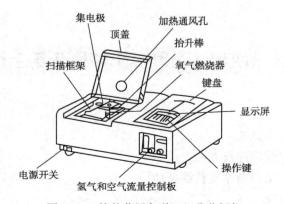

图24-2　棒状薄层色谱四组分分析仪

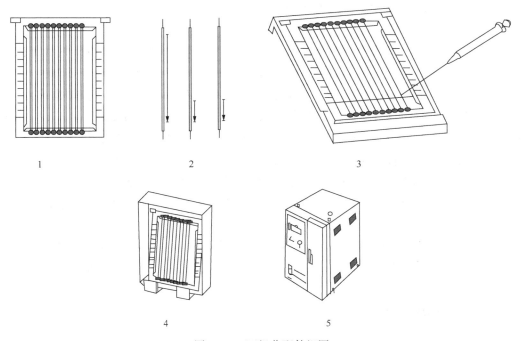

图 24-3　四组分配件组图

1—棒状色谱架；2—色谱棒；3—点样针、色谱架和点样架；4—层析展开；5—专用烘箱

### 五、实验方法及步骤

1. 样品的准备。将试样搅拌均匀，从中取出约 0.1g，溶解于 10mL 的甲苯溶液中，待用。

2. 仪器的准备。连接氢气发生器、棒状薄层色谱仪等仪器的电源，启动仪器电源开关，打开氢气净化器的通道开关及色谱仪氢气入口开关。待氢气流量达到 130～160mL/min 时，打开扫描仪顶盖，抬高集电极，用压电式点火器点燃氢气燃烧器（FID），把集电极降至初始位置，稳定氢气流量为 160mL/min，空气流量为 2000mL/min。在电脑中四组分分析图标启动软件，点击扫描仪的联机信号键"AUXI. SGN"将主机与电脑相连，主机显示屏显示"IAT-ROSCAN TCL-FID"字样，仪器进行自检。

3. 色谱棒的空白扫描。打开扫描仪顶盖，抬高集电极，安放好样品架，把集电极降至初始位置。点击"BLANK SCAN"完成点样前的对色谱棒进行空白扫描。空白扫描时也可打开电脑中的四组分分析软件系统，扫描至图谱无明显杂峰为止。空白扫描一方面可活化吸附剂，另一方面也可确保检测结果的纯净性，消除空白值。

4. 点样。将经空白扫描后的色谱架取出，放置于点样架中使点样线与色谱架上的 0 线对齐，用专用点样针吸取 1μL 稀释后试样，将样品点在色谱棒架上各色谱棒的零点位置（点样斑小于 3mm）。

5. 展开及脱除溶剂。展开槽中各溶剂体积为 70mL，内置润湿滤纸，槽上用盖密封。按正庚烷、甲苯、二氯甲烷+甲醇三种溶剂依次展开。展开距离要求：润滑油类（cm）10-5-

2.5；渣油类（cm）11-5.5-3.5；沥青类（cm）10-7-2.5。每次展开完后取出，置于专用烘箱80℃下烘2~3min脱除展开剂。

6. 扫描检测。（1）当展开剂完全脱除后，抬升集电极，双手把色谱棒架的底部嵌入扫描架的槽位中，随后将集电极降到初始位置。（2）在控制面板上按"自动调零"键，水平仪的绿灯亮起。（3）按联机键（绿灯亮）。（4）按"NORAL SCAN"键进入正常扫描模式。（5）在电脑上打开四组分分析软件系统进行参数设置，点击"RUN"→"Continue"→"CHA"→输入样品编号及名称→"NEXT"。至出现"↓"，同时点击"↓"和主机"START"键开始扫描。

7. 图谱处理。（1）打开主菜单上的"POSTRUN"对话框，选择一个数据点击"OK"进入数据处理界面。（2）点击"Forcc Integration"（第二行第一个）。（3）通过两次双击确定一个区域，再让鼠标在凹点处双击进行逐个拆峰，点击"save data"。报告显示各物质峰面积百分数。

8. 关机。扫描和信号处理结束后，关闭氢气发生器电源，同时让残余气对色谱棒进行空白扫描，直至氢气流量显示为0，关闭氢气入口阀，退出软件系统，关闭电脑和主机。回收展开剂中溶剂。清洗点样针。

### 六、实验数据及处理

1. 四组分扫描积分峰面积（见表24-1）。

表24-1　四组分扫描峰面积

| 试油名称 | | | | |
|---|---|---|---|---|
| 饱和分峰面积（μV*sec） | | | | |
| 芳香分峰面积（μV*sec） | | | | |
| 胶质峰面积（μV*sec） | | | | |
| 沥青质峰面积（μV*sec） | | | | |
| 校正后总峰面积 $A$ | | | | |

2. 四组分分析含量计算（面积归一化法）见表24-2。

由薄层色谱法测得的各组分峰面积，再用校正因子计算各组分的含量。其中：

$$A = A_S + \frac{A_A}{1.2} + \frac{A_N}{1.2} + \frac{A_B}{1.6} \tag{24-1}$$

$$X_S = \frac{A_S}{A} \times 100\% \tag{24-2}$$

$$X_A = \frac{A_A}{1.2A} \times 100\% \tag{24-3}$$

$$X_N = \frac{A_N}{1.2A} \times 100\% \tag{24-4}$$

$$X_B = \frac{A_B}{1.6A} \times 100\% \tag{24-5}$$

式中　$A$、$A_S$、$A_A$、$A_N$、$A_B$——总面积、饱和分峰面积、芳香分峰面积、胶质峰面积、沥青质峰面积。

表 24-2　四组分含量计算

| 试油名称 | | | | |
|---|---|---|---|---|
| 饱和分含量 $X_S$/% | | | | |
| 芳香分含量 $X_A$/% | | | | |
| 胶质含量 $X_N$/% | | | | |
| 沥青质含量 $X_B$/% | | | | |

### 七、精确度与报告

1. Q/SH 3210 0065—2012 中精密度要求：取两个测定结果的平均值作为测定结果，保留至 0.1%。

重复两次结果之差不超过 2%。

2. SY/T 6338 中平行测定允许差见表 24-3。

表 24-3　平行测定允许差对照表

| 组分质量分数范围 | 绝对偏差/% | 相对偏差/% |
|---|---|---|
| ≤3.00 | ≤0.5 | |
| 3.00~10.00 | ≤0.8 | |
| 10.00~30.00 | ≤1.5 | |
| 30.00~50.00 | ≤2.00 | |
| 50.00~70.00 | | ≤4.5 |
| ≥70.00 | | ≤3.5 |

### 八、影响因素

1. 试样的点样量和各溶剂展开的高度对峰的划分有很大影响。点样多了容易出现重叠峰，而展开高度对各组分峰的归属有一定影响。

2. 点样针使用前必须用甲苯清洗 10 次以上，避免残存物对试样的影响。

3. 取样应该具有代表性，对渣油、沥青等必须采取适当加热，充分摇匀，方可取样稀释。

### 九、思考题

1. 什么是四组分？简述棒状薄层色谱的实验原理是什么。

2. 四组分分析法中的校正因子是如何确定的？

3. 为什么规定在点样时要求样品斑痕不超过 3mm？

# 第二十五章 石油产品硫含量测定

## 第一节 概　　述

　　硫含量是石油和石油产品的重要参数之一，对石油产品的影响主要表现在腐蚀性、安定性、抗氧性和润滑性。石油产品所含的硫化物根据其化学性质可分为活性硫化物和非活性硫化物。活性硫化物大多由石油中的含硫化合物在加工过程中产生的，主要分布在轻质油品中。这些硫化物在石油加工过程中可造成设备腐蚀及催化剂中毒，汽油中的硫化物可造成汽车尾气后处理装置失效，发动机腐蚀和磨损加剧。非活性硫化物其化学性质较稳定，但当它们受热分解后会生成硫化氢，不仅会造成大气的污染，还会对反应设备、管线和泵等造成严重腐蚀。但在某些情况下，硫的存在又是有利的，例如为了改善某些油品的性质，需要在油品中加入一些非活性硫化物。因此，石油产品中的硫含量测定是石化行业近年来备受关注的检测项目。

　　不同石油产品硫含量测定方法具有各自的优缺点和适用范围，因此，对硫含量测定方法进行选择时，应结合样品的基本性质、硫含量、检出限、测定要求、适用范围和仪器成本价格及单次分析成本等众多因素来选择较为高效、准确和经济的测定方法。目前已经发现了多种测定石油产品中硫含量的方法，主要如下：

　　1. 燃灯法。

　　燃灯法是 GB/T 380 石油产品硫含量测定的标准方法，这种方法将试样中的硫化物在测定器的灯中完全燃烧生成 $SO_2$，再用过量的 $Na_2CO_3$ 溶液对其进行吸收，反应完后再将剩余的 $Na_2CO_3$ 用 HCl 进行回滴，从而根据 HCl 消耗的量计算出试样中的硫含量。

　　该方法是长期沿用的方法，比较成熟，测定仪器装置简单，曾被作为 GB 17930—2006 车用汽油第 Ⅱ 阶段，GB 252—2000 轻柴油产品标准中测定硫含量采用的仲裁方法。但该方法操作复杂、步骤多、费时费力，难以实现自动化，完成一个样品的测定常需耗时数小时，且人为影响因素较多，导致重复性较差。难以满足现代工业高效率和高精度检测的需求，目前这一方法逐步被取代。

　　2. 能量色散 X 射线荧光光谱法。

　　该方法使用标准为 GB/T 17040—2008，把样品置于从发射出来的 X 射线中，测量激发出来的能量为 2.3keV 的硫的 Kα 特征 X 射线强度，并将累积计数与预先制备好的标准样品的计数进行对比，从而计算出硫含量。该方法可以快速和准确地测定石油产品中的硫含量，样品一般不需处理，操作起来方便，因此容易自动化操作。仅需将 4～10mL 样品放入样品池中，选择事先标定的标准曲线和测定时间，仪器就可以开始自动测定并打印结果，200s即可分析一个样品，用于石油产品含硫量测定效率非常高。该方法适用于测定车用汽油、柴油、煤油、石脑油、液压油、润滑油基础油等产品中的硫含量。尽管该方法具有操作方便、速度快、准确度高、可测固液态试样等优点。但该方法所用仪器的X光管每三年要更换一次，正比例计数器每两年更换一次，成本较高。同时检测下限高，只适合分析硫含量在50μg/g以上浓度范围的样品。因此，在此基础上发展了单波长的X射线荧光光谱法。

3. 单波长X射线荧光光谱法。

该方法采用的标准是NB/SH/T 0842—2010。单波长X射线荧光光谱法是将具有合适波长可以激发K层电子的单色X射线照射在装有样品盒的被测样品上，由硫元素发出的波长为0.5373nm的X射线荧光被一个固定的单色器收集，收集的硫元素的X射线荧光强度被检测器测量，并用校准方程将其转换成被测样品中的硫元素和能量色散X射线荧光光谱法具有同等的优势，无需处理样品，具有灵敏度高的优点。有效分析范围：1.0~3000μg/g，符合国V汽油总硫含量<10μg/g的排放测定要求。同时这类仪器无需载气或高温部件，具有操作简单、分析速度快、样品无需处理、5min可完成一次检测、检测限低等优点。但此方法所用仪器较昂贵，且X光管寿命只有几年，需要定期更换，所以维护使用成本高。

4. 微库仑法（电量法）。

该方法使用标准是SH/T 0253—92。适用于沸点为40~310℃的轻质石油产品的硫含量测定范围为0.5~1000μg/g，大于1000μg/g硫含量试样，可稀释后测定该方法是将样品在裂解管气化段气化后，并与载气混合进入燃烧段，在此与充足氧气混合，试样裂解氧化，硫化物转化为二氧化硫，随载气一并进入滴定池发生电化学反应，再根据法拉第电解定律即可计算出试样的硫含量。

该方法具有操作简单、速度快、灵敏度高、所用仪器价格便宜等优点，在石油产品硫含量测定中得到广泛使用。石油产品中硫含量的微库仑测定已被许多国家定为标准分析方法，虽然微库仑法灵敏度高、速度快，但硫含量较高的样品需要进行稀释，稀释即增加了工作量，也带来了不可避免的误差，并且每次使用之前必须更换电解液，电解池容易损坏等。

5. 紫外荧光法。

该方法使用标准是SH/T 0689—2000，随着进样器的改进可测定气体、液体、高黏度产品及固体产品的总硫含量。本方法可测定总硫含量0.5~2000μg/g各种类型的石油产品。具有检测灵敏度高、所用仪器价格合理、操作简单的优点，越来越受到分析者的青睐，广泛用于石油化工产品检测中。虽然标准SH/T 0689并未提及含氧燃料的适用性，但测定对象包括汽油、柴油、航空燃料、煤油、变性燃料乙醇、石油苯、生物柴油及生物柴油调合燃料等。在ASTM D5453—2012标准适用范围中专门指出紫外荧光法适用于测定乙醇调合油、脂肪酸甲酯和生物柴油调合燃料等含氧燃料。

6. 硫化学发光法。

该方法使用标准是NB/SH/T 0827—2010，对应于标准ASTM D5623—94（2004）。该方

法主要基于气相色谱与硫化学发光检测器联用技术，提供了一种稳定可靠、准确定性和定量测定各种石油原料及产品硫化合物的方法。该检测器具有等摩尔线性相应的优点，大大简化了目前石化样品中硫化物检测方法的复杂操作，可定量定性的分析轻质石油馏分中各种硫化物的含量。此方法硫含量分析范围为 $0.02 \sim 200 \mu g/g$，适用低硫含量样品的分析。硫化学发光检测器较昂贵，且维护较麻烦，需要定期更换脱氧管、硫捕集阱和泵油等。但对组成较复杂样品容易造成其陶瓷管中毒和失活等问题，目前只有部分高校和企业使用该方法进行硫含量分析。

## 第二节　油品中总硫含量测定(紫外荧光法)
## (SH/T 0689，ASTM D5453)

### 一、实验目的

1. 了解油品中总硫含量的测定方法。
2. 了解紫外荧光法测定油品总硫含量的原理。
3. 掌握总硫测定仪的操作方法及数据处理。

### 二、测定原理

当样品被引入高温裂解炉后，发生氧化反应，其反应过程如式(25-1)所示。在超过1000℃的高温下，样品被完全汽化并发生氧化裂解，反应产物包括 $CO_2$、$H_2O$、$SO_2$，以及其他氧化产物(以下用 $MO_x$ 表示)。硫化物定量地转化为 $SO_2$。反应气由载气携带，经过干燥器脱去其中的水分，进入反应室。

$$R-S+O_2 \rightarrow CO_2+H_2O+SO_2+MO_x \qquad (25-1)$$

$SO_2$ 在特定波长的紫外线照射下，转化为激发态的 $SO_2^*$。由式(25-2)可知，当激发态的 $SO_2^*$ 跃迁到基态时发射出光电子，光信号由光电倍增管按特定的波长进行检测。由于这种荧光发射的强度与原样品中的总硫含量成正比，因此可通过测定荧光发射的强度来测定样品中的总硫含量。

$$SO_2+h\nu \rightarrow SO_2^* \rightarrow SO_2+h\nu \qquad (25-2)$$

使用该仪器对样品进行分析时，首先用硫的标准样作出相应的标准曲线，调用此曲线，就可得出未知样品的硫浓度。

### 三、试剂和材料

待测样品，乙醇，二甲苯，硫化物标准样品(5mg/L，10mg/L，50mg/L，100mg/L，300mg/L，500mg/L，1000mg/L)，高纯氧气，高纯氩气，微量进样器(20μL，50μL)，吸油纸。

### 四、仪器装置

硫含量测定仪主要由进样器，氧化炉，温度、流量控制器，检测器和计算机组成，如图25-1所示。

样品通过进样器注入至氧化炉中，试样在高温、富氧条件下氧化燃烧，其中硫元素转

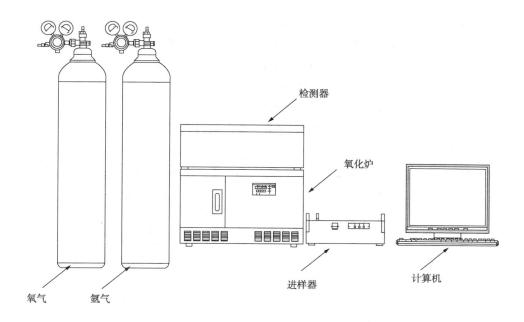

图 25-1　典型的油品硫含量测定仪示意图

化成二氧化硫，试样燃烧后生成的待测气体进入膜式干燥器，将待测气体中的水脱除，脱除水主要有两个原因：一是反应后待测气体中的水在室温下易冷凝，冷凝的水会吸收待测气体中的二氧化硫，导致测定结果重复性和准确性差；二是二氧化硫遇水也容易造成荧光淬灭，造成灵敏度和精确度大大降低。因此，待测气体进入检测器前先除去水，最后脱水后的待测气体进入检测器进行测定，通过计算机采集信号。

**五、常见总硫测定仪的操作步骤**

根据仪器的配置有气体进样器、液体进样器和固体进样器，分别适用于测定气体样品、液体样品和渣油及固体液品。本文中只对配有液体自动进样品的江苏江分 TS-5000 总硫测定仪和赛默飞世尔 iPRO5000 硫氮测定仪的操作步骤进行介绍，其他配置可以查询相应的仪器说明书。

1. 江苏江分 TS-5000 总硫测定仪的操作步骤。

（1）开机。

打开仪器总电源开关；打开升温电源开关；打开进样器主机电源和风扇开关；打开计算机、显示器电源，启动工作站；打开氩气和氧气的总阀开关，调节分压为 0.2MPa。

（2）系统设置。

选择对应的 com 端口，点击"建立连接"，点击"基线图"中显示基线。

以下参数通常仪器已经正确设置，如果没有设置好，请使用以下设定值进行设置：

分别输入"氧化炉 1（0~1200）℃"的设定值、误差上限和误差下限：1050、50、50；

分别输入"氧化炉 2（0~1200）℃"的设定值、误差上限和误差下限：800、50、50；

分别输入"背压（0.0~5.0）psi"的设定值、误差上限和误差下限：2、0.5、0.5；

分别输入"氩气（0~500）mL/min"的设定值、误差上限和误差下限：150、30、30；

分别输入"进口氧（0~500）mL/min"的设定值、误差上限和误差下限：120、20、20；

分别输入"裂解氧（0~500）mL/min"的设定值、误差上限和误差下限：250、30、30；

分别输入"硫高压（0~1000）V"的设定值、误差上限和误差下限：600、30、30。

选择硫增益：10；打开硫高压和紫外灯控制开关。

如果已有标准曲线，选择已有标准曲线，单击"参数载入"。

（3）制作标准曲线。

待基线稳定后进入"标准检测"界面（紫外灯的稳定时间一般在30min左右），设置标准曲线名称，选择测试样品状态，输入进样器控制参数以及数据采集时间，单击"方法确认"。

输入标准曲线第一点的浓度值和进样量，单击"标准检测"，每种浓度至少检测3次，如果曲线采用2点、3点或更多点，可以继续检测，每换一种浓度值，重新输入浓度值和进样量，待标准检测完毕，单击"标准计算"按钮，所作标准曲线和曲线相关数据将显示出来，此时，标准曲线制作完毕。

当标准曲线中标样浓度不大于5.0mg/L时，建议使用手动积分，在"积分设置区"选择"手动积分"，输入"开始时间"和"停止时间"，当基线不稳时可以选中"积分偏移量"并输入一定的数值。待标准检测完毕，点击"标准计算"按钮，此时标准曲线制作完毕。

（4）样品检测。

进入"样品检测"界面，选择左侧"标准和样品视图"合适的标准曲线。

在样品检测前，对标准曲线进行校正。曲线的校正使用标样进行，在"标样校正"中输入标样的进样量和浓度值，也可以手动输入校正系数。

在"样品检测"中输入样品名称，单击"样品确认"。

输入样品进样量，单击"样品检测"，至少检测3次，检测完样品的相关数据将显示出来，点击"样品打印"可导出测试结果。

（5）关机。

关闭加热电源开关，关闭紫外灯和硫高压开关；关闭氩气和氧气的总阀开关；关闭主机、进样器电源开关；退出TS-5000型硫氮测定仪分析软件；关闭计算机、显示器电源；待炉温降到低于400℃后，关闭风扇开关。

2. 赛默飞世尔iPRO5000硫氮测定仪的操作步骤。

（1）仪器开机。

打开气源开关，调节压力在5bar（0.5MPa）后打开供气阀；依次打开仪器电源、电脑电源；启动工作站，登陆软件操作。

（2）仪器升温。

在Instrument Control选项框内左键点击Startup开始仪器升温，预设温度炉1为1000℃，炉2为800℃。

（3）制作标准曲线。

待仪器温度到达设定值后，在工作主界面上左键点击Add Calibration制作标准曲线。选用 4~5 个硫化物标准样品制作标准曲线。

（4）样品分析。

分析样品时，点击 Add Sample worklist，制作样品工作列表。根据待测样品含量范围选择分析相应标准曲线，进样测试。

（5）数据查询。

分析队列分析结束后，在工作主界面左键点击 ⬛ 图标，进入样品数据查询界面，可查看已经测试完毕的样品硫含量。

（6）关机。

样品分析结束后，点击 Instrument Control，点击 shut down 进行降温，关闭所有供气阀门，待仪器温度降到 500℃ 以下后关闭工作站（计算机），关闭仪器电源。如需要待机：点击 Instrument Control，点击 Standby。

### 六、实验数据及处理（见表 25-1）

表 25-1　硫含量测定结果 mg/L

| 样品名称 | 第一次测定 | 第二次测定 | 第三次测定 | 平均值 |
|---|---|---|---|---|
|  |  |  |  |  |
|  |  |  |  |  |
|  |  |  |  |  |
|  |  |  |  |  |

### 七、精确度和偏差

1. 重复性：同一操作者同一台仪器，在同样的操作条件下对同一试样进行测定，所得的两个试验结果的差值，在正确操作下，20 次中只有一次超过下列值：

$$r = 0.1867X^{0.63} \tag{25-3}$$

式中　$X$——两次试验结果的平均值。

2. 再现性：在不同的实验室，由不同的操作者对同一试样进行的两次独立的试验结果的差值，在正确操作下，20 次中只有一次超过下列值：

$$R = 0.2217X^{0.92} \tag{25-4}$$

式中　$X$——两次试验结果的平均值。

### 八、影响因素

1. 每次试验的氧化炉温度、氧气和氩气的流量是否在允许误差范围之内。

2. 每次进样的操作手法是否一致，如取样后是否回拉，进样速度是否一致等都会影响测定结果。自动进样器要检查是否样品被正常抽取，抽样管线中是否存在气泡。

3. 样品是否易挥发，或者黏度过大而难以取样，需对样品进行预处理，以确保准确进样。

4. 所选择或所制作的标准曲线，是否满足当前样品的测试。一般来说，超过标准曲线标定的范围都会导致测定结果不准确。

### 九、思考题

1. 常见的总硫测定方法有哪些，各有什么优缺点？

2. 对一个完全未知硫含量的样品，该如何选择标准曲线？

3. 如果样品含有较多的卤素元素，会对结果造成什么影响？如何解决卤素含量高的样品中硫含量的测试？

## 第三节　轻质石油馏分中含硫化合物的测定（硫化学发光法）（NB/SH/T 0827—2010，ASTM D5623）

### 一、实验目的

1. 了解轻质石油馏分中含硫化合物的测定方法。

2. 掌握安捷伦 GC-SCD 7890B 仪器的操作方法。

3. 掌握轻质石油馏分中含硫化合物定性和定量分析方法。

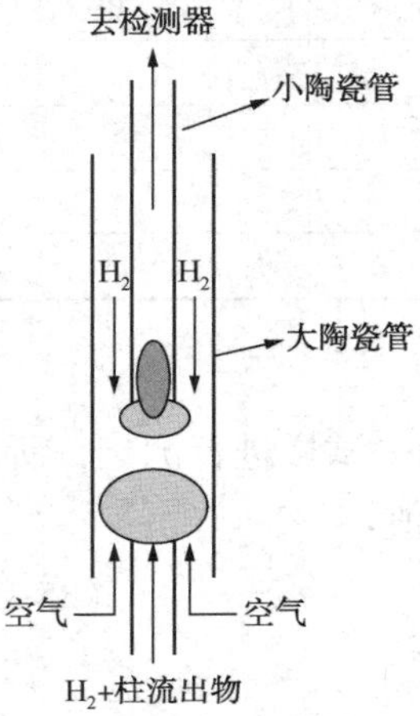

图 25-2　硫化学发光检测器工作原理

### 二、测定原理

含硫化合物通过色谱柱分离后，进入检测器位置的燃烧器内燃烧，燃烧器温度设定为 800℃，为双等离子体，分为氧化区域和还原区域，用产生 SO 中间体，工作原理如图 25-2 所示。燃烧器气源为氢气和空气，气体流量由电子气动模块（EPC）控制。燃烧器内反应原理如式（25-5）和式（25-6）所示。

$$R-S+H_2+O_2 \rightarrow SO_x+H_2O+CO_2+其他碎片 \quad （氧化反应）$$
$$(25-5)$$

$$SO_x+H_2 \rightarrow SO+H_2O \quad （还原反应） \quad (25-6)$$

燃烧器内的反应中间产物一氧化硫（SO）被真空抽吸到 SCD 检测器的低压反应池内。同时臭氧发生器通过对氧气高压电晕产生的臭氧也被抽吸到低压反应池。燃烧器中产生的一氧化硫（SO）与臭氧（$O_3$）在检测器的反应池中发生化学发光反应，并通过光学滤光片由光电倍增管检测并放大，产生数字信号输出给气相色谱主机。

反应池内反应原理如式（25-7）所示：

$$SO+O_3 \rightarrow SO_2+O_2+h\nu \quad （<300～400nm） \quad (25-7)$$

### 三、试剂和材料

待测样品，丙酮，硫化物标准液（浓度为 20mg/kg 苯并噻吩/正癸烷溶液，或者浓度为 10mg/kg 噻吩/90-120# 石油醚溶液），正癸烷，90-120# 石油醚，二苯硫醚（内标法使用），2mL 螺纹样品瓶，2mL 顶空样品瓶，启盖钳，压盖钳，移液枪（100～1000μL），一次性塑料吸管，高纯氩气（>99.999%），高纯氢气（>99.999%），高纯氧气（>99.999%），压缩干空气。

### 四、试验仪器

试验仪器采用气相色谱与硫化学发光检测器联用(GC-SCD)技术，其型号为安捷伦的 7890B GC-SCD，如图 25-3 所示。样品通过气相色谱的阀进样口或者分流不分流进样口注入气化室，然后与载气一起进入色谱柱，在非极性色谱柱内进行各组分分离后，进入硫化学发光检测器(SCD)进行检测，SCD 的流路图如图 25-4 所示，通过色谱工作站采集 SCD 信号。软件系统配置石科院最新的汽油硫化物数据库，可定量定性分析轻烃中约 80 种常见硫化物的含量。对液体中硫化物检测下限低至 $0.01\mu g/g$，气体中硫化物检测下限低至 $0.02\mu g/g$。

图 25-3 安捷伦 7890B GC-SCD 实物图

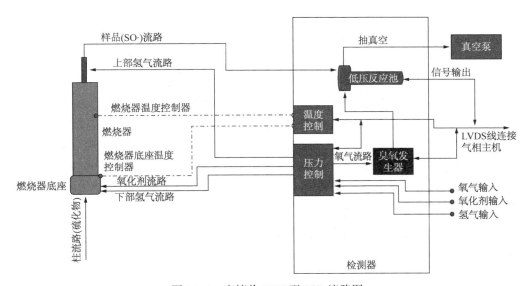

图 25-4 安捷伦 8355 型 SCD 流路图

### 五、测试条件(见下表)

表 25-2 典型的色谱测试条件

| | |
|---|---|
| 色谱柱 | 50m×0.2mm×0.5μm 聚甲基硅氧烷(PONA)柱 |
| 进样量 | 1μL |
| 检测器 | 硫化学发光检测器(SCD),主要参数如下,基座温度:180℃;燃烧器温度:800℃;燃烧器压力:≤400Torr;反应池压力≤7Torr |
| 进样口 | 275℃;分流比 25:1 |
| 柱温 | 初始温度 35℃,2℃/min 升至 180℃,保持 10min |
| 载气 | 氦气,恒流模式:0.55mL/min |

表 25-3 常见含硫化合物的保留时间

| 含硫化合物 | 保留时间/min | 含硫化合物 | 保留时间/min |
|---|---|---|---|
| 硫化氢 | 4.901 | 四氢噻吩 | 22.438 |
| 羰基硫 | 5.035 | 乙二硫醇 | 23.684 |
| 甲硫醇 | 5.79 | 2-甲基四氢噻吩 | 26.07 |
| 乙硫醇 | 7.079 | 乙基噻吩 | 27.426 |
| 二甲硫醚 | 7.459 | 2,5-二甲基噻吩 | 28.109 |
| 二硫化碳 | 8.013 | 2,4-二甲基噻吩 | 28.662 |
| 异丙硫醇 | 8.473 | 2,3-二甲基噻吩 | 29.593 |
| 叔丁硫醇 | 9.792 | 正丙基硫醚 | 30.132 |
| 甲乙硫醚 | 10.555 | 甲基异丙基二硫 | 30.679 |
| 噻吩 | 13.17 | 3,4-二甲基噻吩 | 30.907 |
| 异丁硫醇 | 13.801 | 2,4-二甲基四氢噻吩 | 32.185 |
| 乙硫醚 | 15.943 | 二乙基二硫醚 | 32.711 |
| 正丁硫醇 | 16.354 | 甲基丙基二硫醚 | 33.09 |
| 叔戊硫醇 | 17.12 | 乙基正丙基二硫醚 | 40.355 |
| 二甲基二硫醚 | 17.854 | 丙基异丙基二硫醚 | 44.454 |
| 3-甲基-2-丁硫醇 | 18.779 | 苯并噻吩 | 53.764 |
| 异戊硫醇 | 18.96 | 四氢苯并噻吩 | 58.088 |
| 2-甲基噻吩 | 20.15 | 甲基苯并噻吩 | 61.108 |
| 3-甲基噻吩 | 20.733 | 二丁基二硫醚 | 64.701 |
| 3-甲基-1-丁硫醇 | 20.881 | 二异戊基二硫醚 | 67.818 |
| 2-甲基-1-丁硫醇 | 22.104 | | |

注:色谱条件按表 25-2 规定。

### 六、操作步骤

1. 先打开氦气、氢气和氧气总阀,确保各气体的分压位于 0.5~0.6MPa。开启空气发生开关,检查各气体净化器是否处于正常状态。

2. 打开 GC 和 SCD 开关。

3. 打开工作站：7890-SCD（联机）。

4. 下载待机方法，点击发送至仪器。开机 17h 后，下载做样方法，点击发送至仪器。

5. 建立做样序列，先至少测标样 2 次，然后每进 3 针测试样品后，需要再进标样 1 次。洗液使用丙酮作溶剂，测试前务必检查洗液是否加满。

6. 取离测试样品时间最近标样的结果来标定仪器，并处理数据。

7. 不做样时，随时下载待机方法，或使用序列加载待机方法。

8. 实验结束后，先下载关机方法，当各设置温度小于 50℃ 时，关闭 GC 和 SCD、电脑主机，关闭各路气源。未用完标样可置于冰箱中保存，测试完需将洗液取下装回试剂瓶，废液倒入废液桶中，不允许将样品、溶剂、废液等留在进样器上。

**七、实验数据及处理**

1. 内标法和外标法为常用定量方法，以下为手动计算方法的公式，其中硫含量单位根据标样的单位确定。

（1）内标法，以硫计含硫化合物质量分数的测定：将每一个含硫化合物的峰相对面积与内标化合物的峰相对面积进行对比。按式（25-8）计算以硫计的每个含硫化合物的质量分数：

$$\omega_n = \frac{\omega_i \times m_i \times A_n}{m_{sx} \times A_i} \tag{25-8}$$

式中　$\omega_n$——以硫计的待测含硫化合物的质量分数，mg/kg；

　　　$\omega_i$——储备液中以硫计的内标化合物的质量分数，mg/kg；

　　　$m_i$——加入到试样中储备溶液的质量，g；

　　　$A_n$——含硫化合物的峰相对面积；

　　　$m_{sx}$——试样的质量，g；

　　　$A_i$——内标化合物的峰相对面积。

（2）外标法，以硫计含硫化合物质量分数的测定：选择合适的外标化合物进行定量。用于外标法定量的含硫化合物和基质能代表被分析的样品。将每一个含硫化合物的峰相对面积与外标化合物的峰相对面积进行对比。按式（25-9）计算每个以硫计的含硫化合物的质量分数：

$$\omega_n = \frac{\omega_e \times D_e \times A_n}{D_{sx} \times A_e} \tag{25-9}$$

式中　$\omega_n$——以硫计的待测含硫化合物的质量分数，mg/kg；

　　　$\omega_e$——以硫计的外标化合物的质量分数，mg/kg；

　　　$D_e$——外标化合物基质的密度，kg/m³；

　　　$A_n$——待测含硫化合物的峰相对面积；

　　　$D_{sx}$——待测试样汽油样品的密度，kg/m³；

　　　$A_e$——外标化合物的峰相对面积。

（3）试样中总硫的质量分数：试样中所有已知的和未知的含硫化合物以硫计的质量分数按式（25-10）累加得到总硫质量分数。

$$w_{Stot} = \sum w_n \qquad (25-10)$$

式中　$\omega_{Stot}$——试样的总硫质量分数，mg/kg。

有时，更关注以化合物计的含硫化合物的质量分数，可按式（25-11）计算：

$$w_w = \frac{w_n \times M}{S \times 32.07} \qquad (25-11)$$

式中　$w_w$——以化合物计的待测含硫化合物的质量分数，mg/kg；

　　　$w_n$——以硫计的含硫化合物的质量分数，mg/kg；

　　　$M$——含硫化合物的摩尔质量，g/mol；

　　　$S$——化合物中硫的原子数；

32.07——1mol 硫的质量，g。

2. 自动计算各硫化物的含量（以硫计）。

（1）测试结束后，调用数据处理方法，对同一序列的标样和测试样品的所有谱图进行处理，并输出为 .csv 格式文件。

（2）使用超文本编辑软件 UltraEdit，将样品的 .csv 格式文件另存为 .txt 文件，模式选择 ANSI/ASCII，并重命名文件。

（3）打开石科院硫形态分析软件 scdcal，输入标样的浓度和峰面积，样品类型选择"汽油"，进入计算界面。选择转换工作站，打开步骤（2）中的 .txt 文件，进行数据处理，保存计算结果，即得到各硫化物含量。

3. 实验结果（见表 25-4）。

表 25-4　各硫化物含量和总硫含量　　　　　　　　　　　　　　　　mg/kg

| 保留时间 | 硫化物 | 第一次测定 | 第二次测定 | 平均值 |
|---|---|---|---|---|
|  |  |  |  |  |
|  |  |  |  |  |
|  |  |  |  |  |
|  |  |  |  |  |
|  |  |  |  |  |
|  | 总硫 |  |  |  |

## 八、精确度和偏差

1. 精密度：按下述规定判断试样测定结果的可靠性（95% 置信水平）。

2. 重复性：同一操作者，同一台仪器，在同样的操作条件下对同一试样进行测定，所得的两个试验结果的差值，不应超过表 25-5 中数值范围。在不同的实验室的不同的操作者，在使用不同仪器对同一试样测得的两个试验结果之差不得超过表 25-5 中数值范围。

表 25-5　重复性与再现性　　　　　　　　　　　　　　　　　mg/kg

| 项目 | 硫测定范围 | 内标法 | | 外标法 | |
|---|---|---|---|---|---|
| | | 重复性 | 再现性 | 重复性 | 再现性 |
| 以硫计的单个含硫化合物 | 1~100 | 0.11×ω | 0.42×ω | 0.31×ω | 0.53×ω |
| 总硫 | 10~200 | 0.12×ω | 0.33×ω | 0.24×ω | 0.52×ω |

### 九、影响因素

1. 每批次的载气的纯度和氢气的纯度是否一致，特别是氢气的纯度将直接影响测定结果。硫专用气体净化器下段管若变成灰黄色，需要更换。空气发生器气体净化器硅胶变成淡红色需要烘干，碳吸附剂需要在 200~250℃ 活化。

2. 燃烧器的压力和反应池压力是否满足测试的要求，正常实验要求燃烧器压力为 300~400torr，反应池压力小于 7torr。

3. 燃烧器内的小陶瓷管要定期进行除碳处理，积碳后将影响测定灵敏度。

4. 仪器状会明显影响测试结果的准确性，定期对仪器进行维护。通常进样隔垫每进 200 针至 300 针左右更换，小陶瓷管 1 个月除碳 1 次（调用除碳方法），大陶瓷管和小陶瓷管 3~6 个月更换。真空泵油滤、泵油和脱氧管至少半年换 1 次。

5. 定期对仪器进行标定，燃烧器和反应池的压力的影响会引起检测器对硫化物响应强度的差异。

### 十、思考题

1. 如何通过 GC-SCD 定性样品中硫化物，并定量计算它们的含量？

2. 比较紫外荧光法与硫化学发光法测定样品硫含量的特点。

3. 假设已知一个气体样品中含有 50~100μg/g 的甲硫醇，请叙述如何利用 GC-SCD 准确测定这个样品中甲硫醇的含量？

# 第二篇

# 化工专业实验

# 第二十六章　连续流动反应器中的返混测定

## 第一节　概　　述

返混，又称逆向混合，是不同停留时间物料之间的混合。由于物料粒子在流经反应器时，基于各种影响所造成的涡流、短路、死区，以及速度分布等产生返混，形成停留时间分布，导致反应器的效率降低，从而影响反应产品的产量和质量，因此，要进行反应器的设计和实际操作，必须考虑物料粒子在反应器内的流动状况和停留时间分布问题。返混对提高化工生产的效率、降低生产成本以及反应器的结构设计、生产工艺的开发、化工生产过程的控制都有着重要的指导意义。

## 第二节　连续流动反应器中的返混测定

### 一、实验目的
1. 掌握停留时间分布的测定方法。
2. 了解停留时间分布与多釜串联模型的关系。
3. 了解模型参数 $n$ 的物理意义及计算方法。

### 二、实验原理
在连续流动的反应器内，不同停留时间的物料之间的混合称为返混。返混程度的大小，一般很难直接测定，通常是利用物料停留时间分布的测定来研究。然而测定不同状态的反应器内停留时间分布时，我们可以发现，相同的停留时间分布可以有不同的返混情况，即返混与停留时间分布不存在一一对应的关系，因此不能用停留时间分布的实验测定数据直接表示返混程度，而要借助于反应器数学模型来间接表达。

物料在反应器内的停留时间完全是一个随机过程，需用概率分布方法来定量描述。所用的概率分布函数为停留时间分布密度函数 $f(t)$ 和停留时间分布函数 $F(t)$。停留时间分布密度函数 $f(t)$ 的物理意义是：同时进入的 $N$ 个流体粒子中，停留时间介于 $t$ 到 $t+dt$ 间的流体粒子所占的分率 $dN/N$ 为 $f(t)dt$。停留时间分布函数 $F(t)$ 的物理意义是：流过系统的物料中停留时间小于 $t$ 的物料的分率。

停留时间分布的测定方法有脉冲法、阶跃法、周期输入法等，常用的是脉冲法。当系统达到稳定后，在系统的入口处瞬间注入一定量 $Q$ 的示踪物料，同时开始在出口流体中检测示踪物料的浓度变化。

由停留时间分布密度函数的物理含义，可知

$$f(t)dt = V \cdot c(t)dt/Q \tag{26-1}$$

$$Q = \int_0^\infty Vc(t)dt \tag{26-2}$$

所以

$$f(t) = \frac{Vc(t)}{\int_0^\infty Vc(t)dt} = \frac{c(t)}{\int_0^\infty c(t)dt} \tag{26-3}$$

由此可见 $f(t)$ 与示踪剂浓度 $c(t)$ 成正比。因此，本实验中用水作为连续流动的物料，以饱和 $KNO_3$ 作示踪剂，在反应器出口处检测溶液电导值。在一定范围内，KCl 浓度与电导值成正比，则可用电导值来表达物料的停留时间变化关系，即 $f(t) \propto L(t)$，这里 $L(t) = L_t - L_\infty$，$L_t$ 为 $t$ 时刻的电导值，$L_\infty$ 为无示踪剂时电导值。

停留时间分布密度函数 $f(t)$ 在概率论中有两个特征值，平均停留时间（数学期望）$\bar{t}$ 和方差 $\sigma_t^2$。

$\bar{t}$ 的表达式为：

$$\bar{t} = \int_0^\infty tf(t)dt = \frac{\int_0^\infty tc(t)dt}{\int_0^\infty c(t)dt} \tag{26-4}$$

采用离散形式表达，并取相同时间间隔 $\Delta t$，则：

$$\bar{t} = \frac{\Sigma tc(t)\Delta t}{\Sigma c(t)\Delta t} = \frac{\Sigma t \cdot L(t)}{\Sigma L(t)} \tag{26-5}$$

$\sigma_t^2$ 的表达式为：

$$\sigma_t^2 = \int_0^\infty (t - \bar{t})^2 f(t)dt = \int_0^\infty t^2 f(t)dt - (\bar{t})^2 \tag{26-6}$$

也用离散形式表达，并取相同 $\Delta t$，则：

$$\sigma_t^2 = \frac{\Sigma t^2 c(t)}{\Sigma c(t)} - (\bar{t})^2 = \frac{\Sigma t^2 L(t)}{\Sigma L(t)} - (\bar{t})^2 \tag{26-7}$$

若用无量纲对比时间 $\theta$ 来表示，即

$$\theta = t/\bar{t} \tag{26-8}$$

无量纲方差

$$\sigma_\theta^2 = \sigma_t^2 / (\bar{t})^2 \tag{26-9}$$

在测定了一个系统的停留时间分布后，如何来评价其返混程度，则需要用反应器模型来描述。这里我们采用的是多釜串联模型。

所谓多釜串联模型是将一个实际反应器中的返混情况作为与若干个全混釜串联时的返混程度等效。这里的若干个全混釜个数 $n$ 是虚拟值，并不代表反应器个数，$n$ 称为模型参

数。多釜串联模型假定每个反应器为全混釜，反应器之间无返混，每个全混釜体积相同，则可以推导得到多釜串联反应器的停留时间分布函数关系，并得到无量纲方差 $\sigma_\theta^2$ 与模型参数 $n$ 存在关系为：

$$n = \frac{1}{\sigma_\theta^2} \tag{26-10}$$

当 $n=1$，$\sigma_\theta^2=1$，为全混釜特征；

当 $n\to\infty$，$\sigma_\theta^2\to0$，为平推流特征；

这里 $n$ 是模型参数，是虚拟釜数，并不限于整数。

### 三、试剂和材料

自来水；硝酸钾（分析纯），含量 99.0%；示踪剂：硝酸钾饱和水溶液；红墨水。

### 四、实验装置及流程

实验装置如图 26-1 所示，由单釜与三釜串联两个系统组成。三釜串联反应器中每个釜的体积为 1L，单釜反应器体积为 3L，用可控硅直流调速装置调速。实验时，水分别经两个转子流量计流入两个系统。稳定后在两个系统的入口处分别快速注入示踪剂，由每个反应釜出口处电导电极检测示踪剂浓度变化，并由记录仪自动记录下来。

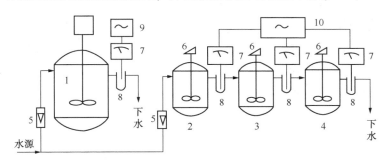

图 26-1　连续流动反应器返混实验装置

1—全混釜(3L)；2、3、4—全混釜(1L)；5—转子流量计；6—电机；7—电导率仪；8—电导电极；9—记录仪；10—微机

### 五、实验步骤及方法

1. 通水，开启水开关，让水注满反应釜，调节进水流量为 20L/h，保持流量稳定。

2. 通电，开启电源开关。

①打开电导率仪并校正，以备测量。

②启动搅拌装置，转速设为 250r/min。

③打开电脑中返混实验测定程序，输入参数。实验时间一般为 30min。

3. 待系统稳定后，记录下 $t=0$ 时的电导率 $L_0$。

4. 用注射器迅速注入示踪剂(注：示踪剂用量为 3mL，一般先注单釜，再注三釜)，并点击程序的开始按钮，开始记录数据。手动记录数据的时间间隔为 2min。

5. 30min 后实验自动结束，打印结果。

6. 关闭仪器、电源、水源，排清釜中料液，实验结束。

## 六、实验数据处理

根据实验结果，可以得到单釜与三釜的停留时间分布曲线，这里的物理量——电导值 $L$ 对应了示踪剂浓度的变化；走纸的长度方向对应了测定的时间，可以由记录仪走纸速度换算出来。然后用离散化方法，在曲线上相同时间间隔取点，一般可取 20 个数据点左右，再由公式（26-5）、（26-7）分别计算出各自 $\bar{t}$ 和 $\sigma_t^2$，及无因次方差 $\sigma_\theta^2 = \sigma_t^2 / (\bar{t})^2$。通过多釜串联模型，利用公式（26-10）求出相应的模型参数 $n$，随后根据 $n$ 的数值大小就可确定单釜和三釜系统的两种返混程度大小。

若采用微机数据采集与分析处理系统，则可直接由电导率仪输出信号至计算机，由计算机负责数据采集与分析，在显示器上画出停留时间分布动态曲线图，并在实验结束后自动计算平均停留时间、方差和模型参数。停留时间分布曲线图与相应数据均可方便地保存或打印输出，减少了手工计算的工作量。

## 七、结果及讨论

1. 计算出单釜与三釜系统的平均停留时间 $\bar{t}$，并与计算机结果比较，分析偏差原因。
2. 计算模型参数 $n$，讨论两种系统的返混程度大小。
3. 讨论一下如何限制返混或加大返混程度。

## 八、主要符号说明

$c(t)$——$t$ 时刻反应器内示踪剂浓度；

$f(t)$——停留时间分布密度；

$F(t)$——停留时间分布函数；

$L_t$，$L_\infty$，$L(t)$——液体的电导值；

$n$——模型参数；

$t$——时间；

$v$——液体体积流量；

$\bar{t}$——数学期望，或平均停留时间；

$\sigma_t^2$，$\sigma_\theta^2$——方差；

$\theta$——无量纲时间。

## 九、思考题与练习题

1. 为什么说返混与停留时间分布不是一一对应的？为什么又可以通过测定停留时间分布来研究返混呢？
2. 测定停留时间分布的方法有哪些？本实验采用的是哪种方法？
3. 何谓返混？返混的起因是什么？限制返混的措施有哪些？
4. 何谓示踪剂？有何要求？本实验用什么作示踪剂？
5. 模型参数与实验中反应釜的个数有何不同？为什么？

# 第二十七章 恒沸精馏实验

## 第一节 概　述

恒沸精馏是一种特殊的分离方法。它是通过加入适当的分离媒质来改变被分离组分之间的汽液平衡关系，从而使分离由难变易。恒沸精馏主要适用于含恒沸物组成且用普通精馏无法得到纯品的物系。通常，加入的分离媒质(也称夹带剂)能与被分离系统中的一种或多种物质形成最低恒沸物，使夹带剂以恒沸物的形式从塔顶蒸出，而塔釜得到纯物质。这种方法就称作恒沸精馏。

实验室中可利用恒沸精馏的原理和方法，对恒沸精馏过程进行研究。如用工业乙醇制备无水乙醇。

在常温下，用常规精馏方法分离乙醇-水溶液，最高只能得到浓度为95.57%(m)的乙醇。这是乙醇与水形成恒沸物的缘故，其恒沸点78.15℃，与乙醇沸点78.30℃十分接近，形成的是均相最低恒沸物，而浓度95%左右的乙醇常称为工业乙醇。

利用恒沸物性质，通过加入适当的分离媒质(夹带剂)，改变被分离组分之间的汽液平衡关系，形成最低恒沸物，从而使分离由难变易，将不纯物质去掉，得到纯物质。

用工业乙醇制备无水乙醇，适用的夹带剂有苯、正己烷、环己烷、乙酸乙酯等。它们都能与水-乙醇形成多种恒沸物，而且其中的三元恒沸物在室温下又可以分为两相，一相富含夹带剂，另一相中富含水，前者可以循环使用，后者又很容易分离出来，这样使得整个分离过程大为简化。表27-1中给出了几种常用的恒沸剂及其形成三元恒沸物的有关数据。

本实验采用正己烷为恒沸剂制备无水乙醇。当正己烷被加入乙醇-水系统以后可以形成四种恒沸物，一是乙醇-水-正己烷三者形成一个三元恒沸物，二是它们两两之间又可形成三个二元恒沸物。它们的恒沸物性质如表27-2所示。

表27-1　常压下夹带剂与水、乙醇形成三元恒沸物的数据

| 组分 | | | 各纯组分沸点/℃ | | | 恒沸温度/℃ | 恒沸组成(质量分数)/% | | |
|---|---|---|---|---|---|---|---|---|---|
| 1 | 2 | 3 | 1 | 2 | 3 | | 1 | 2 | 3 |
| 乙醇 | 水 | 苯 | 78.3 | 100 | 80.1 | 64.85 | 18.5 | 7.4 | 74.1 |
| 乙醇 | 水 | 乙酸乙酯 | 78.3 | 100 | 77.1 | 70.23 | 8.4 | 9.0 | 82.6 |
| 乙醇 | 水 | 三氯甲烷 | 78.3 | 100 | 61.1 | 55.50 | 4.0 | 3.5 | 92.5 |
| 乙醇 | 水 | 正己烷 | 78.3 | 100 | 68.7 | 56.00 | 11.9 | 3.0 | 85.02 |

表 27-2　乙醇–水–正己烷三元系统恒沸物性质

| 物系 | 恒沸点/℃ | 恒沸组成(质量分数)/% | | | 在恒沸点分相液的相态 |
|---|---|---|---|---|---|
| | | 乙醇 | 水 | 正己烷 | |
| 乙醇–水 | 78.174 | 95.57 | 4.43 | | 均相 |
| 水–正己烷 | 61.55 | | 5.60 | 94.40 | 非均相 |
| 乙醇–正己烷 | 58.68 | 21.02 | | 78.98 | 均相 |
| 乙醇–水–正己烷 | 56.00 | 11.98 | 3.00 | 85.02 | 非均相 |

当添加一定数量正己烷于工业乙醇中蒸馏时，则乙醇–水–正己烷三元恒沸物首先馏出，其次为乙醇–正己烷二元恒沸物，无水乙醇最后留在塔底。其蒸馏过程以图 27-1 说明。

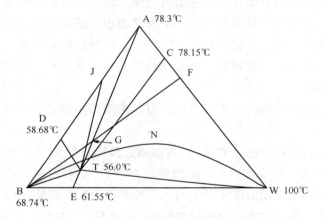

图 27-1　恒沸精馏原理图

图 27-1 正三角形三顶点 A、B、W 分别表示乙醇、正己烷和水的纯物质，C 点、D 点、E 点分别表示 A–W、A–B、W–B 二元恒沸物组成，T 点为 A–B–W 三元恒沸物组成。曲线 BNW 为三元混合物在 25℃时的溶解度曲线。曲线以下为二相共存区，以上为均相区。该曲线受温度的影响而上下移动。图中的三元恒沸物组成点 T，在室温下是处在二相区内。

当添加一定数量的正己烷于工业乙醇中蒸馏时，以 T 点为中心，连接三种纯物质 A、B、W 和三个二元恒沸物组成点 C、D、E，则该三角形相图被分成六个小三角形。当塔顶混相回流(即回流液组成与塔顶上升蒸气组成相同)时，如果原料液的组成落在某个小三角形内，那么间歇精馏的结果只能得到这个小三角形三个顶点所代表的物质。为此要想得到无水乙醇，就应保证原料液的总组成落在包含顶点 A 的小三角形内。但由于乙醇–水的二元恒沸点与乙醇沸点相差极小，仅 0.15℃，很难将两者分开，而乙醇–正己烷的恒沸点与乙醇的沸点相差 19.62℃，很容易将它们分开，所以只能将原料液的总组成配制在三角形的 ATD 内。

图 27-1 中的 F 点代表乙醇–水混合物的组成，随着恒沸剂正己烷的加入，原料液的总组成沿着 FB 线而变化，并将与 AT 线相交于 G 点。这时恒沸剂的加入量称作理论恒沸剂用量，它是达到分离目的所需的最少恒沸剂用量。如果塔有足够的分离能力，则间歇蒸馏时

三元恒沸物从塔顶馏出(56.0℃)，釜液的组成就沿着 TA 线向 A 点移动。蒸馏继续进行，当塔顶温度达到 58.68℃时馏出液为 A-B 的二元恒沸物(D 点)。釜液组成沿着 JA 线向 A 移动，当釜温达到 80℃以上时，则釜液为无水乙醇。

塔顶三元恒沸物冷凝馏出后分成两相。一相为油相富含正己烷，一相为水相，利用分相器把冷凝液分层，将油相(正己烷为主)回流，这样正己烷的用量可以低于理论恒沸剂的用量。因而在实际操作中可以减少恒沸剂的用量。

## 第二节　恒沸精馏实验

### 一、实验目的

1. 通过实验，加强、巩固对恒沸精馏过程的理解。

2. 掌握用正己烷作恒沸剂制备无水乙醇的原理和方法。

3. 熟悉实验精馏塔的结构，掌握精馏操作方法。

4. 加强、巩固对化工热力学关于混合物的汽相平衡、三元体系相图的理解。

5. 掌握用气相色谱分析原料及产物的组成。掌握恒沸精馏过程的物料衡算。

### 二、实验原理

利用恒沸物性质，通过加入适当的分离媒质(夹带剂)，改变被分离组分之间的汽液平衡关系，形成最低恒沸物，从而使分离由难变易，将不纯物质去掉，得到纯物质。

### 三、实验试剂及材料

95%乙醇，AR 级正己烷，采样器，取样瓶。

### 四、实验仪器

1. 实验装置结构(见图 27-2)：恒沸精馏柱(玻璃，直径 25mm，内装不锈钢三角形填料，填料高 650mm)；塔顶为特殊分馏头包括冷凝器、上回流阀、下回流阀、出料阀；塔顶温度由仪表显示；塔釜 1000mL 三口烧瓶，分别为连接柱体、测温点、进料及取样口。加热由仪表控制加热强度及温度显示，350W。

2. 分析仪器：9790 型气相色谱仪及色谱数据工作站；电子天平。

3. 低温循环水浴。

### 五、实验方法及操作步骤

1. 恒沸剂(夹带剂)用量的确定。

恒沸剂理论用量的计算可利用三角形相图按物料平衡式求解。若原溶液的组成为 F 点，加入恒沸

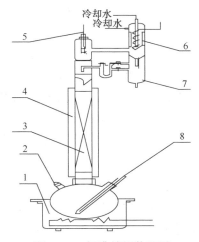

图 27-2　恒沸精馏装置图

1—加热电炉；2—进料口；3—填料；
4—保温套管；5—塔顶温度计；6—冷凝器；
7—油水分离器；8—釜底温度计

剂 B 以后，物系的总组成将沿 FB 线向着 B 点方向移动。当物系的总组成移到 G 点时，恰好能将水以三元恒沸物的形式带出，以单位原料液 F 为基准，对水作物料衡算，得：

$$D \times X_{D水} = F \times X_{F水} \qquad (27-1)$$

由(27-1)可得塔顶三元恒沸量：

$$D = F \times X_{F水} / X_{D水} \qquad (27-2)$$

恒沸剂(夹带剂)B 的理论用量为：

$$B = D \times X_{DB} \qquad (27-3)$$

式中　$F$——进料量；

　　　$D$——塔顶三元恒沸物量；

　　　$B$——恒沸剂理论用量；

　　$X_{F水}$——进料水的含量；

　　$X_{D水}$——塔顶恒沸物中水的含量；

　　$X_{DB}$——塔顶恒沸物中恒沸剂的含量。

恒沸剂的选择：

(1) 必须至少能与原溶液中的一个组分形成最低恒沸物，比原组分恒沸点低 10℃以上。

(2) 在形成的恒沸物中，恒沸剂带出非目标产物的量应尽可能多，节省能耗。

(3) 回收容易，一是非均相恒沸物，二是挥发度差异大。

(4) 具有较小的汽化潜热，节省能耗。

(5) 价廉、来源广、无毒、热稳定性好、腐蚀性小。

2. 实验操作步骤。

(1) 检查仪器设备是否正常。

(2) 称取约 150g 原料(组成以色谱分析为准)，约 80g 的夹带剂加入釜中。打开分馏头上回流阀，关闭下回流阀、出料阀、集液器阀，注意各连接处要密闭。

(3) 装好电炉(炉与三口烧瓶之间应有间隔)，打开电源开关，开始加热，调节加热量，一般电压控制在 120~130V，开通冷却水。同时开始记录各项参数，记录内容：时间、操作与现象、釜液温度、塔顶温度、加热电压。每 20min 记录一次。

(4) 当塔顶开始有回流时，记录出现回流的时间和塔顶温度(约 56℃)。

(5) 控制好加热电压使塔顶冷凝器上端温度不高于室温，利用分馏头出料阀控制油水相界面维持在上、下回流阀中部。

(6) 当水相不再增加时，将水相取出。

(7) 当塔顶水相全部出完后打开分馏头下回流阀，将分馏头中的油相全部放入塔中全回流 10min(塔顶温度 58~59℃)。之后调节集液器阀控制回流比为 4:1 蒸出油相。当油相馏出一定量后，塔顶温度出现快速上升，说明此时塔釜的水和正己烷已经基本被蒸出，当塔顶温度显示接近 77℃时，停止加热。

若需在精馏过程中对釜液进行取样分析时，注意防止釜液冲出或吸到洗耳球中，要将取样口的液体吹回去后再取，防止取的试样与上次相同。

（8）观察此时接收器中油相是否出现分层现象，若有，将下层的水相小心放出并放入水相接收瓶中，将油相放入油相接收瓶，取出釜液。分别计量水相、油相和釜液的质量，并用采样瓶对原料、夹带剂、水相、油相和釜液采样，用色谱仪进行组成分析。

（9）关闭冷却水及仪器电源，实验结束。

## 六、实验数据记录及处理

1. 进料。

①进料组成分析（气相色谱法）见表27-3：

**表 27-3　进料组成分析**

|  | 水/% | 乙醇/% | 正己烷/% |
|---|---|---|---|
| 原料 |  |  |  |
| 夹带剂 |  |  |  |

②进料量：原料（克）：＿＿＿＿＿＿＿　　夹带剂（克）：＿＿＿＿＿＿＿

2. 夹带剂正己烷（B）的理论加入量：

3. 操作记录（见表27-4）：

**表 27-4　恒沸精馏实验操作记录表**

日期：＿＿＿＿＿＿＿　操作人：＿＿＿＿＿＿＿＿＿＿＿

| 时间 | 釜温/℃ | 顶温/℃ | 电压/V | 操作与现象 |
|---|---|---|---|---|
|  |  |  |  |  |
|  |  |  |  |  |
|  |  |  |  |  |
|  |  |  |  |  |
|  |  |  |  |  |
|  |  |  |  |  |
|  |  |  |  |  |
|  |  |  |  |  |
|  |  |  |  |  |

4. 出料量：

水相（g）：＿＿＿＿＿＿＿＿＿

油相（g）：＿＿＿＿＿＿＿＿＿

釜液（g）：＿＿＿＿＿＿＿＿＿

5. 色谱分析（见下表）：

表 27-5　色谱分析质量分数(%)(未修正值)

|  | 水(W) | 乙醇(A) | 正己烷(B) | 汇总 |
|---|---|---|---|---|
| 水相 |  |  |  |  |
| 油相 |  |  |  |  |
| 釜液 |  |  |  |  |

校正公式：$w'_i = \dfrac{w_i \times f_i}{\sum (w_i \times f_i)}$

式中　$w_i$——各组分质量分数；

　　　$f_i$——各组分的校正因子。

表 27-6　色谱分析质量分数(%)(已修正值)

|  | 水(W) | 乙醇(A) | 正己烷(B) | 汇总 |
|---|---|---|---|---|
| 水相 |  |  |  |  |
| 油相 |  |  |  |  |
| 釜液 |  |  |  |  |

注：色谱分析计算公式中的乙醇校正因子为1，正己烷校正因子为_____，水校正因子为_____。

6. 物料衡算(见表 27-7)：

表 27-7　物料衡算

| 物料名称 |  | 水(W) | 乙醇(A) | 正己烷(B) | 汇总 |
|---|---|---|---|---|---|
| 进料 | 原料/g |  |  |  |  |
|  | 夹带剂/g |  |  |  |  |
|  | 合计/g |  |  |  |  |
| 产出 | 水相/g |  |  |  |  |
|  | 油相/g |  |  |  |  |
|  | 釜液/g |  |  |  |  |
|  | 合计/g |  |  |  |  |
| 损失/g |  |  |  |  |  |

7. 收率(%)：$\eta_{乙醇} = \dfrac{M_{釜液量} \times C_{釜液浓度}}{F_{乙醇进料量}} \times 100\%$

## 七、结果及讨论

1. 将算出的三元恒沸物组成与文献值比较，求出其相对误差，并分析实验过程中产生误差的原因。

2. 根据绘制相图，对精馏过程作简要说明。

3. 讨论本实验过程对乙醇收率的影响。

## 八、思考题与练习题

1. 恒沸精馏适用于什么物系？

2. 恒沸精馏对夹带剂的选择有哪些要求?

3. 恒沸精馏产物与哪些因素有关?

4. 用正己烷作为夹带剂制备无水乙醇,那么在相图上可分成几个区?如何分?本实验拟在哪个区操作?为什么?

5. 如何计算夹带剂的加入量?

6. 需要采集哪些数据才能做全塔的物料衡算?

7. 采用分相回流的操作方式,夹带剂用量可否减少?

8. 提高乙醇产品的收率,应采取什么措施?

# 第二十八章 液膜分离法脱除废水中的污染物

液膜分离技术是近三十年来开发的技术，集萃取与反萃取于一个过程中，可以分离浓度比较低的液相体系。此技术已在湿法冶金提取稀土金属、石油化工、生物制品、三废处理等领域中得到应用。

所谓液膜，即是分隔两液相的第三种液体，它与其余被分隔的两种液体必须完全不互溶或溶解度很小。因此，根据被处理料液为水溶性或油溶性可分别选择油或水溶液作为液膜。根据液膜的形状，可分为乳状液膜和支撑型液膜，本实验为乳状液膜分离醋酸-水溶液。

由于处理的是醋酸废水溶液体系，所以可选用与之不互溶的油性液膜，并选用 NaOH 水溶液作为接受相。先将液膜相与接受相(也称内相)在一定条件下乳化，使之成为稳定的油包水(W/O)型乳状液，然后将此乳状液分散于含醋酸的水溶液中(此处称作为外相)。外相中醋酸以一定的方式透过液膜向内相迁移，并与内相 NaOH 反应生成 NaAc 而被保留在内相，然后乳液与外相分离，经过破乳，得到内相中高浓度的 NaAc，而液膜则可以重复使用。

为了制备稳定的乳状液膜，需要在膜中加入乳化剂。乳化剂的选择可以根据亲水亲油平衡值(HLB)来决定，一般对于 W/O 型乳状液，选择 HLB 值为 3~6 的乳化剂。有时，为了提高液膜强度，也可在膜相中加入一些膜增强剂(一般黏度较高的液体)。

液膜分离技术是利用对混合物各组分渗透性能的差异来实现分离、提纯或浓缩的分离技术，是一种模拟生物膜传质功能的新型分离方法，解决了分离因子、选择性等问题。由于膜很薄、接触面积大、传质速度很快，实现了仿生膜的功能，因此液膜分离技术比固体膜分离技术具有更高效、快速、选择性强和节能等优越性；与液液萃取相比，具有萃取与反萃取同时进行、分离和浓缩因数高、萃取剂用量少和溶剂流失量少等特点。

## 第二节 液膜分离法脱除废水中的污染物实验

### 一、实验目的

1. 掌握液膜分离技术的操作过程。

2. 了解两种不同的液膜传质机理。

3. 用液膜分离技术脱除废水中的污染物。

## 二、实验原理

液膜分离是将第三种液体展成膜状以分隔另外两相液体，由于液膜的选择性透过，故第一种液体(料液)中的某些成分透过液膜进入第二种液体(接受相)，然后将三相各自分开，实现料液中组分的分离。

溶质透过液膜的迁移过程，可以根据膜相中是否加入流动载体而分为促进迁移Ⅰ型或促进迁移Ⅱ型传质。促进迁移Ⅰ型传质，是利用液膜本身对溶质有一定的溶解度，选择性地传递溶质(如图 28-1 所示)。

促进迁移Ⅱ型传质，是在液膜中加入一定的流动载体(通常为溶质的萃取剂)，选择性地与溶质在界面处形成络合物；然后此络合物在浓度梯度的作用下向内相扩散，至内相界面处被内相试剂解络(反萃)，解离出溶质载体，溶质进入内相而载体则扩散至外相界面处再与溶质络合。这种形式更大地提高了液膜的选择性及应用范围(如图 28-2 所示)。

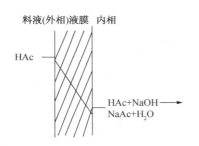

图 28-1　促进迁移Ⅰ型传质示意图

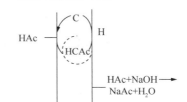

图 28-2　促进迁移Ⅱ型传质示意图

综合上述两种传质机理，可以看出，液膜传质过程实际上相当于萃取与反萃取两个过程同时进行：液膜将料液中的溶质萃入膜相，然后扩散至内相界面处，被内相试剂反萃至内相(接受相)。因此，萃取过程中的一些操作条件(如相比等)在此也同样影响液膜传质速率。

### 三、实验试剂、装置及流程

1. 实验试剂及仪器。

航空煤油，2mol/L NaOH(作为内相)，0.005mol/L NaOH(作为滴定标准溶液)，乳化剂司班 80，液体石蜡，HAc 水溶液(作为外相料液)。

微量滴定管：量程 2mL，精度 0.01mL，用于滴定外相料液中醋酸的浓度。分液漏斗，500mL 或 1000mL，用于传质后废液油相和水相沉降分离。

2. 实验装置如图 28-3 所示。

液膜分离实验装置，用于制备液膜、乳状液以及传质过程。

3. 液膜分离的工艺流程如图 28-4 所示。

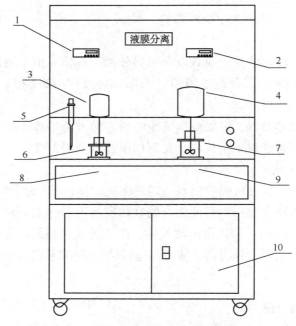

图 28-3　液膜分离实验装置图

1—制乳釜转速调节及显示；2—传质釜转速调节及显示；3—制乳釜电机；4—传质釜电机；5—内相加入管；
6—制乳釜；7—传质釜；8—制乳釜釜液接液处；9—传质釜釜液接液处；10—玻璃器皿存放柜

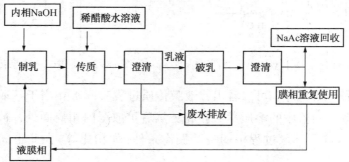

图 28-4　乳状液膜分离过程示意图

## 四、实验方法及操作步骤

1. 实验步骤。

本实验为乳状液膜法脱除水溶液中的醋酸，首先需制备液膜。液膜组成已于实验前配好，分别为以下两种液膜：

（1）液膜 1# 组成：煤油 95%；乳化剂司班 80，5%。

（2）液膜 2# 组成：煤油 90%；乳化剂司班 80，5%；液体石蜡（载体），5%。

内相用 2mol/L 的 NaOH 水溶液。采用 HAc 水溶液作为料液进行传质试验，外相 HAc 的初始浓度在实验时测定。

具体步骤如下：

① 在制乳搅拌釜中先加入液膜 1#70mL，然后在 1300r/min 的转速下滴加内相 NaOH 水溶液 70mL（约 1min 加完），在此转速下搅拌 15min，待成稳定乳状液后停止搅拌，待用。

② 在传质釜中加入待处理的料液 450mL，在约 300r/min 的搅拌速度下加入上述乳液 80mL，进行传质实验，在一定时间下取少量料液进行分析，测定外相 HAc 浓度随时间的变化（取样时间为 0min、1min、3min、5min、9min、13min、19min、25min、33min），并作出外相 HAc 浓度与时间的关系曲线。待外相中所有 HAc 均进入内相后，停止搅拌。放出釜中液体，洗净待用。

③ 在传质釜中加入 450mL 料液，在搅拌下（与②同样转速）加入小釜中的乳状液 50mL，重复步骤②。

④ 比较②、③的实验结果，说明在不同处理比（料液体积/乳液体积）下传质速率的差别，并分析其原因。

⑤ 用液膜 2#膜相，重复上述步骤①~④。注意，两次传质的乳液量应分别与步骤②、③的用量相同。

⑥ 分析比较不同液膜组成的传质速率，并分析其原因。

⑦ 收集经沉降澄清后的上层乳液，采用砂芯漏斗抽滤破乳，破乳得到的膜相返回至制乳工序，内相 NaAc 进一步精制回收。

2. 分析方法。

本实验采用酸碱滴定法测定外相中的 HAc 浓度，以酚酞作为指示剂显示滴定终点。

## 五、数据记录与处理（见下表）

1. 外相中 HAc 浓度 $C_{HAc}$：

$$C_{HAc} = \frac{C_{NaOH} \cdot V_{NaOH}}{V_{HAc}} \tag{28-1}$$

式中　$C_{NaOH}$——标准 NaOH 溶液的浓度，mol/L；

　　　$V_{NaOH}$——标准 NaOH 溶液滴定体积，mL；

　　　$V_{HAc}$——外相料液取样量，mL。

2. 醋酸脱除率：

$$\eta = \frac{c_0 - c_t}{c_0} \times 100\% \tag{28-2}$$

式中　$c$——外相 HAc 浓度；

　　　$0$、$t$——分别代表初始及瞬时值。

表 28-1　料液比（　／　）外相醋酸浓度与时间的关系数据

| 液膜类型——（ ） | | | | | | | | | |
|---|---|---|---|---|---|---|---|---|---|
| 时间/min | 0 | 1 | 3 | 5 | 9 | 13 | 19 | 25 | 33 |
| 标准液 NaOH 浓度/mol/L | | | | | | | | | |
| 标准液 NaOH 耗量/mL | | | | | | | | | |

| 液膜类型——( | | ) | | | | | | | |
|---|---|---|---|---|---|---|---|---|---|
| 时间/min | 0 | 1 | 3 | 5 | 9 | 13 | 19 | 25 | 33 |
| 外相醋酸浓度 mol/L | | | | | | | | | |
| 醋酸脱除/% | | | | | | | | | |

表 28-2　料液比(　　/　　) 外相醋酸浓度与时间的关系数据

| 液膜类型——( | | ) | | | | | | | |
|---|---|---|---|---|---|---|---|---|---|
| 时间/min | 0 | 1 | 3 | 5 | 9 | 13 | 19 | 25 | 33 |
| 标准液 NaOH 浓度/mol/L | | | | | | | | | |
| 标准液 NaOH 耗量/mL | | | | | | | | | |
| 外相醋酸浓度 mol/L | | | | | | | | | |
| 醋酸脱除/% | | | | | | | | | |

注：外相中的醋酸浓度：$C_{\text{HAC}} = C_{\text{NaOH}} \cdot V_{\text{NaOH}}/V_{\text{HAc}}$

　　醋酸脱除率：$\zeta = (C_0 - C_t)/C_o \times 100\%$

## 六、液膜分离过程的影响因素

1. 液膜体系组成的影响。

(1) 液膜体系的组成包括膜溶剂(90%以上)、表面活性剂(1%~5%)、添加剂(1%~5%)、膜内相等。

(2) 膜相低黏度时虽然膜厚减小但乳状液膜不稳定；黏度过高和膜厚增大的乳状液是稳定的，但同时由于扩散距离的增大也不利于溶质的迁移。

(3) 表面活性剂能明显改变液体的表面张力和两相的界面张力。表面活性剂的浓度对液膜的稳定性影响很大。浓度提高，乳状液的稳定性增大，分离效果提高；但过高的表面活性剂浓度同时使液膜厚度和黏度增大，影响膜相传质系数，不利于破乳，使回收困难。

(4) 添加剂应易溶于膜相而不溶于相邻的溶液相，在膜的一侧与待分离的物质发生反应生成络合物，传递通过膜相，在另一侧解络。添加剂的加入不仅可能增加膜的稳定性，而且在选择性和溶质渗透速度方面起到十分关键的作用。

2. 液膜分离工艺条件的影响。

(1) 搅拌速度：①在制乳阶段，通过搅拌输入外加能量，使内包相呈微液滴状分散到膜相中，形成乳液滴。制乳时的搅拌速度越大，形成的乳液滴直径越小，一般 2000r/min 即可达到制备稳定乳液的要求。②传质阶段，加入搅拌可使乳液与待分离体系充分接触，提供尽可能大的膜表面积。速度过快，液膜容易破裂；过慢则难以形成乳液相的分散。

(2) 接触时间：指在搅拌下，料液相与乳液之间混合接触的时间。液膜体系两相接触的界面积很大，溶质传递通过的膜相很薄且渗透速率快，两相在较短时间内可达到分离要求；进一步延长接触时间，分离效果并无明显提高，甚至可能会使少量液膜破裂，导致分离效果下降。

(3) pH 值：对于一些分离过程，待分离物质在一定的 pH 值下才能与膜相中的载体形成络合物，实现传质，此种情况料液的 pH 有明显影响。

（4）温度：提高温度虽可能加快传质速率，但降低液膜的黏度，增大膜相的挥发性，甚至会促进表面活性剂的水解，降低液膜的稳定性和分离效果。

## 七、练习题与思考题

1. 液膜分离与液液萃取有什么异同？

2. 液膜传质机理有哪几种形式？主要区别在何处？

3. 促进迁移 Ⅱ 型传质较促进迁移 Ⅰ 型传质有哪些优势？

4. 液膜分离中乳化剂的作用是什么？其选择依据是什么？

5. 液膜分离操作主要有哪几步？各步的作用是什么？

6. 如何提高乳状液膜的稳定性？

7. 如何提高乳状液膜传质的分离效果？

# 第二十九章　乙苯脱氢制苯乙烯

苯乙烯(Styrene，$C_8H_8$)是用苯取代乙烯的一个氢原子形成的有机化合物，乙烯基的电子与苯环共轭，不溶于水，溶于乙醇、乙醚中，暴露于空气中逐渐发生聚合及氧化。苯乙烯是高分子合成材料的一种重要单体，自身均聚可制得聚苯乙烯树脂，与其他单体共聚可得多种有价值的共聚物，如与丙烯腈共聚得到 SAN 树脂，与丙烯腈、丁二烯共聚得到 ABS 树脂，与丁二烯共聚可得丁苯橡胶、SBS 塑性橡胶。此外，苯乙烯还广泛应用于制药、涂料、纺织等。

苯乙烯的性质：CAS 登录号 100-42-5，分子质量 104.1，闪点 34.4℃，沸点 145℃，密度 0.909g/mL。

苯乙烯的制备方法一般有乙苯催化脱氢法、乙苯共氧法、乙苯绝热脱氢法三种。乙苯的来源主要是由苯和乙烯在催化剂作用下生成，也可从重整油、裂解汽油、煤焦油等通过精馏分离出来。

乙苯催化脱氢法指乙苯在催化剂作用下，达到 550~600℃时脱氢生成苯乙烯；乙苯绝热脱氢法指通过热水蒸气为热载体，采用具有级间二次加热的两级串联负压径向固定床反应器，脱氢反应温度 615~640℃，脱氢反应压力 40~68kPa 生成苯乙烯；以乙苯和丙烯为原料，得到苯乙烯和环氧丙烷。在该生产路线中，乙苯被氧气氧化生成乙苯的过氧化物，之后，该过氧化物被用来氧化丙烯，得到 1-苯基乙醇和环氧丙烷。最终，1-苯基乙醇脱水后就可以得到苯乙烯。

三种生产工艺的优劣比较如下：

（1）乙苯氧化脱氢技术，其优势是：以反应热代替中间换热而使得工艺耗能降低；减少乙苯返回量，提高装置产能；装置整体改造容易、投入不高；减少副反应的生成；苯乙烯选择性不变的前提下，乙苯转化率提高等。其缺点是：氢与反应物混合后浓度需控制在爆炸极限以内，使得工艺把控严格；同时过量的氧气又会使得催化剂选择性下降；高的乙苯转化率也伴随着副产物的增多。总体来说此项工艺在装置扩能中发挥着重大作用。

（2）乙苯共氧化法，其优势在于：此工艺可以在生产苯乙烯产品的同时得到环氧丙烷；工艺可降低反应温度，节约生产能耗，同时也满足了环境友好型工业的要求。但这项工艺缺点也是明显的：工艺流程和反应相对繁长；一次性投入等；苯乙烯现状及工艺技术成本相对偏高；产物中副产物多导致苯乙烯的收率不高；相比于乙苯脱氢技术，各项消耗都比较大。综合考虑环保因素和此工艺联产环氧丙烷适宜建大规模生产装置，乙苯氧化脱氢技术在建设环境友好型工业中有其自身特有的发展空间。

（3）乙苯绝热脱氢工艺，其优势是苯乙烯的产量高。其缺点是反应温度高，且蒸气消耗大。但总体是较好的生产工艺手段，适用广泛。

本实验采用乙苯催化脱氢制苯乙烯法。

## 第二节　乙苯脱氢制苯乙烯实验

### 一、实验目的

1. 以乙苯为原料，在氧化铁系催化剂固定床管式反应器中制备苯乙烯的工艺过程。

2. 在不改变物料比、空速和，考查反应温度的变化对乙苯脱氢制苯乙烯的转化度、选择性和收率的影响。

### 二、实验原理

本实验的主副反应

主反应：

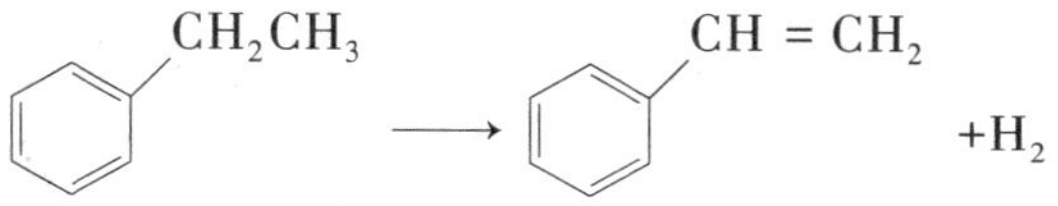

$$+H_2 \qquad 117.8kJ/mol$$

副反应：

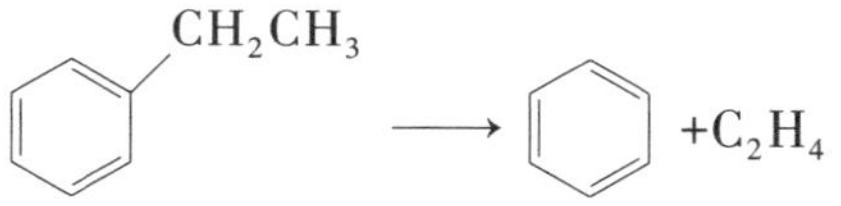

$$+C_2H_4 \qquad 105kJ/mol$$

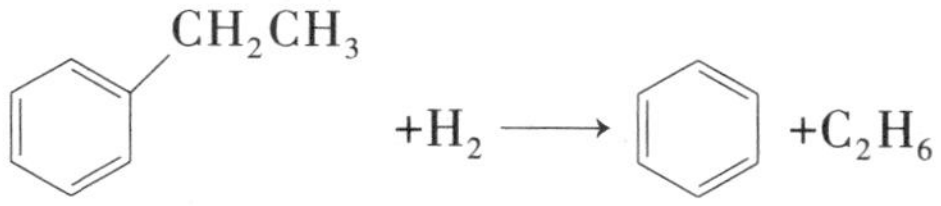

$$+C_2H_6 \qquad -31.5kJ/mol$$

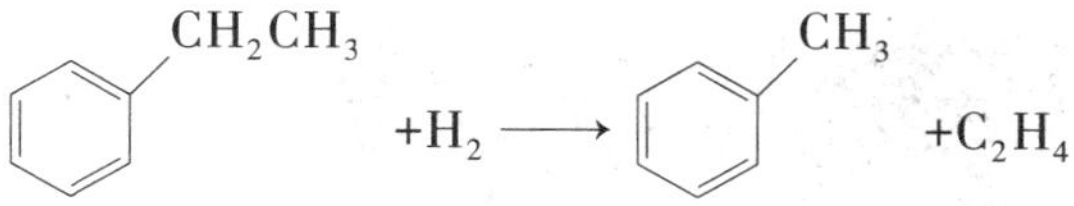

$$+C_2H_4 \qquad -54.4kJ/mol$$

主反应为分子数增加的反应类型，减少系统压力有利于反应正向进行，本实验采用加入蒸馏水减少系统的油气分压，以提高乙苯反应的转化率。在水蒸气存在的条件下，还可能发生下列反应：

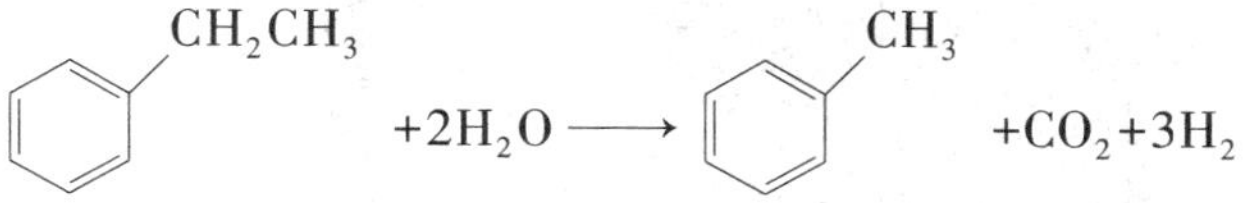

此外还有芳烃脱氢缩合及苯乙烯聚合生成焦油和焦等，这些连串副反应的发生不仅使反应的选择性下降，而且极易使催化剂表面结焦进而活性下降。

### 三、试剂及材料

实验试剂：乙苯 500mL，去离子水。

氧化铁系催化剂：其组成为 $FeO_3 - CuO - K_2O_3 - CeO_2$。（催化剂装置自带，用量：50mL）。

材料：台秤（量程 1000g，分度值 0.01g），量筒 25 毫升（5 个），采样瓶 5mL（5 个）。

## 四、实验装置及流程

本次实验仪器主要是乙苯脱氢制苯乙烯装置，气相色谱（福立 9790，FID 检测器，详见第三十一章）。

乙苯脱氢制苯乙烯装置流程序如图 29-1 所示，实物图如图 29-2 所示。主要由输送原料的计量泵、混合预热器、反应炉、冷却器、气体流量计、气液分离罐、反应炉温度显示及控制元件构成。

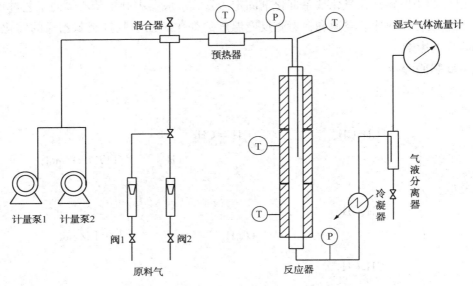

图 29-1　乙苯脱氢制苯乙烯工艺实验流程

图 29-2　乙苯脱氢制苯乙烯装置实物图

**五、实验步骤及方法**

1. 反应条件控制(实验方案设计)。

汽化温度300℃，反应物料按水：乙苯=2：1(体积比)，相当于乙苯加料0.02L/h，蒸馏水0.04L/h(50mL催化剂)。脱氢反应试验温度540~600℃。

2. 操作步骤。

(1) 了解装置结构，工艺流程(物料走向及加料、出料方法)。

(2) 接通电源开关，设定预热器为300℃，反应器的温度为500℃，接通装置冷却水，启动泵和加热开关(共5个)，设定乙苯流量为0.02L/h，设定蒸馏水流量为0.04L/h。

(3) 流量校核(判断装置是否达到稳态操作)。每10min一次，记录乙苯罐和蒸馏水罐的质量，计算出10min乙苯和蒸馏水的加入量，同时用量筒接收10min产物(出料)，计量产物质量，读取水层体积(质量)，从而算出烃层质量。(出料收集于分液漏斗中，分离出水层后将烃层回收于废液桶中)。在实验记录本上记录实验过程操作参数，每10min记录一次。

(4) 当进、出物料基本达到平衡时，即可按设定的反应温度进行试验。反应温度从520℃开始，间隔20℃。每个温度试验间隔20min，前10min主要是升温过程，后10min进行采样分析。记录10min原料乙苯、蒸馏水和粗产品中水层和烃层的质量。取完样后设置反应温控升高20℃，10min后再次采样。

(5) 取少量烃层液样品，用气相色谱分析其组成，并计算出烃层液各组分的百分含量。

(6) 反应结束后，停止加乙苯。反应温度维持在500℃左右，继续通水蒸气，进行催化剂的清焦再生，约半小时后停止通水，并降温。

3. 实验结果处理。

(1) 乙苯的转化率：

$$\alpha = \frac{RF}{FF} \times 100\% \tag{29-1}$$

(2) 苯乙烯的选择性：

$$S = \frac{P}{RF} \times 100\% \tag{29-2}$$

(3) 苯乙烯的收率：

$$Y = \alpha \cdot S \times 100\% \tag{29-3}$$

式中　$\alpha$——原料的转化率，%；

　　$RF$——消耗的原料量，mol；

　　$FF$——原料加入量，mol；

　　$S$——目的产物的选择性，%；

　　$P$——苯乙烯的生成量，mol；

　　$Y$——目的产物的收率，%。

## 六、数据记录及处理

### 乙苯脱氢制苯乙烯实验原始数据记录

班级：_____ 班 _____ 组　　组员(姓名、学号)_____

室温：_____ 大气压：_____　　日期：_____ 年 ___ 月 ___ 日

1. 装置操作参数记录(见表 29-1)。

表 29-1　乙苯脱氢制苯乙烯操作参数记录表

| 时间 | 汽化器/℃ | 反应器/℃ | | | 进料量/g | | | | 10min 出料/g | | | |
|---|---|---|---|---|---|---|---|---|---|---|---|---|
| | | 上段 | 中段 | 下段 | 乙苯质量/g | 10min 乙苯进料量 | 蒸馏水质量 | 10min 水进料量 | 量筒 | 量筒+出料 | 水层 | 粗烃 |
| | | | | | | | | | | | | |
| | | | | | | | | | | | | |
| | | | | | | | | | | | | |
| | | | | | | | | | | | | |
| | | | | | | | | | | | | |
| | | | | | | | | | | | | |
| | | | | | | | | | | | | |
| | | | | | | | | | | | | |
| | | | | | | | | | | | | |
| | | | | | | | | | | | | |
| | | | | | | | | | | | | |
| | | | | | | | | | | | | |

注：乙苯设定流量：0.02L/h；蒸馏水设定流量：0.04L/h；$M_{乙苯}=106g/mol$，$M_{苯乙烯}=104g/mol$。

2. 物料平衡(见表 29-2)。

表 29-2　装置物料平衡记录表

| 温度/℃ | | 装置进料量(以 10min 计)/g | | | | | | 装置出料(以 10min 计)/g | | | | 尾气/损失/g |
|---|---|---|---|---|---|---|---|---|---|---|---|---|
| 汽化器 | 反应器 | 乙苯 | | | 水 | | | 量筒 | 量筒+出料 | 水层 | 粗烃 | |
| | | 始 | 终 | 进料质量 | 始 | 终 | 进料质量 | | | | | |
| | | | | | | | | | | | | |
| | | | | | | | | | | | | |
| | | | | | | | | | | | | |

3. 不同反应温度下产品(烃层液)组成分析(见表29-3)。

表 29-3　产品(烃层液)组成——气相色谱分析结果

| 反应温度/℃ | 烃层液/g | 苯 | | 甲苯 | | 乙苯 | | 苯乙烯 | |
|---|---|---|---|---|---|---|---|---|---|
| | | 含量/% | 质量/g | 含量/% | 质量/g | 含量/% | 质量/g | 含量/% | 质量/g |
| | | | | | | | | | |
| | | | | | | | | | |
| | | | | | | | | | |
| | | | | | | | | | |

4. 计算结果(见表29-4)。

表 29-4　乙苯脱氢制苯乙烯工艺结果汇总

| 反应温度/℃ | | | |
|---|---|---|---|
| 乙苯的转化率/% | | | |
| 苯乙烯的选择性/% | | | |
| 苯乙烯的收率/% | | | |

## 七、结果及讨论

对以上的实验数据进行处理,分别将转化率、选择性及收率对反应温度做出图表,找出最适宜的反应温度区域,并对所得实验结果进行讨论(包括曲线图趋势的合理性、误差分析、成败原因等)。

### 八、影响本反应的因素

1. 温度的影响。

乙苯脱氢反应为吸热反应,$\Delta H^0 > 0$,从平衡常数与温度的关系式 $\left(\dfrac{\partial \ln K_p}{\partial T}\right)_P = \dfrac{\Delta H^0}{RT^2}$ 可知,

提高温度可增大平衡常数,从而提高脱氢反应的平衡转化率。但是温度过高副反应增加,使苯乙烯选择性下降,能耗增大,设备材质要求增加,故应控制适宜的反应温度。本实验的反应温度为:540~600℃。

2. 压力的影响。

乙苯脱氢为体积增加的反应,从平衡常数与压力的关系式 $Kp = Kn\left(\dfrac{P_{总}}{\sum n_i}\right)^{\Delta \gamma}$ 可知,当

$\Delta r > 0$ 时,降低总压 $P_{总}$ 可使 $Kn$ 增大,从而增加了反应的平衡转化率,故降低压力有利于平衡向脱氢方向移动。本实验加水蒸气的目的是降低乙苯的分压,以提高平衡转化率。较适宜的水蒸气用量为,水:乙苯=2:1(体积比)或11.8:1(摩尔比)。

3. 空速的影响。

乙苯脱氢反应系统中有平衡副反应和连串副反应,随着接触时间的增加,副反应也增

加，苯乙烯的选择性可能下降，适宜的空速与催化剂的活性及反应温度有关，本实验乙苯的液空速以 0.6h$^{-1}$为宜。

主要符号说明：

$\Delta H^0_{298}$——kJ/mol；298K 下标准热焓；

$Kp$，$Kn$——平衡常数；

$n_i$——$i$ 组分的物质的量；

$P_{总}$——压力，Pa；

$R$——气体常数；

$T$——温度，K；

$\Delta r$——反应前后物质的量(摩尔)变化。

## 九、思考题与练习题

1. 乙苯脱氢生成苯乙烯反应是吸热还是放热反应？如何判断？如果是吸热反应，则反应温度为多少？实验室是如何来实现的？工业上又是如何来实现的？

2. 对本反应而言是体积增大还是减小？加压有利还是减压有利？工业上是如何来实现加减压操作的？本实验采用什么方法？为什么加入水蒸气可以降低烃分压？

3. 在本实验中你认为有哪几种液体产物生成？哪几种气体产物生成？如何分析？

4. 进行反应物料衡算，需要一些什么数据？如何搜集并进行处理？

# 第三十章　催化反应精馏实验

## 第一节　概　述

　　反应精馏法是集反应与分离为一体的一种特殊精馏技术，该技术将反应过程的工艺特点与分离设备的工程特性有机结合在一起，既能利用精馏的分离作用提高反应的平衡转化率，抑制串联副反应的发生，又能利用放热反应的热效应降低精馏的能耗，强化传质。因此，在化工生产中得到越来越广泛的应用。

　　反应精馏是随着精馏技术的不断发展与完善而发展起来的一种新型分离技术。通过对精馏塔进行特殊改造或设计后，采用不同形式的催化剂，可以使某些反应在精馏塔中进行，并同时进行产物和原料的精馏分离，是精馏技术中的一个特殊领域。

　　在反应精馏操作过程中，由于化学反应与分离同时进行，产物通常被分离到塔顶，从而使反应平衡被不断破坏，造成反应平衡中的原料浓度相对增加，使平衡向右移动，故能显著提高反应原料的总体转化率，降低能耗。同时，由于产物与原料在反应中不断被精馏塔分离，也往往能得到较纯的产品，减少了后续分离和提纯工序的操作和能耗。此法在酯化、醚化、酯交换、水解等化工生产中得到应用，而且越来越显示其优越性。

　　反应精馏过程不同于一般精馏，它既有精馏的物理相变之传递现象，又有物质变性的化学反应现象。两者同时存在，相互影响，使过程更加复杂。在普通的反应如酯化、醚化、酯交换、水解等过程中，反应通常在反应釜内进行，而且随着反应的不断进行，反应原料的浓度不断降低，产物的浓度不断升高，反应速度会越来越慢。同时，反应多数是放热反应，为了控制反应温度，也需要不断地用水进行冷却，造成水的消耗。反应后的产物一般需要进行两次精馏，先把原料和产物分开，然后再次精馏提纯产品浓度。在反应精馏过程中，由于反应发生在塔内，反应放出的热量可以作为精馏的加热源，减少了精馏的釜加热蒸气。而在塔内进行的精馏，也可以使塔顶直接得到较高浓度的产品。由于多数反应需要在催化剂存在下进行，一般分均相催化和非均相催化反应精馏。均相催化反应精馏一般用浓硫酸等强酸作催化剂，具有使用方便等优点，但设备腐蚀严重，造成在工业应用中对设备要求高、生产成本大等缺点。非均相催化反应精馏一般采用离子交换树脂，重金属盐类和丝光沸石分子筛等固体催化剂，可以装填在塔板上或用纤维布等包裹分段装填在精馏塔内。一般说来，反应精馏对下列两种情况特别适用：

　　（1）可逆平衡反应。一般情况下，反应受平衡影响，转化率最大只能是平衡转化率，而实际反应中只能维持在低于平衡转化率的水平。因此，产物中不但含有大量的反应原料，而且往往为了使其中一种价格较贵的原料反应尽可能完全，通常会使一种物料大量过量，造成后续分离过程的操作成本提高和难度加大。在精馏塔中进行的酯化或醚化反应，往往因为生成物中有低沸点或高沸点物质存在，多数会和水形成最低共沸物，从而可以从精馏塔顶连续不断地从系统中排出，使塔中的化学平衡发生变化，永远达不到化学平衡，导致反应不断进行，不断向右移动，最终的结果是反应原料的总体转化率超过平衡转化率，大大提高了反应效率和能量消耗。同时由于在反应过程中也发生了物质分离，也就减少了后续工序分离的步骤和消耗，在反应中也就可以采用近似理论反应比的配料组成，既降低了原料的消耗，又减少了精馏分离产品的处理量。

（2）异构体混合物的分离。通常因它们的沸点接近，靠精馏方法不易分离提纯，若异构体中某组分能发生化学反应并能生成沸点不同的物质，这时可在过程中得以分离。

## 第二节　催化反应精馏法制乙酸乙酯

**一、实验目的**

1. 了解反应精馏是既服从质量作用定律又服从相平衡规律的复杂过程，是反应和分离过程的复合，通过实验数据和结果，了解反应精馏技术相比常规反应技术在成本和操作上的优越性。

2. 掌握反应精馏装置的操作控制方法，学会通过观察反应精馏塔内的温度分布，判断浓度的变化趋势，采取正确调控手段。

3. 学习用反应工程原理和精馏塔原理，对精馏过程做全塔物料衡算和塔操作的过程分析。

4. 了解反应精馏与常规精馏的区别。

5. 学会用气相色谱分析塔内物料的组成，了解气相色谱分析条件的选择和确定方法。学习用色谱进行定量和定性的分析，学会求取液相分析物校正因子及计算含量的方法和步骤。

**二、实验原理**

本实验是以乙酸和乙醇为原料，在硝酸（或浓硫酸）催化剂作用下生成乙酸乙酯的可逆反应。反应的化学方程式为：

$$CH_3COOH+CH_3CH_2OH \xrightarrow{H^+} CH_3COOCH_2CH_3+H_2O \qquad (30-1)$$

乙醇的用量一般为 $1.5 \sim 2g/min$，乙酸的用量可以按照理论值计算出来，一般乙醇和乙酸的摩尔比为 $(1.03 \sim 1.05):1$。乙醇和乙酸采用蠕动泵、微量计量泵方式加入，流量可通过标定得到。

乙醇从反应段下部连续加入的同时，已经按比例配置好的稀硝酸（或浓硫酸）催化剂的乙酸，在反应段上部加入，催化剂加入量按应加入乙酸理论重量的比例加入，一般在 $(0.2\% \sim 1.0\%)$wt，加入量越大，反应速度越快。在塔釜沸腾状态下，塔内轻组分乙醇汽化，逐渐向上移动，同时含催化剂的乙酸重组分向下移动，这样，在填料表面乙醇和乙酸进行充分接触，并发生酯化反应，生成水和乙酸乙酯。

### 三、试剂和材料

蒸馏水或去离子水，无水乙醇（分析纯），含量 99.0%；冰乙酸（分析纯），含量 99.0%；稀硝酸(化学纯)，含量 > 25.0%；在冰乙酸中加入 3%~5% 的稀硝酸作为催化剂；10mL 量筒，500mL 烧杯，吸管，2mL 玻璃样品瓶；电子天平（量程 1kg，精度 0.01g）；乳胶手套。

### 四、实验装置及流程

实验装置如图 30-1 所示。

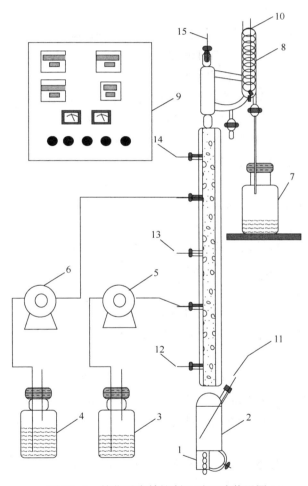

图 30-1　催化反应精馏制乙酸乙酯装置图

1—釜底加热棒；2—反应釜；3—乙醇原料瓶；4—乙醇原料瓶；5—乙醇进料泵；
6—乙酸进料泵；7—顶产品收集瓶；8—塔顶冷凝器；9—控制电柜；10—进冷却水；
11—塔釜温度；12—提馏段温度；13—反应段温度；14—精馏段温度；15—塔顶温度

反应精馏塔用玻璃制成。直径 20mm，塔高 1400mm，塔内填装 φ3mm×3mm 玻璃弹簧填料。塔外壁镀有金属膜，通电流使塔身加热保温。塔釜为一玻璃容器，并有电加热器加热。采用 AI-518 可控硅电压控制釜温。塔顶冷凝液体的回流采用摆动式回流比控制器操作。此控制系统由塔头上摆锤、电磁铁线圈、回流比计数拨码电子仪表组成。在塔釜，塔体和塔顶共设了五个测温点。原料乙酸与催化剂混合，经计量泵由反应段的顶部加入，乙醇由反应段底部加入。用气相色谱分析塔顶和塔釜产物的组成。

### 五、实验步骤及方法

1. 加入和检测釜液。

（1）检查进料系统各管线是否连接正常。在确定无误后，通过乙醇泵向釜内加入约 210g 釜残液（第一次实验可采用 140g 水和 70g 乙醇当作釜残液），速度调节为全速（长按启动键约 3s，显示为 full）。

（2）记录加入的重量，并取样用气相色谱仪分析其组成。

2. 配制乙酸溶液（1、2 两步可同时进行）。

（1）用天平称量乙酸专用进样瓶质量；

（2）用醋酸烧杯称量乙酸质量加入乙酸专用进样瓶；根据乙酸质量，加入一定比例的稀硝酸（25wt%）作催化剂，加入稀硝酸占乙酸的质量分数为 3%~5%；

（3）用滴管加入相应质量硝酸于乙酸专用进样瓶，用玻棒搅拌均匀；

（4）称量乙酸初始总质量（乙酸和瓶子重量）。

3. 标定乙醇流量。

（1）称量乙醇进样专用瓶初始总质量（乙醇和瓶子重量）；

（2）称量空量筒质量；

（3）吸管进口插入乙醇溶液，拔出吸管出口插入称量筒；

（4）开启蠕动泵 7r/min，计时 2min；

（5）称量接液量筒质量；

（6）计算乙醇流量（g/min），溶液倒回原进样瓶；

（7）通过调节蠕动泵流量，标定乙醇流量为 1.5~2g/min。

4. 计算乙酸流量。

（1）乙醇与乙酸的流量摩尔比（n）要求 1.0~1.05 之间；

（2）可推算出乙酸流量=乙醇流量×60/(46n)，（n=1.0~1.05）。

5. 标定乙酸流量（4、5 两步可同时进行）。

（1）称量空量筒质量；

（2）吸管进口插入乙酸溶液，拔出吸管出口插入称量筒；

（3）开启蠕动泵 7r/min，计时 2min；

（4）称量接液量筒质量；

（5）计算乙酸 2min 流量（g/min）；

（6）通过调节蠕动泵流量，标定乙酸流量达到计算值。

6. 装置预热（此步骤在釜残液添加完毕后就可进行）。

（1）打开电源开关，温度仪表应有温度显示，设定釜加热温度 90℃。

（2）调节釜加热电流值，使之调至合适的电流，釜电流 0.5~0.6A，柱电流为 0.1~0.2A。

（3）打开冷却水的控制阀门并调节至合适的流量。

（4）当塔顶有冷凝液回流时，记录时间，全回流 10min 后可进料。

7. 进料与出料。

（1）同时开启乙醇、乙酸进料泵，进料后仔细观察塔顶温度，并及时调整加热电流，确保装置全回流正常进行，全回流 15min 后开始出料；

（2）调节装置回流比为 3∶1(时间继电器设置为 15∶5)或 4∶1(时间继电器设置为 20∶5)，打开塔顶阀门，开启部分回收流操作并计时，用瓶接收塔顶产物，15min 后开始取样。

8. 取样与样品检测。

（1）称量色谱取样瓶空瓶质量；

（2）每隔 15min 取塔顶、塔釜各一个样品瓶称质量(色谱瓶+样品)，并用气相色谱分析其组成。

9. 实验结束。

（1）停蠕动泵、停水、停电；

（2）分别称量乙醇和乙酸原料瓶剩下的总质量；

（3）称量塔顶瓶质量；

（4）待釜液温度冷却至 60℃以下时，放出釜液并称量。

## 六、实验数据记录及处理

1. 釜残液分析(见表 30-1)。

（1）记录加入的釜残液质量_____g。

表 30-1　釜残液组成分析

|  | 水 | 乙醇 | 乙酸乙酯 | 乙酸 |
|---|---|---|---|---|
| 峰面积/% |  |  |  |  |
| 保留时间/min |  |  |  |  |
| 校正因子 |  |  |  |  |
| 校正后峰面积/% |  |  |  |  |

（2）实验条件(见表 30-2)。

表 30-2　实验条件记录表

| 回流比 | 乙醇浓度/% | 乙醇进料/(g/min) | 乙醇∶乙酸/(m/m) | 催化剂浓度/wt% |
|---|---|---|---|---|
|  |  |  |  |  |
|  |  |  |  |  |
|  |  |  |  |  |
|  |  |  |  |  |

（3）实验操作记录表（见下表）。

表 30-3　实验操作记录表

| 时间 | 塔顶/℃ | 精馏段/℃ | 反应段/℃ | 提馏段/℃ | 塔釜/℃ | 备注 |
|---|---|---|---|---|---|---|
|  |  |  |  |  |  |  |
|  |  |  |  |  |  |  |
|  |  |  |  |  |  |  |
|  |  |  |  |  |  |  |
|  |  |  |  |  |  |  |

表 30-4　塔顶采样记录表

| 采样瓶编号 | 瓶重/g | 瓶重和样品重/g | 采样时间/min | 采出速率/(g/min) | 样品重/g |
|---|---|---|---|---|---|
|  |  |  |  |  |  |
|  |  |  |  |  |  |
|  |  |  |  |  |  |
|  |  |  |  |  |  |
| 塔顶收集瓶重/g |  | 收集瓶加塔顶样/g |  | 样品重/g |  |
| 塔顶采出总量/g |  |  |  |  |  |

表 30-5　塔釜采样记录表

| 采样瓶编号 | 瓶重/g | 瓶重和样品重/g | 样品重/g | 塔釜收集瓶重/g | 收集瓶加塔釜样/g |
|---|---|---|---|---|---|
|  |  |  |  |  |  |
|  |  |  |  | 塔釜收集样品重/g |  |
|  |  |  |  |  |  |
|  |  |  |  |  |  |
| 釜液收集总量/g |  |  |  |  |  |

（4）样品分析与数据处理（见表 30-6）。

表 30-6　样品分析数据记录与处理

| | 塔顶产品 | | | | | | | |
|---|---|---|---|---|---|---|---|---|
| | 水 | | 乙醇 | | 乙酸 | | 乙酸乙酯 | |
| | 含量/% | 校正后/% | 含量/% | 校正后/% | 含量/% | 校正后/% | 含量/% | 校正后/% |
| 第一次取样 |  |  |  |  |  |  |  |  |
| 第二次取样 |  |  |  |  |  |  |  |  |
| 第三次取样 |  |  |  |  |  |  |  |  |
| 第四次取样 |  |  |  |  |  |  |  |  |

| | 塔釜液 | | | | | | | |
|---|---|---|---|---|---|---|---|---|
| | 水 | | 乙醇 | | 乙酸 | | 乙酸乙酯 | |
| | 含量/% | 校正后/% | 含量/% | 校正后/% | 含量/% | 校正后/% | 含量/% | 校正后/% |
| 第一次取样 | | | | | | | | |
| 第二次取样 | | | | | | | | |
| 第三次取样 | | | | | | | | |
| 第四次取样 | | | | | | | | |

注：色谱处理文件，采用峰面积归一法。混合物中组分的实际质量分数为 $w'_i$，校正公式：$w'_i = \dfrac{w_i \times f_i}{\sum (w_i \times f_i)}$

（$w_i$——各组分面积百分数；$f_i$——各组分的校正因子）

根据下式计算乙酸转化率、乙酸乙酯产率和乙酸乙酯收率。

乙酸转化率（α）按公式（30-2）计算：

$$\alpha = \frac{m_{原酸} - m_{顶酸} - m_{釜酸}}{m_{原酸}} \times 100\% \tag{30-2}$$

式中　$m_{原酸}$——原料乙酸总量；

　　　$m_{顶酸}$——塔顶液乙酸总量；

　　　$m_{釜酸}$——塔釜液乙酸总量。

乙酸乙酯产率（$Y$）按公式（30-3）计算：

$$Y = \frac{m_{顶酯} - m_{釜酯} - m_{原酯}}{m_{原酸}} \times \frac{M_{乙酸}}{M_{乙酸乙酯}} \times 100\% \tag{30-3}$$

式中　$m_{原酸}$——原料乙酸总量；

　　　$m_{顶酯}$——塔顶液乙酸乙酯总量；

　　　$m_{釜酯}$——塔釜液乙酸乙酯总量；

　　　$m_{原酯}$——原料中乙酸乙酯量；

　　　$M_{乙酸}$——乙酸摩尔质量；

　　$M_{乙酸乙酯}$——乙酸乙酯摩尔质量。

### 七、注意事项

1. 乙酸乙酯与水或乙醇能形成二元或三元共沸物，它们的沸点非常相近，实验过程中应注意控制塔顶温度。共沸物的沸点和具体组成见表30-7。

表30-7　乙酸乙酯与水或乙醇共沸物的沸点和组成

| 沸点/℃ | 组成/% | | |
|---|---|---|---|
| | 乙酸乙酯 | 乙醇 | 水 |
| 70.2 | 82.6 | 8.4 | 9.0 |
| 70.4 | 91.9 | 0 | 8.1 |
| 71.8 | 69.0 | 0.0 | 0 |

2. 开始操作时应首先加热釜残液，维持全回流操作 15~30min，以达到预热塔身、形成塔内浓度梯度和温度梯度的目的。

### 八、思考题与练习题

1. 什么是催化反应精馏？其特点是什么？可应用于什么样的体系？

2. 怎样提高产品乙酸乙酯化收率？

3. 如何将本实验得到的粗乙酸乙酯提纯得到无水乙酸乙酯？请查阅有关文献，提出工业上可行的方法，并设计实验方案。

## 第三节　催化反应精馏法制甲缩醛

### 一、实验目的

1. 了解反应精馏工艺过程的特点，增强工艺与工程相结合的观念。

2. 掌握反应精馏装置的操作控制方法，学会通过观察反应精馏塔内的温度分布，判断浓度的变化趋势，采取正确调控手段。

3. 学会用正交设计的方法，设计合理的实验方案，进行工艺条件的优选。

4. 获得反应精馏法制备甲缩醛的最优工艺条件，明确主要影响因素。

### 二、实验原理

本实验以甲醛与甲醇缩合生产甲缩醛的反应为对象进行反应精馏工艺的研究。合成甲缩醛的反应为：

$$2CH_3OH+CH_2O=C_3H_8O_2+H_2O \tag{30-4}$$

该反应是在酸催化条件下进行的可逆放热反应，受平衡转化率的限制，若采用传统的先反应后分离的方法，即使以高浓度的甲醛水溶液(38%~40%)为原料，甲醛的转化率也只能达到60%左右，大量未反应的稀甲醛不仅给后续的分离造成困难，而且稀甲醛浓缩时产生的甲酸对设备腐蚀严重。而采用反应精馏的方法则可有效地克服平衡转化率这一热力学障碍，因为该反应物系中各组分相对挥发度的大小次序为：

α 甲缩醛>α 甲醇>α 甲醛>α 水，可见，由于产物甲缩醛具有最大的相对挥发度，利用精馏的作用可将其不断地从系统中分离出去，促使平衡向生成产物的方向移动，大幅度提高甲醛的平衡转化率，若原料配比控制合理，甚至可达到接近平衡转化率。

### 三、试剂和材料

蒸馏水或去离子水，甲醛(含量38%)；甲醇(分析纯)，含量99.0%；浓硫酸(>98%)；在甲醛中加入1%~3%的浓硫酸作为催化剂；10mL 量筒，500mL 烧杯，吸管，2mL 玻璃样品瓶；电子天平(量程 1kg，精度 0.01g)；乳胶手套。

### 四、实验装置及流程

实验装置如图 30-1 所示。反应精馏塔由玻璃制成。塔径为 25mm，塔高约 2400mm，共分为三段，由下至上分别为提馏段、反应段、精馏段，塔内填装弹簧状玻璃丝填料。塔釜为 1000mL 四口烧瓶，置于 1000W 电热套中。塔顶采用电磁摆针式回流比控制装置。在塔釜、塔体和塔顶共设了五个测温点。

原料甲醛与催化剂混合后，经计量泵由反应段的顶部加入，甲醇由反应段底部加入。用气相色谱分析塔顶和塔釜产物的组成。

## 五、实验步骤及方法

1. 操作准备。

检查精馏塔进出料系统各管线上的阀门开闭状态是否正常。向塔釜加入 200mL，约 10% 的甲醇水溶液。调节计量泵，分别标定原料甲醛和甲醇的进料流量，甲醛的质量流量控制在 2g/min。

2. 实验步骤。

（1）先开启塔顶冷却水，再开启塔釜加热器，加热量要逐步增加，不宜过猛。当塔顶有冷凝液后，全回流操作约 20min。

（2）按选定的实验条件，开始进料，同时将回流比控制器拨到给定的数值。进料后，仔细观察并跟踪记录塔内各点的温度变化，测定并记录塔顶与塔釜的出料速度。调节出料量，使系统物料平衡。待塔顶温度稳定后，每隔 15min 取一次塔顶、塔釜样品，分析其组成，共取样 2~3 次。取其平均值作为实验结果。

（3）依正交实验计划表，改变实验条件，重复步骤（2），可获得不同条件下的实验结果。

（4）实验完成后，切断进出料，停止加热，待塔顶不再有凝液回流时，关闭冷却水。

注意：本实验按正交表进行，工作量较大，可安排多组学生共同完成。

## 六、实验数据记录与处理

1. 实验记录表。

（1）实验反应条件（见表 30-8）。

**表 30-8　实验反应条件**

| 回流比 | 甲醛浓度/wt% | 甲醛进料/(g/min) | 甲醛：甲醇 | 催化剂浓度/wt% | 塔顶采出量/(g/min) |
|---|---|---|---|---|---|
| | | | | | |
| | | | | | |
| | | | | | |

（2）塔体各段温度（见表 30-9）。

表 30-9 塔体各段温度

|  | 塔顶/℃ | 精馏段/℃ | 反应段/℃ | 提馏段/℃ | 塔釜/℃ |
|---|---|---|---|---|---|
| 全回流 |  |  |  |  |  |
| R = |  |  |  |  |  |
| R = |  |  |  |  |  |

（3）样品分析数据记录与处理（见表 30-10）。

表 30-10 样品分析数据记录与处理汇总表

|  | 第一次采样 | | | 第二次采样 | | | 第三次采样 | | |
|---|---|---|---|---|---|---|---|---|---|
|  | 甲醇/% | 水/% | 甲缩醛/% | 甲醇/% | 水/% | 甲缩醛/% | 甲醇/% | 水/% | 甲缩醛/% |
| R = |  |  |  |  |  |  |  |  |  |
| 校正后 |  |  |  |  |  |  |  |  |  |
| R = |  |  |  |  |  |  |  |  |  |
| 校正后 |  |  |  |  |  |  |  |  |  |

注：色谱分析计算公式中的甲醇校正因子为 1，水校正因子为_____，甲缩醛校正因子为_____。

校正公式：
$$w'_i = \frac{w_i \times f_i}{\sum (w_i \times f_i)}$$

式中 $w_i$——各组分质量分数；

$f_i$——各组分的校正因子。

2. 计算甲缩醛产品的收率。

甲缩醛收率计算公式：

$$\eta = \frac{(D \times x_d + W \times x_w)}{F \times x_f} \times \frac{M_1}{M_0} \times 100\% \qquad (30-5)$$

式中 $x_d$——塔顶馏出液中甲缩醛的质量分率；

$x_w$——塔釜出料中甲缩醛的质量分率；

$x_f$——进料中甲醛的质量分率，g/min；

$D$——塔顶馏出液的质量流率，g/min；

$F$——进料甲醛水溶液的质量流率，g/min；

$W$——塔釜出料的质量流率，g/min；

$M_1$、$M_0$——甲醛、甲缩醛的分子质量；

$\eta$——甲缩醛的收率。

3. 绘制全塔温度分布图、甲缩醛产品收率和纯度与回流比的关系图。

4. 以甲缩醛产品的收率为实验指标，列出正交实验结果表，运用方差分析确定最佳工艺条件。

## 七、结果及讨论

1. 应精馏塔内的温度分布有什么特点？随原料甲醛浓度和催化剂浓度的变化，反应段温度如何变化？这个变化说明了什么？

2. 根据塔顶产品纯度与回流比的关系、塔内温度分布的特点，讨论反应精馏与普通精馏有何异同？

3. 要提高甲缩醛产品的收率可采取哪些措施？

## 八、思考题与练习题

1. 采用反应精馏工艺制备甲缩醛，从哪些方面体现了工艺与工程相结合所带来的优势？

2. 是不是所有的可逆反应都可以采用反应精馏工艺来提高平衡转化率？为什么？

3. 在反应精馏塔中，塔内各段的温度分布主要由哪些因素决定？

4. 反应精馏塔操作中，甲醛和甲醇加料位置的确定根据什么原则？为什么催化剂硫酸要与甲醛而不是甲醇一同加入？实验中，甲醇原料的进料体积流量如何确定？

5. 若以产品甲缩醛的收率为实验指标，实验中应采集和测定哪些数据？请设计一张实验原始数据记录表。

# 第三十一章 气相色谱在化工专业实验中的应用

气液色谱法(Gas chromatography)，又称气相层析，是一种在有机化学中对易于挥发而不发生分解的化合物进行分离与分析的色谱技术。气相色谱的典型用途包括测试某一特定化合物的纯度与对混合物中的各组分进行分离(同时还可以测定各组分的相对含量)。在某些情况下，气相色谱还可能对化合物的表征有所帮助。在微型化学实验中，气相色谱可以用于从混合物中制备纯品。

## 第一节 概 述

气相色谱仪是用于分离复杂样品中的化合物的化学分析仪器。气相色谱仪中有一根流通型的狭长管道，这就是色谱柱。在色谱柱中，不同的样品因为具有不同的物理和化学性质，与特定的柱填充物(固定相)有着不同的相互作用而被气流(载气，流动相)以不同的速率带动。当化合物从柱的末端流出时，它们被检测器检测到，产生相应的信号，并被转化为电信号输出。在色谱柱中固定相的作用是分离不同的组分，使得不同的组分在不同的时间(保留时间)从柱的末端流出。其他影响物质流出柱的顺序及保留时间的因素包括载气的流速、温度等。

在气相色谱分析法中，一定量(已知量)的气体或液体分析物被注入到柱一端的进样口中[通常使用微量进样器，也可以使用固相微萃取纤维(Solid Phase Microextraction Fibres)或气源切换装置]。当分析物在载气带动下通过色谱柱时，分析物的分子会受到柱壁或柱中填料的吸附，使通过柱的速度降低。分子通过色谱柱的速率取决于吸附的强度，它由被分析物分子的种类与固定相的类型决定。由于每一种类型的分子都有自己的通过速率，分析物中的各种不同组分就会在不同的时间(保留时间)到达柱的末端，从而得到分离。检测器用于检测柱的流出流，从而确定每一个组分到达色谱柱末端的时间以及每一个组分的含量。通常来说，人们通过物质流出柱(被洗脱)的顺序和它们在柱中的保留时间来表征不同的物质。

### 一、色谱柱

气相色谱法中常用的色谱柱有两种：

1. 填充柱。

长1.5~10m，内直径为2~4mm。柱身通常由不锈钢或玻璃制成，内部有填充物，由一薄层液态或固态的固定相覆盖在磨碎的化学惰性固体表面(如硅藻土)构成。覆盖物的性质决定了哪些物质受到的吸附作用最强。因此，填充柱有很多种，每一种填充柱被设计成用于某一类或几类混合物的分离。例如，Porapak 系列填料是气相色谱填充柱最常用的填料之一，有极性和非极性的，其中 Porapak Q 是极性填料，常用来分析乙烯、乙炔、烷烃、芳烃、含氧有机物、卤代烷等物质。常见型号为 Porapak Q（2m、$\Phi$3mm、60 目～80 目）。注意，Porapak Q 对氨气是有吸附的，如果作微量氨，不建议使用 Porapak Q 柱。

2. 毛细管柱。

内直径很小，通常为十分之一毫米的数量级，长度一般在 25～60m 之间。在壁涂开管柱（WCOT）中，柱的内壁被一层活性材料所覆盖，而在多孔层开管柱（PLOT）中管壁为准固态，充满微孔。大部分的毛细管柱由石英玻璃组成，表面覆盖有一层聚亚酰胺。这些色谱柱都很柔软，因此一根很长的柱可以绕成一小卷。

常见的毛细管柱 SE-30 的参数如下：

毛细管柱型号：SE-30

固定相：100%甲基聚硅氧烷（胶体），键合型。

类型：非极性柱。

使用范围：SE-30 毛细管柱适用于碳氢化合物、芳香类化合物、农药、酚类、除草剂、胺、脂肪酸甲酯等。

使用温度：-60～320℃。

3. 新发展。

当人们发现一根柱难以满足需要时，人们开始尝试将多根色谱柱以特定的几何方式整合在一根柱内。这些新发展包括：

（1）内加热 microFAST 柱，在一个通用的柱壁内部整合了两根柱，一根内部加热丝和一个温度传感器；

（2）微填充柱（1/16″OD）是一种柱中套柱的填充柱。这种柱中外层柱的填料和内层柱的填料不同，因而可以同时表现出两根柱的分离行为，它们很容易与毛细管柱气相色谱仪的进样口及检测器相连接。

分子吸附与分子通过色谱柱的速率具有强烈的温度依赖性，因此色谱柱必须严格控温到十分之一摄氏度，以保证分析的精确性。降低柱温可以提供最大限度的分离，但是会令洗脱时间变得非常长。某些情况下，色谱柱的温度以连续或阶跃的方式上升，以达到某种特定分析方法的要求。这一整套过程称为控温程序。电子压力控制则可以调整分析过程中的流速，使得运行时间得以提升同时分离度不下降。

**二、检测器**

气相色谱法中可以使用的检测器有很多种，最常用的有火焰电离检测器（FID）与热导检测器（TCD）。这两种检测器都对很多种分析成分有灵敏的响应，同时可以测定一个很大的范围内的浓度。TCD 从本质上来说是通用性的，可以用于检测除了载气之外的任何物质（只要它们的热导性能在检测器检测的温度下与载气不同），而 FID 则主要对烃类响应灵敏。

FID 对烃类的检测比 TCD 更灵敏，但不能用来检测水。两种检测器都很强大。由于 TCD 的检测是非破坏性的，它可以与破坏性的 FID 串联使用（连接在 FID 之前），从而对同一分析物给出两个相互补充的分析信息。

其他的检测器要么只能检测出个别的被测物，要么可以测定的浓度范围很窄。

有一些气相色谱仪与质谱仪相连接而以质谱仪作为它的检测器，这种组合的仪器称为气相色谱-质谱联用（GC-MS，简称气质联用），有一些气质联用仪还与核磁共振波谱仪相连接，后者作为辅助的检测器，这种仪器称为气相色谱-质谱-核磁共振联用（GC-MS-NMR）。有一些 GC-MS-NMR 仪器还与红外光谱仪相连接，后者作为辅助的检测器，这种组合叫做气相色谱-质谱-核磁共振-红外联用（GC-MS-NMR-IR）。但是必须指出，这种情况是很少见的，大部分的分析物用单纯的气质联用仪就可以解决问题。

1. 氢火焰离子化检测器（FID）。

（1）工作原理。

氢火焰离子化检测器是将被分析的样品在氢火焰中燃烧，产生离子流。其离子化机理是化学电离。电离产生的离子流在外电场的作用下，离子被检测。其讯号的大小即被分析样品含量的多少。图 31-1 是一个氢火焰检测器的工作原理示意图。载气携带样品组分从色谱柱流出，经过电极间隙，气体中的一些分子被氢火焰电离成带电粒子，在电场作用下，产生电流 I，电流流过间隙和测量电阻 $R_2$，在 $R_2$ 两端产生电压降 $E_0$，通过微电流放大器放大后，输给记录仪。其电极间隙如同一个可变电阻 $R_1$，电阻值的大小取决于间隙内带电粒子的数量。当只有纯载气（实际工作中，载气中存有有机物质和色谱柱流失的固定液等物质）经过电极间隙时，产生一个对流恒定电流 I，这个恒定电流称为基流或称本底电流，氢火焰离子化检测器应用时，对基流的要求是越小越好，只有在小的基流情况下，才能使电流的微小变化检测出来。检测器在只有载气通过时，为了能够抵消基流的影响使放大器输入（出）为零，所以在输入端给定了一个与 I 乘上 $R_2$ 相等且极性相反的补偿电压。此时正负抵消，放大器输出信号等于零，在记录仪上绘出一条直线。当载气中含有被测样品通过电极间隙时，组分分子被电离，电荷粒子数目急剧增加，使气体导电的这个可变电阻 $R_1$ 减小，引起一个增加量 $R_2$，于是在记录仪上绘出一个信号谱图。

氢火焰离子化检测器正常工作需要三种气，氢气、空气、载气。检测器的性能依赖于三种气体流速的恰当选择。要取得好的稳定性和灵敏度，其气体纯度和压力范围的选择应符合表 31-1 的要求。

表 31-1　不同检测器气源压力和纯度参考

| 检测器 | 气源 | 入口压力 | 纯度 |
| --- | --- | --- | --- |
| TCD | $H_2$ 或 He | 0.3MPa | 99.999% |
| FID | $H_2$ | 0.3MPa | 99.995% |
| | $N_2$ 或 He | 0.4~0.5MPa | 99.998% |
| | Air | 0.3MPa | 无灰尘、油雾、水分 |

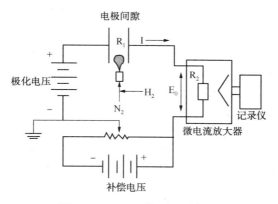

图 31-1　FID 工作原理示意图

（2）基本特点。

仪器检测器采用整体封闭式结构，以减少外界气流变化对检测器工作的影响。采用非金属喷嘴结构，其化学惰性好。喷嘴直径 0.5mm，在喷嘴上端的喷口处，以特殊材料与非金属封接，极化电压夹在喷口处。这样的设计不仅使离子流可以良好地传导，又避免了分析样品热分解现象的产生。

检测器筒体容积的设计保证了气体燃烧的高效率。载气和氢气是在喷嘴的内部混合，而助燃气体是从喷嘴的周围进入燃烧室。这样就有利于气体的充分混合，为高效率的燃烧和不易灭火创造了充分的条件。检测后的气体经放空口放空，气体放空的同时对检测器筒体又可起到清洗的作用，加强了检测器抵抗污染的能力。

检测器的设计保证了色谱柱的垂直安装。喷嘴与色谱柱之间的连接只有直径 1.5mm、长度 2mm 的不锈钢裸露面，在与玻璃填充柱组成分析系统时，可有效地降低金属表面对样品的吸附作用。

（3）应用范围。

氢火焰离子化检测器除对 $H_2$、$He$、$Ar$、$Kr$、$Ne$、$Xe$、$O_2$、$N_2$、$CS_2$、$COS$、$H_2S$、$SO_2$、$NO$、$N_2O$、$NO_2$、$NH_3$、$CO$、$CO_2$、$H_2O$、$SiCl_3$、$SiF_4$、$HCHO$、$HCOOH$ 等响应很小或没有响应外，对于大多数有机化合物都有响应。

由于检测器对水、空气没有什么响应，故特别适合于含生物物质的水相样品和空气污染物的测定。又因对 $CS_2$ 的灵敏度低，使得 $CS_2$ 成为 FID 检测器被测样品的极好溶剂。

在定量分析中，检测器对不同烃类灵敏度非常接近，因此在进行石油组分等烃类分析时，可以不用定量校正因子而直接按峰面积归一化计算。

氢火焰离子化检测器属于质量型检测器，不但具有灵敏度高、线性范围宽的优点，而且对操作条件变化相对不敏感，稳定性好。特别适合于做微量或常量的常规分析。因为响应速度快，所以和毛细管分析技术配合使用可完成痕量的快速分析，是气相色谱仪中应用最广泛的检测器之一。

2. 热导检测器（TCD）。

热导检测器（TCD）是气相色谱仪上应用最广泛的一种检测器之一，它结构简单、性能稳定、灵敏度适宜，对各种物质都有响应，尤其适应常规分析、气体分析。

（1）工作原理。

TCD 检测器基本原理（图 31-2），是基于不同物质与载气之间有不同的热传导率，当不同物质流经池体时，由于热丝温度受到响应，阻值发生变化，使桥路失去平衡，由之输出信号。信号大小与被测物质浓度成函数关系，输出信号被记录或送入数据处理机进行计算得出被测组分含量。

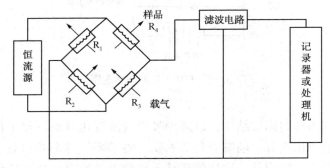

图 31-2　TCD 工作原理图

$$\frac{R_1}{R_2} = \frac{R_4}{R_3} \rightarrow 静态电阻值之比要求比例相等，R_1R_3 池和 R_2R_4 池互为参比。$$

（2）主要特性。

由于热导检测器属于浓度型检测器，所以检测器灵敏度与池体的几何结构、池体温度、稳定性、热丝的稳定性能、所用载气的热传导率，以及其气体流量的稳定性、纯度、流速等因素有关。检测器响应与桥流使用关系密切，桥流大，灵敏度高，但是噪声随之增大，寿命也会缩短，不易稳定走好基线。

### 三、分析方法

分析方法实际上是在某一特定的气相色谱分析中使用的一系列条件。建立分析方法实际上是确定对于某一分析的最佳条件的过程。

为了满足某一特定的分析要求，可以改变的条件包括进样口温度、检测器温度、色谱柱温度及其控温程序、载气种类及载气流速、固定相、柱径、柱长、进样口类型及进样口流速、样品量、进样方式等。检测器还可能有其他可供调节的参数，这取决于所使用的检测器类型。有一些气相色谱仪还有可以控制样品与载气流向的阀门，这些阀门开启与关闭的时间也可能对分析的效果有重要影响。

### 四、载气选择与载气流速

典型的载气包括氦气、氮气、氩气、氢气。通常，选用何种载气取决于检测器的类型。例如，放电离子化检测器（DID）需要氦气作为载气。不过，当对气体样品进行分析的时候，载气有时是根据样品的母体选择的。例如，当对氩气中的混合物进行分析时，最好用氩气作载气，因为这样做可以避免色谱图中出现氩的峰。载气的选择（流动相）是很关键的。氢气用作载气时分离效率最高，分离效果最好。安全性与可获得性也会影响载气的选择，比如说，氢气可燃，而高纯度的氦气某些地区难以获得。

载气流速对分析的影响在方式上与温度类似。载气流速越高，分析速度越快，但是分离度越差。因此，最佳载气流速的选择与柱温的选择一样，都需要在分析速度与分离度之间取得平衡。

### 五、数据整理与分析

1. 定性分析方法。

一般来说，色谱分析的结果用色谱图来表示。在色谱图中，横坐标为保留时间，纵坐标为检测器的信号强度。色谱图中有一系列的峰，代表着被分析物中在不同的时间被洗脱出来的各种物质。在分析条件相同的前提下，保留时间可以用于表征化合物。同时，在分析条件相同时，同一化合物的峰的形态也是相同的，这对于表征复杂混合物很有帮助。然而，现代的气相色谱分析很多时候采用联用技术，即气相色谱仪与质谱仪或其他能够表征各峰对应化合物的简单检测器相连。

2. 定量分析方法。

（1）外标法。

当能够精确进样量的时候，通常采用外标法进行定量。这种方法标准物质单独进样分析，从而确定待测组分的校正因子；实际样品进样分析后依据此校正因子对待测组分色谱峰进行计算得出含量。其特点是标准物质和未知样品分开进样，虽然看上去是二次进样，但实际上未知样品只需要一次进样分析就能得到结果。外标法的优点是操作简单，不需要前处理。缺点是要求精确进样，进样量的差异直接导致分析误差的产生。外标法是最常用的定量方法。

（2）归一化法。

归一化法有时候也被称为百分法（percent），不需要标准物质来帮助进行定量。它直接通过峰面积或者峰高进行归一化计算从而得到待测组分的含量。其特点是不需要标准物，只需要一次进样即可完成分析。

归一化法兼具内标和外标两种方法的优点，不需要精确控制进样量，也不需要样品的前处理；缺点在于要求样品中所有组分都出峰，并且在检测器的响应程度相同，即各组分的绝对校正因子都相等。归一化法的计算公式如（31-1）：

$$\omega_i = \frac{A_i}{\sum\limits_{i=1}^{n} A_i} \times 100\% \qquad (31-1)$$

式中　　$\omega_i$——待测组分的含量；

$A_i$——待测组分峰相对面积。

当各个组分的绝对校正因子不同时，可以采用带校正因子的面积归一化法来计算。事实上，很多时候样品中各组分的绝对校正因子并不相同。为了消除检测器对不同组分响应程度的差异，通过用校正因子对不同组分峰面积进行修正后，再进行归一化计算。其计算公式如（31-2）：

$$\omega_i = \frac{A_i f_i}{\sum\limits_{i=1}^{n} A_i f_i} \times 100\% \qquad (31-2)$$

式中　$\omega_i$——待测组分的含量；

　　　$A_i$——待测组分峰相对面积；

　　　$f_i$——校正因子。

与面积归一化法的区别在于用绝对校正因子修正了每一个组分的面积，然后再进行归一化。注意，由于分子分母同时都有校正因子，因此这里也可以使用统一标准下的相对校正因子，这些数据很容易从文献得到。

当样品中不出峰的部分的总量 $X$ 通过其他方法已经被测定时，可以采用部分归一化来测定剩余组分。计算公式如(31-3)：

$$\omega_i = \frac{A_i f_i}{\sum\limits_{i=1}^{n} A_i f_i} \times (100 - X)\% \qquad (31-3)$$

式中　$\omega_i$——待测组分的含量；

　　　$A_i$——待测组分峰相对面积；

　　　$X$——待测样品中不出峰的部分的总量；

　　　$f_i$——校正因子。

(3) 内标法。

选择适宜的物质作为预测组分的参比物，定量加到样品中去，依据欲测定组分和参比物在检测器上的响应值(峰面积或峰高)之比和参比物加入量进行定量分析的方法叫内标法。特点是标准物质和未知样品同时进样，一次进样。内标法的优点在于不需要精确控制进样量，由进样量不同造成的误差不会带到结果中。缺点在于内标物很难寻找，而且分析操作前需要较多的处理过程，操作复杂，并可能带来误差。

一个合适的内标物应该满足以下要求：能够和待测样品互溶；出峰位置不和样品中的组分重叠；易于做到加入浓度与待测组分浓度接近；谱图上内标物的峰和待测组分的峰接近。

(4) 内加法。

在无法找到样品中没有的合适的组分作为内标物时，可以采用内加法；在分析溶液类型的样品时，如果无法找到空白溶剂，也可以采用内加法。内加法也经常被称为标准加入法。

内加法需要除了和内标法一样进行添加样品的处理和分析外，还需要对原始样品进行分析，并根据两次分析结果计算得到待测组分含量。和内标法一样，内加法对进样量并不敏感，不同之处在于至少需要两次分析。

# 第二节　气相色谱仪的应用

## 一、实验目的

1. 掌握福立 9790 气相色谱仪的操作方法。

2. 了解校正因子的测定方法，掌握用校正因子修正测试结果。

3. 了解乙苯脱氢、恒沸精馏和反应精馏样品的色谱分析条件设置。

## 二、仪器工作原理

仪器以气体为流动相。当某一种被分析的多组分混合样品被注入注样器且瞬间汽化以后，样品由流动相气体载气所携带，经过装有固定相的色谱柱时，由于组分分子与色谱柱内部固定相分子间要发生吸附、脱附溶解等过程，那些性能结构相近的组分，因各自的分子在两相间反复多次分配，发生很大的分离效果，且由于每种样品组分吸附、脱附的作用力不同，所反应的时间也不同，最终结果使混合样品中的组分得到完全地分离。被分离的组分按顺序进入检测器系统，由检测器转换为电信号送至记录仪或积分仪绘出色谱图，其流程图如图 31-3 所示。

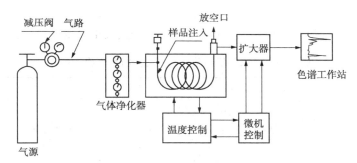

图 31-3　气相色谱仪流程图

## 三、试剂和材料

微量进样器(1μL)；苯-甲苯-乙苯-苯乙烯混合样；水-乙醇-正己烷混合样；水-乙醇-乙酸-乙酸乙酯混合样；2mL 带盖样品瓶；吸水纸。

福立 GC-9790 型气相色谱仪(基本结构如图 31-1 所示)是一种普及型、多用途、高性能的单检测器系列化仪器。其基型仪器采用双气路分析系统，配有氢火焰检测器(FID)，仪器可进行恒温或程序升温操作方式；可安装填充柱或毛细管色谱柱；可作柱头进样或快速汽化注样方式；并可选择配置各种不同性能的检测器(FID、TCD、ECD、FPD)等以组成不同的仪器，满足不同样品的分析需求。

## 四、仪器装置

福立 9790 气相色谱仪采用微机控制，键盘式操作，液晶屏幕显示。具有电子线路集成度高，可靠性好、操作简单、适应长时间的运行等优点，基本结构如图 31-4 所示。

注样器恒温箱内可同时容纳两个填充柱注样器或快速注样器。毛细管注样器箱内可装配一个毛细管注样器。为适合特殊用户的需要，仪器可同时装配两个检测器箱。一个标准检测器箱和一个导热池检测器箱。其中标准检测器箱为双机座安装方式，能够同时安装两个检测器。

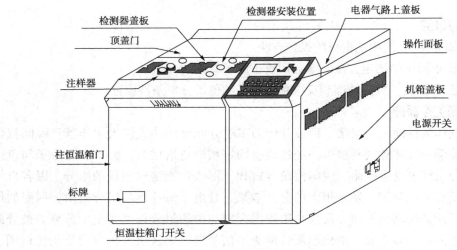

图 31-4　仪器基本结构

## 五、色谱测试条件

乙苯脱氢、恒沸精馏和反应精馏的测试条件分别见表 31-2 和表 31-3。

表 31-2　乙苯脱氢制苯乙烯产品分析色谱操作条件

| 检测器类型 | 氢火焰检测器（FID） |
| --- | --- |
| 载气 | 氮气（纯度不低于 99.99%） |
| 色谱柱类型 | 毛细管柱型号：SE-30（100%甲基聚硅氧烷）；温度范围：-60~320℃ |
| 色谱柱规格 | 30m×0.32mm×0.33μm |
| 柱箱温度 | 120℃ |
| 气化室温度 | 160℃ |
| 检测器温度 | 200℃ |
| 氢氧比 | 30mL/min：300mL/min（1:10） |
| 分流流量 | 75mL/min |
| 尾吹流量 | 30mL/min |
| 进样量 | 0.2μL |

表 31-3　恒沸精馏和反应精馏产品分析色谱操作条件

| 检测器类型 | 热导池检测器（TCD） |
| --- | --- |
| 载气 | 氢气（纯度不低于 99.99%） |
| 色谱柱类型 | 填充柱 PorapaK Q（乙基苯乙烯、二乙烯苯共聚）；温度范围：≤250℃；参比柱：OV-101（0.5m，Φ3mm）；固相性：100%甲基聚硅氧烷；类型：非极性固定相 |

续表

| 色谱柱规格 | 2m×3mm，60 目~80 目 |
| --- | --- |
| 柱箱温度 | 180℃ |
| 气化室温度 | 200℃ |
| 检测器温度 | 220℃ |
| 载气流量 | 25mL/min |
| 进样量 | 0.3μL |

### 六、操作步骤

1. 氢火焰（FID）检测的使用步骤。

（1）检查氢火焰（FID）检测时气路的接法：上→下，分别为：氮气→氢气→空气；检查更换橡胶塞；净化器开关全开。

（2）打开氮氢空一体机，需要等待约半小时后，检查气相色谱仪进气总压（于气路控制面板看）有压力后才可以打开气相色谱仪电源。如长时间没有使用，开机后气相色谱仪进气会很慢，此时，可以用小扳手旋松气相色谱仪右后部位的外气路连接口，放出管路中的气体，加快进气。

（3）检查检测信号是否接在氢火焰（FID）检测上。

（4）应保证仪器顶部左上边、氢火焰流量调节部位分流尾气口和清洗尾气口保持通畅（其外接六角螺母中心有空洞）；载气为 0.05MPa，两台仪器都一样，此值为固定，请不要调动。

（5）等到气相色谱仪进气总压有压力后（约半个小时），检查仪器的所有压力表，压力正常后，打开仪器电源及加热开关，设定温度，氢火焰（FID）检测时，通过仪器控制面板，设定"柱箱""检测器""辅助Ⅰ"的温度及升温程序。

（6）到达温度后点火，点火时，先取下点火口上端的"小帽"，使用点火器在点火口进行点火。

点火后，待流量和火焰调节到稳定后，将"小帽"重新盖在点火口上，此时应该注意检查火焰是否熄灭，同时，"小帽"的排气口应避免正对迎风风向，避免火焰熄灭。

（7）仪器稳定后进样，进行实验。

（8）实验结束关机时，需要把所有温度设定到50℃，关闭气体净化器的氢气和空气开关，在继续通氮气条件下冷却一段时间，再关氮氢空一体机和色谱电源。

注意：由于仪器中压力仪表的流量都调为固定，关机时不用调节仪器的压力调节系统！！

2. 热导池（TCD）检测的使用步骤。

（1）检查热导池（TCD）检测时气路的接法：载气为氢气。

如原先为氢火焰（FID）检测，此时，需要卸下外气路连接口的 $N_2$ 和 $H_2$ 接管，把 $H_2$ 接到载气的接口上；检查更换橡胶塞；净化器只打开 $H_2$，其他两个开关关闭。

（2）打开氮氢空一体机，需要等待约半小时后，检查气相色谱仪进气总压（于气路控制面板看)有压力后才可以打开气相色谱仪电源。如长时间没有使用，开机后气相色谱仪进气会很慢，此时，可以用小扳手旋松气相色谱仪右后部位的外气路连接口，放出管路中的气体，加快进气。

（3）检查检测信号是否接在热导池（TCD）检测上。

（4）用带有"堵头"的六角螺母堵住氢火焰流量调节部位的分流尾气的出气口，同时应卸下热导池检测器尾部的尾气排气口的铜制六角螺帽（左边 1 号仪器已换成软管尾气排气管，使用前应打开止水夹）。

（5）等到气相色谱仪进气总压有压力后（约半个小时），检查仪器的所有压力表，压力正常后，打开仪器电源及加热开关，设定温度，热导池（TCD）检测时，通过仪器控制面板，设定"柱箱""热导""注样器"的温度及升温程序。

（6）到达温度后，打开桥流开关，按下过载保护复位键，TCD 信号灯的黄灯亮。

（7）等基线走稳后（时间约开桥流后半小时）进样，进行实验。

（8）实验结束关机时，需要把所有温度设定到 50℃，在继续通气条件下冷却到 70℃ 以下，再关氮氢空一体机和色谱电源；关电源时，把热导池检测器尾部的尾气排气口铜制六角螺帽及时旋上（或夹上止水夹），对热导检测器进行密封保护。

### 七、数据记录与处理

乙苯脱硫的样品可认为其各组分的校正因子约等于 1，因此不需要校正。而恒沸精馏和反应精馏需要根据公式（31-2）对测定结果进行校正，以计算出各组分的含量。

**表 31-4　色谱测试结果记录**

| 乙苯脱氢样品 | 色谱机/通道 | | 进样量 | |
| --- | --- | --- | --- | --- |
| | 苯 | 甲苯 | 乙苯 | 苯乙烯 |
| 保留时间/min | | | | |
| 质量百分数/% | | | | |
| 保留时间/min | | | | |
| 质量百分数/% | | | | |
| 反应精馏样品 | 色谱机/通道 | | 进样量 | |
| | 水 | 乙醇 | 乙酸 | 乙酸乙酯 |
| 保留时间/min | | | | |
| 面积百分含量/% | | | | |
| 校正因子 | | | | |
| 校正后质量百分数/% | | | | |
| 恒沸精馏样品 | 色谱机/通道 | | 进样量 | |
| | 水 | 乙醇 | 正己烷 | |
| 保留时间/min | | | | |
| 面积百分含量/% | | | | |
| 校正因子 | | | | |
| 校正后质量百分数/% | | | | |

## 八、思考题与练习题

1. 气相色谱的分离原理是什么？适用什么对象？

2. 气相色谱分析技术常用的检测器有哪些？各有什么特点？

3. 气相色谱分析技术常用的定量方法有哪些？各有什么优缺点？

4. 何谓校正因子？校正因子在结果处理中有何作用？

# 第三十二章　固体流态化实验

## 第一节　概　述

流态化是目前化学工业以及其他许多行业如能源、冶金等广泛使用的一门工业技术。在化学工业中，经常有流体流经固体颗粒的操作，如过滤、吸附、浸取、离子交换以及气固、液固和气液固反应等，凡涉及这类流固系统的操作，按其中固体颗粒的运动状态，一般将设备分为固定床、移动床和流化床三大类，近年来，流化床设备得到越来越广泛的应用。主要用于强化传质、传热，亦可实现气固反应、物理加工、颗粒的输送等过程。

固体流态化就是固体物质流体化。流体以一定的流速通过固体颗粒组成的床层时，可将大量固体颗粒悬浮于流动的流体中，颗粒在流体作用下上下翻滚，犹如液体。这种状态即为流态化。

流化床现象是在一定的流体空速内出现，在此流速范围内，随着流速的加大，流化床高度不断增加，床层空隙率相应增大。流化床根据流体的性质不同，可分为以下两种类型。

1. 散式流态化——若流化床中固体颗粒均匀地分散于流体中，床层中各处空隙率大致相等，床层有稳定的上界面，这种流化形式称为散式流态化。当流体与固体的密度相差较小时会发生散式流化，如液-固体系。

2. 聚式流态化——对气-固体系，因流化床中气体与固体的密度相差较大，气体对固体的浮力很小，气体对颗粒的支撑主要靠曳力，此时气体通过床层主要以大气泡的形式出现，气泡上升到一定高度处会自动破裂，造成床层上界面有较大的波动，这种气-固体系的流态化称为聚式流态化。

对散式流化，流态化床层的(修正)压降等于单位截面积床层固体颗粒的净重，可由式(32-1)表达：

$$\Delta P = L(\rho_s - \rho)(1-\varepsilon)g \qquad (32-1)$$

式中　$L$——床层颗粒开始流化时的床层高度，m；

　　　$\varepsilon$——床层颗粒开始流化时的床层空隙率；

　　　$\rho_s$——固体密度，$kg/m^3$；

　　　$\rho$——流体密度，$kg/m^3$；

　　　$g$——重力加速度，$m/s^2$。

从式中可以看出：散式流化过程床层压降不随流体空速的变化而变化。影响流化床层的因素主要为床层高度、流体与颗粒的密度、颗粒空隙率等。

## 第二节 固体流态化实验

### 一、实验目的

1. 观察散式和聚式流态化现象。

2. 测定液-固与气-固流态化系统中流体通过固体颗粒床层的压降和流速之间的关系。

### 二、实验原理

流体(液体或气体)自下而上通过一固体颗粒床层,当流速较低时,流体自固体颗粒间隙穿过,固体颗粒不动,这种固体颗粒床层为固定床;流速加大,固体颗粒松动,流速继续增大至某一临界数值,固体颗粒被上升流体推起,此时固体颗粒悬浮在流体中做上下、自转、摇摆等随机运动,好像沸腾的液体在翻腾,此即固体流态化。此时的颗粒床层称为流化床或沸腾床,临界速度 $u_{mf}$ 称为起始流化速度。

### 三、试验装置

实验装置如图32-1所示,包含液-固和气-固两种流化床,均为圆形透明有机玻璃结构。对气-固流化床用的是空气-硅胶颗粒体系,流动的空气由鼓风机提供,依次经过气体流量调节阀、气体转子流量计、温度计、气体分布板后,穿过硅胶颗粒组成的床层,最后由床层顶部排出。空气的流量由转子流量计读出,空气通过床层的压降由U形压差计读出,床层高度的变化由标尺杆测出。

对液-固流化床用的是水-石英砂体系。液-固系统的水由旋涡式水泵自水箱抽取依次经过流量调节阀、转子流量计、温度计及液体分布板后,穿过石英砂组成的床层后,流经床层的水由顶部溢流槽流回水箱。水的流量由转子流量计读出,床层压降由U形压差计读出,床层高度的变化由标尺杆测出。

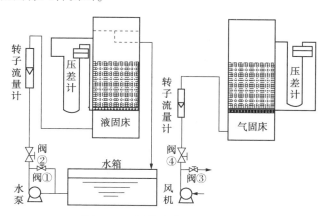

图32-1 固体流态化实验装置

### 四、实验步骤

在熟悉实验设备、流程、各控制开关、阀门的基础上按以下步骤进行实验:

（1）用木棒轻轻敲打床层，使床层高度均匀一致，并测量出首次静床高度。

（2）打开电源，启动风机（水泵）。

（3）调节气体（液体）流量从最小刻度开始，然后流量每次增加 1.0m³/h（液体 40L/h），同时记录下相应的流量、床层压降等上行原始数据。最大气体（液体）流量以不把床内固体颗粒带出床层为准。

（4）调节气体（液体）量从上行的最大流量开始，每次减少 1.0m³/h（液体 40L/h），直至最小流量，记录相应的下行原始实验数据。

（5）测量结束后，关闭电源，再次测量经过流化后的静床高度。比较两次静床高度的变化。

（6）在临界流化点之前必须保证有六点以上的数据，且在临界流化点附近应多测几个点。

（一）散式流态化（液–固床）的操作步骤

1. 用木棒轻轻敲打床层，使床层高度均匀一致，并测量出首次静床高度。

2. 检查阀①应处于全开状态，阀②应处于全关状态。

3. 打开电源，启动泵，按下绿色按钮，启动前应搬动泵轴使其转动灵活。

4. 缓缓打开阀②，流量计浮子升起，使流化床内充满水至上部溢流槽，检查 U 形管压差计的测压引线如有气泡应排除。注意防止流量太大大将水冲入压差计。

5. 调节阀②和①（小流量调节阀②，大流量调节阀①）调节液体流量从最小刻度开始，然后流量每次增加 20L/h，临界流化之后（大约 300L/h），流量每次增加 40L/h，同时记录下相应的流量、床层压降、床层高度等上行原始数据。最大液体流量以不把床内固体颗粒带出床层为准。

6. 调节液体量从上行的最大流量开始，每次减少液体流量，直至最小流量，间隔与上行间隔一致，记录相应的下行原始实验数据。

7. 结束实验：先把阀①全开、阀②全关恢复固定床状态，然后按下红色按钮停泵，关闭电源。

8. 再次测量经过流化后的静床高度，比较两次静床高度的变化。

（二）聚式流态化（气–固床）的操作步骤

1. 用木棒轻轻敲打床层，使床层高度均匀一致，并测量出首次静床高度。

2. 检查阀③应处于全开状态，阀④应处于全关状态。

3. 打开电源，启动鼓风机，按下绿色按钮。

4. 调节阀④（小流量调节阀④，大流量关小阀③）流量从最小刻度开始，然后流量每次增加 1.0m³/h（流量计最大刻度是 60m³/h 的每次增加 2.0m³/h），同时记录下相应的流量、床层压降、床层高度等上行原始数据。最大气体流量以不把床内固体颗粒带出床层为准。

5. 调节气体量从上行的最大流量开始，每次减少气体流量，直至最小流量，间隔与上行间隔一致，记录相应的下行原始实验数据。

6. 结束实验：先把阀③全开，全关④恢复固定床状态，然后按下红色按钮停风机，关闭电源。

7. 再次测量经过流化后的静床高度，比较两次静床高度的变化。

## 五、数据记录及处理

1. 原始数据记录表(见下表)。

**表 32-1 聚式流化床(气-固体系)实验原始数据记录表**

空气温度:＿＿＿＿℃　　$L_{0始}$ = ＿＿＿＿cm　　$L_{0末}$ = ＿＿＿＿cm

| 序号 | 流量计读数/ ($m^3/h$) | 压差/mmH₂O | | 床层高度/cm | | 序号 | 流量计读数/ ($m^3/h$) | 压差/mmH₂O | | 床层高度/cm | |
|---|---|---|---|---|---|---|---|---|---|---|---|
| | | 上行 | 下行 | 上行 | 下行 | | | 上行 | 下行 | 上行 | 下行 |
| 1 | | | | | | 17 | | | | | |
| 2 | | | | | | 18 | | | | | |
| 3 | | | | | | 19 | | | | | |
| 4 | | | | | | 20 | | | | | |
| 5 | | | | | | 21 | | | | | |
| 6 | | | | | | 22 | | | | | |
| 7 | | | | | | 23 | | | | | |
| 8 | | | | | | 24 | | | | | |
| 9 | | | | | | 25 | | | | | |
| 10 | | | | | | 26 | | | | | |
| 11 | | | | | | 27 | | | | | |
| 12 | | | | | | 28 | | | | | |
| 13 | | | | | | 29 | | | | | |
| 14 | | | | | | 30 | | | | | |
| 15 | | | | | | 31 | | | | | |
| 16 | | | | | | 32 | | | | | |

**表 32-2 散式流化床(液-固体系)实验原始数据记录表**

水的温度:＿＿＿＿℃　　$L_{0始}$ = ＿＿＿＿cm　　$L_{0末}$ = ＿＿＿＿cm

| 序号 | 流量计读数/ (L/h) | 压差/mmH₂O | | 床层高度/cm | | 序号 | 流量计读数/ (L/h) | 压差/mmH₂O | | 长层高度/cm | |
|---|---|---|---|---|---|---|---|---|---|---|---|
| | | 上行 | 下行 | 上行 | 下行 | | | 上行 | 下行 | 上行 | 下行 |
| 1 | | | | | | 17 | | | | | |
| 2 | | | | | | 18 | | | | | |
| 3 | | | | | | 19 | | | | | |
| 4 | | | | | | 20 | | | | | |
| 5 | | | | | | 21 | | | | | |
| 6 | | | | | | 22 | | | | | |
| 7 | | | | | | 23 | | | | | |
| 8 | | | | | | 24 | | | | | |
| 9 | | | | | | 25 | | | | | |
| 10 | | | | | | 26 | | | | | |
| 11 | | | | | | 27 | | | | | |
| 12 | | | | | | 28 | | | | | |
| 13 | | | | | | 29 | | | | | |
| 14 | | | | | | 30 | | | | | |
| 15 | | | | | | 31 | | | | | |
| 16 | | | | | | 32 | | | | | |

2. 在直角坐标纸上分别标绘液-固和气-固床层压降 $\Delta P$ 与液、气空床流速 $u$ 的关系曲线。

## 六、练习题与思考题

1. 从观察到的现象判断属于何种流化?

2. 实际流化时，P 为什么会波动?

3. 由小到大改变流量与由大到小改变流量测定的流化曲线是否重合，为什么?

4. 流体分布板的作用是什么?

# 附录一  学生实验守则

一、爱护仪器、设备、工具等，节约器材、试剂、水电，努力降低消耗。

二、在进入实验室前，学生必须预习好当天的实验内容，由教师或实验教师进行检查，并向学生交代注意事项、操作规程，在没有掌握原理及操作方法之前，不得启动仪器设备。

三、保持实验室安静，不得大声喧哗，不得在实验室抽烟、随地吐痰、乱扔杂物等，不得穿背心及带钉子的鞋或光脚进入实验室。

四、实验时要细心观察，准确记录实验数据，不得违章作业或做与实验无关的事情。否则教师有权令其停止实验，成绩以不及格论处，情节严重者给予通报批评或处分。

五、损坏仪器设备者，应主动报告教师，并进行登记，按规定赔偿损失。

六、不准私拿实验室任何物品，违者除追回原物，还要给予批评并罚款。

七、实验完毕，要做好五清洁(仪器、台面、地面、凳子、水槽)，仪器、设备及材料等归还原处，关好电源、水源，同时在仪器设备卡片上登记使用人姓名、仪器设备使用情况。经教师检查同意后，方可离开实验室。

# 附录二　实验室安全制度

一、禁止在电炉上直接加热易燃液体。

二、禁止在烘箱中烘油品及易燃液体、固体物品。

三、禁止使用木片、纸屑作引火物。

四、禁止在无人看管的情况下点燃酒精及通电设备。

五、禁止贮存石油产品等易燃物靠近高温或使用明火处。

六、试验过程中油品或易燃物外溢时应及时断绝火源及电源。

七、盛有油品、药品的瓶子应贴好标签并盖严。

八、禁止油品、酸、碱、废液倒入水槽中。

九、水银外溢时(如使用汞封、温度计损坏时)应立即停止操作，清除水银。

十、禁止在实验室吸烟或吃东西。

十一、使用强酸、强碱时应采用相应防护措施。稀释硫酸时，应将硫酸缓慢注入水中。禁止相反的操作。

十二、严禁充气的高压气瓶放置靠高温地方。

十三、严禁带油操作氧气瓶。

# 附录三　实验室安全知识

实验室潜在着各种危害因素。这些潜在的危害因素可能引发各种事故，造成人体伤害和环境污染，甚至可能危及人体的生命安全。因此，了解和掌握实验室的防火、防爆、防毒、防触电等安全操作知识和防止环境污染的知识很重要。重视实验室建设，消除实验室中存在的不安全因素，防患于未然，保护环境，对整个社会有着重要的意义。

## 一、实验室常用危险品的分类

1. 可燃气体。

凡是遇火、受热或与氧化剂相接触能引起燃烧或爆炸的气体称为可燃气体。如：氢气、甲烷、乙烯、煤气、液化石油、一氧化碳等。

2. 可燃液体。

容易燃烧且在常温下呈液态，具有挥发性，燃点低的物质称为可燃液体。如：乙醚、丙酮、汽油、苯类、乙醇等。

3. 可燃性固体物质。

凡是遇火、受热、撞击、摩擦或与氧化剂接触能着火的固体。如：木材、油漆、石蜡、合成纤维等，化学药品有五硫化磷、三硫化磷等。

4. 爆炸性物质。

在热力学上很不稳定，受到轻微摩擦、撞击、高温等因素的激发而发生激烈的化学变化，在极短时间内放出大量气体和热量，同时伴随有热和光等效应发生的物质。如：过氧化物、氮的卤化物、硝基或亚硝基化合物、乙炔类化合物等。

5. 自燃物质。

有些物质在没有任何外界热源的作用下，由于自行发热和向外散热，当热量积蓄升温到一定程度能自行燃烧的物质。如：磁带、胶片、油布、油纸等。

6. 遇水燃烧物质。

有些化学物质当吸收空气中水分或接触到水时，会发生剧烈的反应，并放出大量可燃气体和热量，当达到自燃点时可引发燃烧和爆炸。如：活泼金属钾、钠、锂及其氢化物等。

7. 混合危险性物质。

两种或两种以上性能抵触的物质，混合后发生燃烧和爆炸的称为混合危险性物质。如：强氧化剂(重铬酸盐、氧、发烟硫酸)，还原剂(苯胺、醇类、有机酸、油脂、醛类等)。

8. 有毒物品。

某些侵入人体后在一定条件下破坏人体正常生理机能的物质称为有毒物质。可分以下几类：

（1）窒息性毒物：氮、氢、一氧化碳等。

（2）刺激性毒物：酸类蒸气、氯气等。

（3）麻醉性或神经性毒物：芳香类化合物、醇类化合物、苯胺等。

（4）其他无机及有机毒物：指对人体作用不能归入上述三类的无机和有机毒物。

附表 3-1  部分可燃气体和蒸气的爆炸极限

| 物质名称 | 化学式 | 沸点/℃ | 闪点/℃ | 自燃点/℃ | 爆炸极限 | |
| --- | --- | --- | --- | --- | --- | --- |
| | | | | | 上限/% | 下限/% |
| 氢 | $H_2$ | -257.8 | — | — | 74.2 | 4.0 |
| 一氧化碳 | CO | -191.4 | -50 | 610 | 74.2 | 12.5 |
| 氨 | $NH_3$ | -33.5 | — | 651 | 25.0 | 16.1 |
| 乙烯 | $CH_2=CH_2$ | -103.7 | -135 | 450 | 36.0 | 2.7 |
| 丙烯 | $C_3H_6$ | -47.4 | -108 | 460 | 10.3 | 2.4 |
| 丙烯腈 | $CH_2=CHCN$ | 77.3 | -1 | 481 | 17.0 | 3.0 |
| 苯乙烯 | $C_6H_9CH=CH$ | 146 | 31 | 490 | 6.1 | 1.1 |
| 乙炔 | $C_2H_2$ | -83.8(升华) | -17.7 | 305 | 82.0 | 2.5 |
| 苯 | $C_6H_6$ | 80.1 | -10 | 562 | 8.0 | 1.2 |
| 乙苯 | $C_6H_5C_2H_5$ | 136.2 | 15 | 432 | 6.7 | 1.0 |
| 乙醇 | $C_2H_5OH$ | 78.3 | 13 | 363 | 19.0 | 3.3 |
| 异丙醇 | $CH_3CHOHCH_5$ | 82.5 | 12 | 399 | 12.7 | 2.0 |
| 甲醇 | $CH_3OH$ | 64.7 | 11 | 385 | 44.0 | 5.5 |
| 丙酮 | $CH_3COCH_3$ | 56.5 | -20 | 465 | 13.0 | 2.5 |
| 乙醚 | $(C_2H_5)_2O$ | 34.6 | -45 | 160 | 36.0 | 1.9 |
| 甲醛 | $CH_3CHO$ | -19.5(气体)<br>98(37%水溶液) | 56(气体)<br>83(37%水溶液) | 430 | 73.0 | 7.0 |

## 二、防燃、防爆的措施

1. 有效控制易燃物及助燃物。

（1）控制易燃易爆物的用量。原则上是用多少领多少，不用的要存放在安全的地方。

（2）加强室内的通风。主要是控制易燃易爆物质在空气中的浓度，一般要小于或等于爆炸下限的 1/4。

（3）加强密闭。在使用和处理易燃易爆物质（气体、液体、粉尘）时，加强容器、设备、管道的密闭性，防止泄漏。

（4）充惰性气体。在爆炸性混合物中充惰性气体，可缩小以至消除爆炸范围和制止火焰的蔓延。

2. 消除点燃源。

（1）管理好明火及高温表面，在有易燃易爆物质的场所，严禁明火（如电热板、开式电炉、电烘箱、高温炉、煤气灯等)及白炽灯照明。

（2）严禁在实验室内吸烟。

（3）避免摩擦和冲击，防止产生过热甚至发生火花。

（4）严禁各类电气火花，包括高压电火花放电、弧光放电、电接点微弱火花等。

### 三、消防措施

1. 消防的基本方法。

（1）隔离法：将火源处或周围的可燃物撤离或隔开，由于缺少可燃物，燃烧停止。

（2）冷却法：降低燃烧物的燃点温度，如使用冷水、二氧化碳等。

（3）窒息法：隔离空气与燃烧物接触，使燃烧物质得不到足够的氧气而熄灭，如用砂子、石棉布、湿麻袋、二氧化碳、惰性气体等。

2. 灭火剂、灭火器材的选用。

灭火时必须根据火灾的大小、燃烧物的种类，以及周围环境情况，选用合适的灭火剂和灭火器材。通常实验室使用的大多数为二氧化碳、干粉、泡沫型灭火器，但泡沫型灭火器不适合于带电设备起火使用，而只适合于一般灭火使用，不能在可燃液体、带电设备火灾中使用。实验室的小火灾宜用窒息法。

灭火器材的使用。平时要熟悉掌握各种灭火器材的使用方法，如首先拿起软管，把喷嘴对着着火点，拔出保险销，用力压下并抓住杠杆压把，灭火剂即喷出。用完后要排除剩余压力，有待重新装入灭火剂后备用。

### 四、有毒物质的基本预防措施

实验室中使用的多数化学药品都具有毒性，毒物侵入人体的基本途径是皮肤、消化道和呼吸道。因此，要根据毒物的危害程度大小，采取相应的预防措施防止对人体的危害。

1. 实验室应有通风、排毒、隔离等安全防范措施。

2. 实验装置尽可能密闭，防止冲、溢、跑、冒等事故发生。

3. 尽可能用无毒或低毒物质替代高毒物质。

4. 实验室内严禁吃东西，离开实验室前要清洁个人卫生。

5. 使用有毒物时要做好防护措施，如戴上防毒面具、橡皮手套、穿防毒衣装等。

附表 3-2　几种常用有毒物质的接触控制浓度　　　　mg/m³

| 物质名称 | 接触控制浓度 | 物质名称 | 最高允许浓度 |
| --- | --- | --- | --- |
| 一氧化碳 | MAC(30) | 苯酚 | MAC(5) |
| 氯 | MAC(2) | 甲苯 | MAC(100) |
| 氨 | MAC(30) | 甲醇 | PC-TWA(25)，PC-STEL(50) |
| 氯化氢及盐酸 | MAC(150) | 苯乙烯 | PC-TWA(50)，PC-STEL(100) |
| 硫酸及硫酐 | PC-TWA(1)，PC-STEL(2) | 甲醛 | MAC(3) |
| 苯 | PC-TWA(6)，PC-STEL(10)100 | 四氯化碳 | MAC(25) |
| 二甲苯 | MAC(100) | 溶剂汽油 | PC-TWA(300)，PC-STEL(450) |

续表

| 物质名称 | 接触控制浓度 | 物质名称 | 最高允许浓度 |
|---|---|---|---|
| 丙酮 | PC-TWA(300)，PC-STEL(450) | 汞 | MAC(0.02) |
| 乙醚 | MAC(500) | 二硫化碳 | MAC(10) |

注：表中 MAC 为最高允许浓度（Maximum Allowable Concentration）；PC-TWA 为时间加权平均允许浓度（Permissible Concentration-Time Weighted Average，PC-TWA），指以时间为权数规定的 8 小时工作日的平均容许接触水平；PC-STEL 为短时间接触容许浓度（Pemissible Concentration-Short Term Exposure Limit，PC-STEL），指一个工作日内，任何一次接触不得超过 15min 的加权平均的容许接触水平。

## 五、电气对人体的危害及防护

电气对人体造成的伤害较大，严重的会危及人的生命。电对人的伤害可分为内伤和外伤两种，可单独发生，也可同时发生。因此，掌握一定的电气安全知识是很必要的。

1. 电伤危险因素。

电流通过人体某一部分即为触电。触电是最直接的电气事故，常常是致命的。其伤害的大小与电流强度的大小、触电作用时间及人体的电阻等因素有关。实验室常用的电气是 220~380V，频率为 50Hz 的交流电，人体的心脏每跳动一次约有 0.1~0.2s 的间歇时间，此时对电流最为敏感，因此当电流经人体脊柱和心脏时其危害极大。人体的电阻分为皮肤电阻（潮湿时约为 2000Ω，干燥时为 5000Ω）和体内电阻（150~500Ω）。随着电压升高，人体电阻相应降低。触电时则因皮肤破裂而使人体电阻骤然降低，此时通过人体的电流随之增大而危及人的生命。

附表 3-3　电流量、电压对人体的影响

| 电流量/mA | 对人体的影响 | 电压/V | 接触时对人体的影响 |
|---|---|---|---|
| 1 | 略有感觉 | 10 | 全身在水中，跨步电压界限为 10V/m |
| 2 | 相当痛苦 | 20 | 为湿手的安全界限 |
| 10 | 难以忍受的痛苦 | 30 | 为干燥手的安全界限 |
| 20 | 肌肉收缩，无法自行脱离触电电源 | 45 | 为对生命没有危险的界限 |
| 50 | 呼吸困难，相当危险 | 100~200 | 危险性极大，危及人的生命 |
| 100 | 大多数致命 | 3000 | 被带电体吸引，安全距离 15cm |
| — | — | >10000 | 有被弹开而脱险的可能，安全距离 20cm |

2. 防止触电注意事项。

（1）电气设备要有可靠接地线，一般要用三眼插座。

（2）一般不带电操作。除非在特殊情况下需带电操作，必须穿上绝缘胶鞋及戴橡皮手套等防护用具。

（3）安装漏电保护装置。一般规定其动作电流不超过 30mA，切断电源时间应低于 0.1s。

（4）实验室内严禁随意拖拉电线。

（5）对使用高电压、大电流的实验，至少要由 2~3 人以上进行操作。

## 六、高压容器安全技术

高压容器一般可分为两大类：固定式与移动式。实验室常用的固定式容器有高压釜、直流管式反应器、无梯度反应器及压力缓冲器等。移动式压力容器主要是压缩气瓶和液化气瓶等，压力容器一般可分为低压容器（工作压力 $0.1MPa \leqslant P < 1.6MPa$）、中压容器（工作压力 $1.6MPa \leqslant P < 10MPa$）、高压容器（工作压力 $10MPa \leqslant P < 100MPa$）、超高压容器（工作压力 $\geqslant 100MPa$）。

1. 高压气瓶。

气瓶是实验室常用的一种移动式压力容器。一般由无缝碳素钢或合金钢制成，适用装介质压力在 15MPa 以下的气体或常温下与饱和蒸气压相平衡的液化气体。由于其流动性大，使用范围广，因此若不加以重视往往容易引发事故。

各类钢瓶按所充气体不同，所涂标记也不同，以便识别。见下附表。

附表 3-4　常用钢瓶的特征

| 名称 | 瓶身颜色 | 标字颜色 | 装瓶压力/MPa | 状态 | 性质 |
| --- | --- | --- | --- | --- | --- |
| 氧气瓶 | 天蓝色 | 黑 | 15 | 气 | 助燃 |
| 氢气瓶 | 深绿色 | 红 | 15 | 气 | 可燃 |
| 氮气瓶 | 黑色 | 黄 | 15 | 气 | 不燃 |
| 氦气瓶 | 棕色 | 白 | 15 | 气 | 不燃 |
| 氨钢瓶 | 黄色 | 黑 | 3 | 液 | 不燃（高温可燃） |
| 氯钢瓶 | 黄绿色 | 白 | 3 | 液 | 不燃（有毒） |
| 二氧化碳瓶 | 银白色 | 黑 | 12.5 | 液 | 不燃 |
| 二氧化硫瓶 | 灰色 | 白 | 0.6 | 液 | 不燃（有毒） |
| 乙炔钢瓶 | 白色 | 红 | 3 | 液 | 可燃 |

2. 高压钢瓶的安全使用。

（1）氧气瓶、可燃气体瓶应避免日晒，不准靠近热源，离配电源至少 5m，室内严禁明火。钢瓶直立放置并加固。

（2）搬运钢瓶应套好防护帽，不得摔倒和撞击，防止撞断阀门引发事故。

（3）氢、氧减压阀由于结构不同，丝扣相反，不准改用。氧气瓶阀门及减压阀严禁黏附油脂。

（4）开启钢瓶时，操作者应侧对气体出口处，在减压阀与钢瓶接口处无漏情况下，应首先打开钢瓶阀，然后调节减压阀。关气应先关闭钢瓶阀，放尽减压阀中余气，再松开减压阀螺杆。

（5）钢瓶内气体（液体）不得用尽。低压液化气瓶余压在 $0.3 \sim 0.5MPa$ 内，高压气瓶余压在 0.5MPa 左右，防止其他气体倒灌。

（6）领用高压气瓶（尤为可燃、有毒气体）应先通过感官和异味来检察是否泄漏，对有毒气体可用皂液（氧气瓶不可用此方法）或其他方法检查钢瓶是否泄漏，若有泄漏应拒绝领用。在使用中发生泄漏时应关紧钢瓶阀，注明漏点，并由专业人员处理。

### 七、实验事故应急处理

在实验操作过程中，由于多种原因可能发生危害事故，如火灾、烫伤、中毒、触电等。在紧急情况下必须在现场立即进行应急处理，减少损失，不允许擅自离开而造成更大的危害。

中毒事故一般处理方法：

凡是某种物质侵入人体而引起局部或整个机体发生障碍，即发生中毒事故时，应在现场做一些必要的处理，同时应尽快送医院或请医生诊治。

（1）急性呼吸系统中毒。立即将患者转移到空气新鲜的地方，解开衣服，放松身体。若呼吸能力减弱时，要马上进行人工呼吸。

（2）皮肤、眼、鼻、咽喉受毒物侵害时，应立即用大量水进行冲洗。尤其当眼睛受到毒物侵害时不要使用化学解毒剂，以防造成重大的伤害。

（3）烫伤或烧伤现场急救措施的原则：

① 暴露创伤面。但若覆盖物与创伤面紧贴或粘连时，切不可随意拉脱覆盖物而造成更大的创伤。

② 冷却法。冷却水的温度在 10~15℃ 为合适，当不能用水直接进行洗涤冷却时，可用经水润湿的毛巾包上冰片，敷于烧伤面上，但要注意经常移动毛巾以防同一部位过冷，同时立即送医院治疗。

（4）口服中毒时，为降低胃中药品的浓度，延缓毒物侵害的速度，可口服牛奶、淀粉糊、橘子汁等；也可用 3%~5% 小苏打溶液或 1∶5000 高锰酸钾溶液洗胃，边喝边使之呕吐，可用手指、筷子等压舌根进行催吐。

（5）发生触电事故的处理。

① 迅速切断电源，如不能及时切断电源，应立即用绝缘的东西使触电者脱离电源。

② 将触电者移至适当地方，解开衣服，使全身舒展，并立即找医生进行处理。

③ 如触电者已经处于休克状态等危急情况下，要毫不迟疑立即实施人工呼吸及心脏按压，直至救护医生到现场。

# 附录四　实验室环保知识

实验室排放废液、废气、废渣等物质，即使数量不多，也要避免不经处理而直接排放到江河、下水道和大气中去，防止污染，以免危害自身或危及他人的健康。

1. 实验室一切药品及中间产品必须贴上标签，注明为某物质，防止误用及因情况不明、处理不当而发生事故。

2. 处理有毒或带有刺激性的物质时，必须在通风橱内进行，防止这些物质散溢在室内。

3. 实验室的废液应根据其物质性质的不同而分别集中在废液桶内，并贴上明显的标签，以便于废液的处理。在集中废液时要注意有些废液是不可以混合的，如过氧化物和有机物、盐酸等挥发性酸与不挥发性酸、铵盐及挥发性胺与碱等。对接触过有毒物质的器皿、滤纸、容器等要分类收集后集中处理。

4. 绝对不允许用嘴去吸移液管液体，以获取各种化学试剂和各种溶液，应该用洗耳球等方法吸取。

5. 一般的酸碱处理，必须在进行中和后用大量的水稀释，然后才能排放到地下水槽。

6. 在处理废液、废物时，一般都要戴上防护眼镜和橡皮手套。对具有刺激性、挥发性的废液处理时，要戴上防毒面具，在通风橱内进行。

# 附录五 石油产品分析误差和数据处理

## 一、石油产品分析规定的分析结果精确度的表示方式

在石油产品试验方法中，通常只做平行测定。因此，分析结果的精确度多数用平行测定结果的允许差数来说明分析结果的精确度。一般计算有四种类型：

1. 平行测定结果的差数不应超过某一规定数据，计算式是：

$$差数 = 第一次测定值 - 第二次测定值$$

平行测定结果的差数不应超过较少结果的百分之几的计算公式：

$$较小测定值的百分之几 = 较小的测定值 \times 所要求的百分数$$

2. 各次测定结果与算术平均值的差数（绝对差数）不应超过某一规定数值的计算公式：

$$测定结果的算术平均值 = \frac{各次测定值相加所得的总和}{测定次数}$$

各次测定结果与算术平均值的差数 = 个别测定值 - 算术平均值。

3. 各次测定结果的相对差数不得超过某一数值的计算公式：

$$各次测定结果的相对差数 = \frac{个别测定结果 - 平均值}{平均值} \times 100\%$$

4. 平行测定几次结果的最大值与最小值之差不应超过某一规定数值的计算公式：

$$最大值与最小值之差 = 最大值 - 最小值$$

## 二、分析结果保留有效数字

分析结果保留有效数字，一方面必须与分析的精确度相一致，也就是说，测定结果的数值应当与平行测定允许差数的保留位数相同。另一方面，还必须根据测定方法和所使用仪器的准确度来决定。

下表可作为部分石油产品化验分析结果填写保留位数的参考。

附表 5-1 石油产品化验分析结果填写保留位数参考表

| 项 目 | 保 留 位 数 | 例 子 |
|---|---|---|
| 相对密度 | 四位小数 | 0.8923 |
| 馏程 | | |
| 温度/℃ | 一位小数 | 145.5 |
| 馏出物（体积分数）/% | 一位小数 | 98.5 |
| 残留物（体积分数）/% | 一位小数 | 0.7 |
| 水分（质量分数）/% | 两位小数 | 2.06 |
| 闪点（闭口）/℃ | 一位小数 | 52.5 |
| 闪点（开口）/℃ | 个位数 | 180 |

续表

| 项 目 | 保 留 位 数 | 例 子 |
|---|---|---|
| 凝点/℃ | 个位数 | -18 |
| 冰点(浊点)/℃ | 个位数 | -34 |
| 酸度(值),(mgKOH/100mL)/(mgKOH/g) | 二位小数 | 0.32 |
| 机械杂质(质量分数)/% | 三位小数 | 0.034 |
| 碘值 | 二位小数 | 2.23 |
| 芳香烃含量(体积分数)/% | 一位小数 | 25.3 |
| 针入度/mm | 个位数 | 16 |
| 灰分(质量分数)/% | 三位小数 | 0.013 |
| 残炭(质量分数)/% | 二位小数 | 0.12 |
| 运动黏度/($m^2$/s) | 二位小数 | 20.54 |
| 条件黏度 | 二位小数 | 3.53 |
| 饱和蒸气压/kPa | 一位小数 | 54.2 |
| 硫含量/(mg/kg) | 个位数 | 15 |
| 硫醇硫 | 四位小数 | 0.0013 |
| 实际胶质(质量分数)/% | 一位小数 | 6.3 |
| 诱导期/min | 个位数 | 623 |
| 十六烷值 | 个位数 | 38 |
| 热值 | 个位数 | 10547 |
| 软化点/℃ | 个位数 | 46 |
| 延度/cm | 个位数 | 72 |
| 车用汽油辛烷值 | 个位数 | 92 |
| 航空汽油辛烷值 | 一位小数 | 97.6 |

# 附录六　实验室常用仪器设备使用注意事项

## 一、秒表使用

1. 秒表上紧发条要适当，以防损坏上条柄或折断发条。

2. 秒表使用前上足发条，使用完毕后让秒表走动，使发条放松，以免造成发条永久性变形。

3. 秒表启动、停止和回零动作要迅速而平稳。条柄严禁经常性按动，以免损坏秒表。

4. 秒表在使用时应避免强烈的震动、坠落、碰击，以防损坏机件。

5. 秒表应避免与带有强磁的物件接触，以防止零件磁化。

6. 存放秒表的地方要干燥，温度正常，远离有害的化学物品。

## 二、电热烘箱使用

1. 电热烘箱应放置于平稳的地方，使用时顶端排气孔要撑开。

2. 易燃易挥发物不能放入烘箱内。如油类、有机溶剂等物品，以免发生爆炸和火灾。

3. 烘箱加热温度不应超过该烘箱的极限温度。

4. 使用烘箱时，不要经常打开玻璃门，以免影响恒温。

5. 在烘箱内干燥恒重物品时不能同时放入潮湿的物品。

## 三、高温电炉使用

1. 高温电炉升温时使用的电压、温度不得超过设备规定的指标，以免烧毁电热丝。

2. 电炉打开时，勿使其受剧烈振动，引起红热的炉丝震断。

3. 炉膛内不宜放入含有酸、碱性的化学品或强烈的氧化剂，更不许将有爆炸危险的物品放入炉内灼烧。

4. 金属及其他矿物放入炉内加热时，必须置于耐高温的瓷坩埚或瓷皿中，以免损坏炉膛。

5. 物料放入加热时的炉膛内，切勿碰断热电偶。

## 四、干燥器使用

1. 在开、盖干燥器时，应将干燥器体和盖子的磨口面从一边平移到另一边，直至打开或盖严为止，不能随便往上面盖或提起，以免将干燥器打烂。

2. 打开的盖子放台上时应使磨口向上并放稳，防止打碎盖子。

3. 煅烧过的坩埚要让其稍微冷却后才放入干燥器内，盖子盖上后要稍微移开一两次，让热气排出后再盖好盖子，以免盖子被热气冲开，或因器内温度降低使其形成负压，盖子难以打开。

4. 移动干燥器时必须用两手的大拇指按紧盖子，以免盖子滑落打碎。

### 五、ES 电子天平使用方法

1. 启动天平：插好 AC 适配器，按一次"开/去皮"键，电子天平显示"88888"字符，然后显示天平软件的版本号，最后显示"0.0"，即可进行称量。

2. 称量方法：按一次"开/去皮"键，当电子天平显示为"0.0g"时，将样品放在称盘上，等显示器出现稳定的重量后，即可读数。单位除了提供克(g)，还有克拉(ct)及英镑(lb)，利用"关/模式"键可供选择。去皮方法：在天平打开的状态下，只要将空瓶放在称盘上，按下"开/去皮"键就可以了。

3. 关闭天平：按住"关/模式"键不动，直到显示器出现"OFF"，然后松开，即可关闭天平。

4. 天平具有设定定时关机功能，到设定关机时间，天平自动关机。如要取消自动关机功能：开启天平后，连续按 4(或 5)次"关/模式"键，当显示"SLEP0"时，按一次"开/去皮"键确认。自动关机功能取消。

5. 设定关机时间：(1)当电子天平显示为"0.0g"时，再按 4(或 5)次"关/模式"键，天平显示"SLEP1"。(2)按"开/去皮"键，天平显示"OFF-*"，(*为闪动的原先设置数值)；(3)按"关/模式"键更改关机时间设定值(1~9min)，按一次"开/去皮"键完成设定。

6. 亮度调节：(1)按"开/去皮"键，当电子天平显示为"0.0g"；(2)再按三次"关/模式"键，显示"LED-*"；(3)按"开/去皮"键，天平显示"LED-*"，(*为闪动的原先设置数值)；(4)按"关/模式"键更改发光数码显示器的亮度设定值(1~8，8 为最亮)；(5)最后按一次"开/去皮"键确认。

7. 电子天平灵敏度校正：先关闭电子天平，按"开/去皮"键不放的同时再按三次"关/模式"键后释放，天平显示软件的版本号，再显示"0"；稍后将显示出校正砝码的值，请根据显示值将校正用的标准砝码加在天平称盘的中央，等待几秒钟，天平显示出标准砝码重量，且单位符号灯"g"亮，表示天平已经校正完毕，可以进行正常的称重。

8. 天平的零点跟踪关闭：在天平关闭时，按"开/去皮"键不放，再按一次"关/模式"键后释放，天平的零点跟踪关闭。

9. 天平的维护保养：必须保持机壳和称盘的干净；移动天平时不能手压称盘，以免出现超载；天平不使用时要拔出 AC 适配器。

10. 错误代码：Err0、Err1、Err2、Err3、Err4、Err5、Err6。可能是称盘上物品太重或太轻；传感器或电路板损坏。

# 附录七 石油产品试验用试剂溶液配制方法

配制溶液时，根据实际用量斟酌配制用量，适当增减。

## 一、一般溶液配制

（1）2mol/L、3mol/L、6mol/L 盐酸溶液。

2mol/L（3mol/L、6mol/L）盐酸溶液：量取 167mL（250mL、500mL）盐酸，稀释到 1000mL。

（2）1mol/L、4mol/L、6mol/L 硫酸溶液。

1mol/L（4mol/L、6mol/L）硫酸溶液：量取 28mL（110mL、170mL）硫酸，缓慢注入约 700mL 水中，冷却至室温，稀释至 1000mL。

（3）0.1mol/L、0.5mol/L 氢氧化钾溶液。

0.1mol/L（0.5mol/L）氢氧化钾溶液：称取氢氧化钾 5.6g（28g），溶于 1000mL 水中，混均匀。

（4）0.2mol/L、1mol/L、2.5mol/L 氢氧化钠溶液。

0.2mol/L（1mol/L、2.5mol/L）氢氧化钠溶液：称取氢氧化钾 8g（40g、100g）氢氧化钠，溶于 1000mL 水中，混均匀。

（5）0.1mol/L 高锰酸钾溶液。

称取 3.3g 高锰酸钾，溶于 1000mL 水中，用玻璃滤器过滤，滤液保存于棕色具塞瓶中。

（6）10%盐酸溶液。

量取 270mL 盐酸，加水稀释至 1000mL，混均匀。

（7）0.6%、10%、13.5%、40%氢氧化钠溶液。

0.6%（10%、13.5%、40%）氢氧化钠溶液：称取 0.6g（10g、13.5g、40g）氢氧化钠，溶于 100mL（90mL、87mL、60mL）水中混合均匀。

（8）10%氨水溶液。

量取 40mL 的 25~28 浓度的氨水，用水稀释至 100mL。

（9）10%、20%碘化钾溶液。

10%（20%）碘化钾溶液：称取 10g（20g）碘化钾，溶于 90mL（80mL）水中混匀。

（10）10%乙酸铅溶液。

称取 10g 乙酸铅，溶于 90mL 水中，混匀（溶解时可先用少量水加 3mL 冰乙酸溶解）。

（11）60%、85%乙醇溶液。

60%（85%）乙醇溶液：量取 63mL（90mL）95%乙醇，加水稀释至 100mL。

## 二、部分指示剂配制

（1）0.1%、0.2%甲基红指示剂。

0.1%（0.2%）甲基红指示剂：称取 0.10g（0.20g）甲基红，溶于并稀释至 100mL 乙醇中。

（2）0.02%、0.1%甲基橙指示剂。

0.02%（0.1%）甲基橙指示剂：称取 0.02g（0.10g）甲基橙，溶于水并稀释至 100mL。

（3）1%酚酞指示剂。

称取 1.0g 酚酞，溶于 95%乙醇并稀释至 100mL。

（4）10%铬酸钾指示剂。

称取 10.0g 铬酸钾溶于 100mL 水中。

（5）0.5%、1%淀粉指示剂。

0.5%（1%）淀粉指示剂：称取 0.5g（1g）可溶性淀粉，加水 10mL，在搅拌下注入 90mL 水中，再微沸 2min，放置后，取上层清液使用。在配制中加入 0.05%水杨酸，可使用几天时间。

（6）2%碱性蓝 6B 指示剂。

称取碱性蓝 6B 1g，称准至 0.01g，然后将它加在 50mL 乙醇中，并在水浴中回流 1h，冷却后过滤，如变色不灵敏时，可将滤液再煮沸，用 0.05mol/L 氢氧化钾-乙醇溶液或 0.05mol/L 盐酸溶液中和，直至加入 1~2 滴碱溶液能使指示剂溶液从蓝色变成浅红色而在冷却后又能恢复成为蓝色为止。

（7）0.1%甲酚红指示剂。

称取 0.1g 甲酚红，称准至 0.001g，研细溶于 100mL 95%乙醇中，并在水浴中煮沸回流 5min，趁热用 0.05mol/L 氢氧化钾-乙醇溶液滴定至甲酚红溶液由桔红色变为深红色，而在冷却后又能恢复成为桔红色为止。

## 三、部分标准溶液配制与标定

1. 1mol/L 盐酸标准溶液。

（1）配制：量取 90mL 盐酸，注入 1000mL 水中摇均匀。

（2）标定：称取已干燥（270~300℃）至恒重的基准物无水碳酸钠 2.0g，称准至 0.0002g。溶于 80mL 水中，加入 10 滴 0.2%甲基红-0.2%溴甲酚绿混合指示剂，用 1mol/L 盐酸溶液滴定至溶液由绿色变为酒红色，煮沸 2~3min，冷却后继续滴定至酒红色。

盐酸标准溶液的当量浓度 mol/L 按下式计算：

$$mol/L = \frac{G}{V \times 0.05299}$$

式中　$G$——无水碳酸钠的重量，g；

　　　$V$——盐酸溶液用量，mL；

0.05299——每毫克当量碳酸钠克数。

2. 0.1mol/L 硫酸标准溶液。

（1）配制：量取 3mL 硫酸，缓慢地注入 1000mL 水中，冷却、摇均匀。

（2）标定：称取已干燥（270～300℃）至恒重的基准物无水碳酸钠 2.0g，称准至 0.0002g。溶于 80mL 水中，加入 10 滴 0.2%甲基红-0.2%溴甲酚绿混合指示剂，用 0.1mol/L 硫酸溶液滴定至溶液由绿色变为酒红色，煮沸 2～3min，冷却后继续滴定至酒红色。

硫酸标准溶液的当量浓度 mol/L 按下式计算：

$$mol/L = \frac{G}{V \times 0.05299}$$

式中　$G$——无水碳酸钠的重量，g；

　　　$V$——硫酸溶液用量，mL；

0.05299——每毫克当量碳酸钠克数。

3. 0.05mol/L 氢氧化钾-乙醇标准溶液。

（1）配制：称取 2.8g 氢氧化钾溶于 100mL 水中，再用 900mL 精制乙醇稀释（如果是用 95%乙醇则前面不用加 100mL 水，直接配制即可），摇均匀。保存于棕色具塞瓶中静止 24h 后取上层清液标定。

（2）标定：称取已干燥（105～110℃）至恒重的基准物邻苯二甲酸氢钾 10～20mg，称准至 0.2mg。溶于 30mL 水中，加热至沸腾后滴进 2～3 滴 1%酚酞指示剂，用 0.05mol/L 氢氧化钾-乙醇溶液滴定至溶液呈粉红色。

氢氧化钾标准溶液的当量浓度 mol/L 按下式计算：

$$mol/L = \frac{G}{V \times 204}$$

式中　$G$——邻苯二甲酸氢钾的重量，mg；

　　　$V$——氢氧化钾溶液用量，mL；

204——邻苯二甲酸氢钾摩尔分子质量，g/mol。

4. 1mol/L 氢氧化钠标准溶液。

（1）配制：将氢氧化钠配成饱和溶液，量取上层清液 52mL 注入 1000mL 水中摇均匀。

（2）标定：称取已干燥（105～110℃）至恒重的基准物邻苯二甲酸氢钾 0.3g，称准至 0.0002g。溶于 80mL 水中，加热至沸腾后滴进 2～3 滴 1%酚酞指示剂，用 1mol/L 氢氧化钠溶液滴定至溶液呈粉红色。

氢氧化钠标准溶液的当量浓度 mol/L 按下式计算：

$$mol/L = \frac{G}{V \times 204 \times 1000}$$

式中　$G$——邻苯二甲酸氢钠的重量，g；

　　　$V$——氢氧化钠溶液用量，mL；

204——邻苯二甲酸氢钾摩尔分子质量，g/mol。

（3）小于 1mol/L 当量浓度可用稀释法进行。

5. 0.1mol/L 高锰酸钾标准溶液。

（1）配制：称取 3.3g 高锰酸钾溶于 1000mL 水中，缓和煮沸 15min，冷却后在暗处密闭静置 8 天后取上层清液贮存于棕色具塞瓶中。

（2）标定：称取已干燥（105～110℃）至恒重的基准物草酸钠 0.2g，称准至 0.0002g。溶于 50mL 水中，加入 10mL 硫酸，用 0.1mol/L 高锰酸钾溶液滴定，近终点时加热至 65℃，继续滴定至溶液呈粉红色并保持 30s，同时做空白试验校正结果。

高锰酸钾标准溶液的当量浓度 mol/L 按下式计算：

$$mol/L = \frac{G}{V \times 0.06700}$$

式中　　$G$——草酸钠的重量，g；

　　　　$V$——高锰酸钾溶液用量，mL；

0.06700——每毫克当量草酸钠的克数。

### 四、一般规定

1. 试剂溶液配制法中所用的水及稀释液在没说明时，是指蒸馏水，所用乙醇是指 95% 乙醇(分析纯)。

2. 试剂的纯度、标准溶液均需分析纯以上，一般溶液可使用化学纯试剂。

3. 标准溶液浓度值重复试验间的相对误差不应大于 0.2%。

4. 标准溶液有效期规定为一个月。碘比色液为 10 天；硫代硫酸钠溶液、碘溶液、氢氧化钾-乙醇溶液、氢氧化钾溶液、溴酸钾-溴化钾溶液均为 15 天。

5. 所用容量瓶、滴定管、移液管等容量仪器，必须经过检定，至少要符合二等标准。

# 附录八　部分石油产品技术要求和试验方法

附表 8-1　车用汽油(VIA)[①]的技术要求和试验方法(GB 17930—2016)

| 项　　目 | | 质 量 指 标 | | | 试 验 方 法 |
|---|---|---|---|---|---|
| | | 89 | 92 | 95 | |
| 抗爆性: | | | | | |
| 研究法辛烷值(RON) | 不小于 | 89 | 92 | 95 | GB/T 5487 |
| 抗爆指数(MON+RON)/2 | 不小于 | 84 | 87 | 90 | GB/T 503、GB/T 5487 |
| 铅含量[②]/(g/L) | 不大于 | 0.005 | | | GB/T 8020 |
| 馏程: | | | | | |
| 10%蒸发温度/℃ | 不高于 | 70 | | | GB/T 6536 |
| 50%蒸发温度/℃ | 不高于 | 120 | | | |
| 90%蒸发温度/℃ | 不高于 | 190 | | | |
| 终馏点/℃ | 不高于 | 205 | | | |
| 残留量(体积分数)/% | 不大于 | 2 | | | |
| 蒸气压[③]/kPa | | | | | GB/T 8017 |
| 11月1日~4月30日 | | 45~85 | | | |
| 5月1日~10月31日 | | 40~65[④] | | | |
| 胶质含量/(mg/100mL) | | | | | GB/T 8019 |
| 未洗胶质含量(加入清净剂前) | 不大于 | 30 | | | |
| 溶剂洗胶质含量 | 不大于 | 5 | | | |
| 诱导期/min | 不小于 | 480 | | | GB/T 8018 |
| 硫含量[⑤]/(mg/kg) | 不大于 | 10 | | | SH/T 0689 |
| 硫醇(博士试验) | | 通过 | | | NB/SH/T 0174 |
| 铜片腐蚀(50℃,3h)级 | 不大于 | 1 | | | GB/T 5096 |
| 水溶性酸或碱 | | 无 | | | GB/T 259 |
| 机械杂质及水分 | | 无 | | | 目测[⑥] |
| 苯含量[⑦](体积分数)/% | 不大于 | 0.8 | | | SH/T 0713 |
| 芳烃含量[⑧](体积分数)/% | 不大于 | 35 | | | GB/T 30519 |
| 烯烃含量[⑨](体积分数)/% | 不大于 | 18 | | | GB/T 30519 |
| 氧含量[⑩](质量分数)/% | 不大于 | 2.7 | | | NB/SH/T 0663 |
| 甲醇含量[②](质量分数)/% | 不大于 | 0.3 | | | NB/SH/T 0663 |
| 锰含量[②]/(g/L) | 不大于 | 0.002 | | | SH/T 0711 |
| 铁含量[②]/(g/L) | 不大于 | 0.01 | | | SH/T 0712 |

| 项　目 | 质 量 指 标 | | | 试 验 方 法 |
|---|---|---|---|---|
| | 89 | 92 | 95 | |
| 密度⑩(20℃)/(kg/m³) | 720~775 | | | GB/T 1884、GB/T 1885 |

① 车用汽油国ⅥA 规定的技术要求过渡期至 2018 年 12 月 31 日,自 2019 年 1 月 1 日起,车用汽油国 Ⅴ 标准废止。

② 车用汽油中,不得人为加入甲醇以及含铅、含铁和含锰的添加剂。

③ 也可采用 SH/T 0794 进行测定,在有异议时,以 GB/T 8017 方法为准。换季时,加油站允许有 15 天的置换期。

④ 广东、海南全年执行此项要求。

⑤ 也可采用 GB/T 11140、SH/T 0253、ASTM D7039 进行测定,在有异议时,以 SH/T 0689 方法为准。

⑥ 将试样注入 100mL 的玻璃量筒中观察,应当透明,没有悬浮和沉降的机械杂质及水。在有异议时,以 GB/T 511 和 GB/T 260 方法为准。

⑦ 也可采用 GB/T 28768、GB/T30519 和 SH/T 0693 进行测定,在有异议时,以 SH/T 0713 方法为准。

⑧ 也可采用 GB/T11132、GB/T 28768 进行测定,在有异议时,以 GB/T30519 方法为准。

⑨ 也可采用 SH/T 0720 进行测定,在有异议时,以 NB/SH/T 0663 方法为准。

⑩ 也可采用 SH/T 0604 进行测定,在有异议时,以 GB/T 1884、GB/T 1885 方法为准。

**附表 8-2 车用乙醇汽油(E10)技术要求和试验方法(GB 18351—2015)**

| 项　目 | | 质 量 指 标 | | | | 试 验 方 法 |
|---|---|---|---|---|---|---|
| | | 89 | 92 | 95 | 98 | |
| 抗爆性: | | | | | | |
| 　研究法辛烷值(RON) | 不小于 | 89 | 92 | 95 | 98 | GB/T 5487 |
| 　抗爆指数(MON+RON)/2 | 不小于 | 84 | 87 | 90 | 93 | GB/T 503、GB/T 5487 |
| 铅含量①/(g/L) | 不大于 | 0.005 | | | | GB/T 8020 |
| 馏程: | | | | | | |
| 　10%蒸发温度/℃ | 不高于 | 70 | | | | GB/T 6536 |
| 　50%蒸发温度/℃ | 不高于 | 120 | | | | |
| 　90%蒸发温度/℃ | 不高于 | 190 | | | | |
| 　终馏点/℃ | 不高于 | 205 | | | | |
| 　残留量(体积分数)/% | 不大于 | 2 | | | | |
| 蒸汽压②/kPa | | | | | | GB/T 8017 |
| 　11 月 1 日~4 月 30 日 | | 45~85 | | | | |
| 　5 月 1 日~10 月 31 日 | | 40~65③ | | | | |
| 胶质含量/(mg/100mL) | 不大于 | | | | | GB/T 8019 |
| 　未洗胶质含量(加入清净剂前) | | 30 | | | | |
| 　溶剂洗胶质含量 | | 5 | | | | |
| 诱导期/min | 不小于 | 480 | | | | GB/T 8018 |
| 硫含量④/(mg/kg) | 不大于 | 10 | | | | SH/T 0689 |
| 硫醇(满足下列指标之一,即判断为合格): | | | | | | |
| 　博士试验 | | 通过 | | | | SH/T 0174 |
| 　硫醇硫含量(质量分数)/% | 不大于 | 0.001 | | | | GB/T 1792 |

续表

| 项　　目 | | 质量指标 | | | | 试验方法 |
|---|---|---|---|---|---|---|
| | | 89 | 92 | 95 | 98 | |
| 铜片腐蚀(50℃，3h)/级 | 不大于 | 1 | | | | GB/T 5096 |
| 水溶性酸或碱 | | 无 | | | | GB/T 259 |
| 机械杂质⑤ | | 无 | | | | GB/T 511 |
| 水分(质量分数)/% | 不大于 | 0.20 | | | | SH/T 0246 |
| 乙醇含量(体积分数)/% | 不大于 | 10.0±2.0 | | | | SH/T 0663 |
| 其他有机含氧化合物(质量分数)⑥/% | 不大于 | 0.5 | | | | SH/T 0663 |
| 苯含量⑦(体积分数)/% | 不大于 | 1.0 | | | | SH/T 0693 |
| 芳烃含量⑧(体积分数)/% | 不大于 | 40 | | | | GB/T 11132 |
| 烯烃含量⑧(体积分数)/% | 不大于 | 24 | | | | GB/T 11132 |
| 锰含量/(g/L) | 不大于 | 0.002 | | | | SH/T 0711 |
| 铁含量①/(g/L) | 不大于 | 0.010 | | | | SH/T 0712 |
| 密度⑨(20℃)/(kg/m³) | | 720~775 | | | | GB/T 1884、GB/T 1885 |

① 车用乙醇汽油(E10)中，不得人为加入含铅、含铁和含锰的添加剂。

② 允许采用 SH/T 0794 进行测定，在有异议时，以 GB/T 8017 测定结果为准。

③ 广东、广西和海南全年执行此项要求。

④ 允许采用 GB/T 11140、SH/T 0253 和 ASTM D7039 进行测定，在有异议时，以 SH/T 0689 测定结果为准。

⑤ 允许采用目测法：将试样注入 100mL 的玻璃量筒中观察，应当透明，没有悬浮和沉降的机械杂质及分层。在有异议时，以 GB/T 511 测定结果为准。

⑥ 不得人为加入。允许采用 SH/T 0720 进行测定、有异议时，以 SH/T 0663 测定结果为准。

⑦ 允许采用 SH/T 0713 进行测定。在有异议时，以 SH/T 0693 测定结果为准。

⑧ 对于 95 号车用乙醇汽油(E10)，在烯烃、芳烃总含量控制不变的前提下，可允许芳烃的最大值为 42%(体积分数)。允许采用 NB/SH/T0741 进行测定，在有异议时，以 GB/T 11132 测定结果为准。

⑨ 也可采用 SH/T 0604 进行测定，在有异议时，以 GB/T 1884、GB/T 1885 测定结果为准。

附表 8-3　车用柴油(Ⅵ)技术要求和试验方法(GB 19147—2016)

| 项　　目 | | 质量指标 | | | | | | 试验方法 |
|---|---|---|---|---|---|---|---|---|
| | | 5 号 | 0 号 | -10 号 | -20 号 | -35 号 | -50 号 | |
| 氧化安定性(以总不溶物计)/(mg/100mL) | 不大于 | 2.5 | | | | | | SH/T 0175 |
| 硫含量①/(mg/kg) | 不大于 | 10 | | | | | | SH/T 0689 |
| 酸度(以 KOH 计)/(mg/100mL) | 不大于 | 7 | | | | | | GB/T 258 |
| 10%蒸余物残炭②(质量分数)/% | 不大于 | 0.3 | | | | | | GB/T 17144 |
| 灰分(质量分数)/% | 不大于 | 0.01 | | | | | | GB/T 508 |
| 铜片腐蚀(50℃，3h)/级 | 不大于 | 1 | | | | | | GB/T 5096 |
| 水分③(体积分数)/% | 不大于 | 痕迹 | | | | | | GB/T 260 |

续表

| 项　目 | | 质　量　指　标 | | | | | | 试 验 方 法 |
|---|---|---|---|---|---|---|---|---|
| | | 5 号 | 0 号 | -10 号 | -20 号 | -35 号 | -50 号 | |
| 润滑性<br>　校正磨痕直径(60℃)/μm | 不大于 | | | | | | | SH/T 0765 |
| 多环芳烃含量(质量分数)④/% | 不大于 | | | | | | | SH/T 0806 |
| 总污染物含量/(mg/kg) | 不大于 | | | | | | | GB/T 33400 |
| 运动黏度⑤(20℃)/(mm²/s) | | 3.0~8.0 | | 2.5~8.0 | | 1.8~7.0 | | GB/T 265 |
| 凝点/℃ | 不高于 | 5 | 0 | -10 | -20 | -35 | -50 | GB/T 510 |
| 冷滤点/℃ | 不高于 | 8 | 4 | -5 | -14 | -29 | -44 | SH/T 0248 |
| 闪点(闭口)/℃ | 不低于 | 60 | | | 50 | 45 | | GB/T 261 |
| 十六烷值 | 不小于 | 51 | | | 49 | 47 | | GB/T 386 |
| 十六烷指数⑥ | 不小于 | 46 | | | 46 | 43 | | SH/T 0694 |
| 馏程:<br>　50%回收温度/℃ | 不高于 | 300 | | | | | | GB/T 6536 |
| 　90%回收温度/℃ | 不高于 | 355 | | | | | | |
| 　95%回收温度/℃ | 不高于 | 365 | | | | | | |
| 密度⑦(20℃)/(kg/m³) | | 810~845 | | | 790~840 | | | GB/T 1884<br>GB/T 1885 |
| 脂肪酸甲酯含量⑧(体积分数)/% | 不大于 | 1.0 | | | | | | NB/SH/T 0916 |

① 也可采用 GB/T 11140 和 ASTM D7039 进行测定,结果有异议时,以 SH/T 0689 方法为准。

② 也可采用 GB/T 268 进行测定,结果有异议时,以 GB/T17144 方法为准。若车用柴油中含有硝酸酯型十六烷值改进剂,10%蒸余物残炭的测定应使用不加硝酸酯的基础燃料进行。车用柴油中是否含有硝酸酯型十六烷值改进剂的检验方法见附录 B。

③ 可用目测法,即将试样注入 100mL 玻璃量筒中,在室温(20℃±5℃)下观察,应当透明,没有悬浮和沉降的水分。也可采用 GB/T 11133 和 SH/T 0246 测定,结果有争议时,以 GB/T 260 方法为准。

④ 也可采用 SH/T 0606 进行测定,结果有异议时,以 SH/T 0806 方法为准。

⑤ 也可采用 GB/T 30515 进行测定,结果有异议时,以 GB/T 265 方法为准。

⑥ 由中间基或环烷基原油生产的各号普通柴油的十六烷值或十六烷指数允许不小于40(有特殊要求者由供需双方确定),对于十六烷指数的计算方法也可采用 GB/T 11139。结果有争议时,以 SH/T 0694 方法为准。

⑦ 也可采用 SH/T 0604 进行测定,结果有争议时,以 GB/T 1884 和 GB/T 1885 方法为准。

⑧ 脂肪酸甲酯应满足 GB/T 20828 要求。也可采用 GB/T 23801 进行测定,结果有异议时,以 NB/SH/T 0916 方法为准。

附表 8-4　煤油产品的技术要求和试验方法(GB 253—2008)

| 项　目 | | 质　量　指　标 | | 试 验 方 法 |
|---|---|---|---|---|
| | | 1 | 2 | |
| 色号/号 | 不小于 | +25 | +16 | GB/T 3555 |
| 硫醇硫(质量分数)/% | 不大于 | 0.003 | | GB/T 1792 |

续表

| 项目 | | 质量指标 | | 试验方法 |
|---|---|---|---|---|
| | | 1 | 2 | |
| 硫含量①(质量分数)/% | 不大于 | 0.04 | 0.10 | GB/T 380、GB/T 11140、GB/T 17040、SH/T 0253、SH/T 0689 |
| 馏程:<br>　10%馏出温度/℃ | 不高于 | 205 | | GB/T 6536 |
| 终馏点/℃ | 不高于 | 300 | | |
| 闪点(闭口)/℃ | 不低于 | 38 | | GB/T 261 |
| 冰点②/℃ | | -30 | | GB/T 2430、SH/T 0770 |
| 运动黏度(40℃)/(mm²/s) | | 1.0~1.9 | | GB/T 265 |
| 铜片腐蚀(100℃,3h)/级 | 不大于 | 1 | | GB/T 5096 |
| 机械杂质及水分 | | 无 | | 目测③ |
| 水溶性酸或碱 | | 无 | | GB/T259 |
| 密度④(20℃)/(kg/m³) | 不大于 | 840 | | GB/T 1884 和 GB/T 1885、SH/T 0604 |
| 燃烧性⑤:<br>1)16h 试验<br>平均燃烧速率/(g/h) | | 18~26 | — | GB/T 11130 |
| 火焰宽度变化/mm | 不大于 | 6 | — | |
| 火焰高度降低/mm | 不大于 | 5 | — | |
| 灯罩附着物颜色 | 不深于 | 轻微白色 | — | |
| 或2)8h 试验+烟点<br>8h 试验 | | 合格 | 合格 | SH/T 0178 |
| 烟点/mm | 不小于 | 25 | 20 | GB/T 382 |

① 有争议时以 SH/T 0253 为仲裁试验方法。

② 有争议时以 GB/T 2430 为仲裁试验方法。

③ 目测方法是:将试样注入 100mL 的玻璃量筒中,在室温 20℃±5℃下观察,透明、没有悬浮和沉降物,即为无机械杂质及水分。有争议时以 GB/T 511 和 GB/T 260 为仲裁试验方法。

④ 有争议时以 GB/T 1884 及 GB/T 1885 为仲裁试验方法。

⑤ 有争议时以 GB/T 1113 为仲裁试验方法。

附表 8-5　变压器油技术要求和试验方法(GB 2536—2011)

| 项目 | | 本标准 | | 低温开关油 | GB 2536—1990 | | | 试验方法 |
|---|---|---|---|---|---|---|---|---|
| | | 变压器油 | | | 10# | 25# | 45# | |
| | | 通用 | 特殊 | | | | | |
| 倾点/℃ | 不高于 | -10、-20、-30、-40、-50 | | -60 | -7 | -22 | 报告 | GB/T 3536 |
| 凝点/℃ | 不高于 | — | — | — | — | — | -45 | GB/T 510 |

| 项目 | | 本标准 | | | GB 2536—1990 | | | 试验方法 |
|---|---|---|---|---|---|---|---|---|
| | | 变压器油 | | 低温开关油 | 10# | 25# | 45# | |
| | | 通用 | 特殊 | | | | | |
| 运动黏度/（mm²/s） | 不大于 | 12<br>（40℃） | 3.5<br>（40℃） | 13<br>（40℃） | 13<br>（40℃） | 11<br>（40℃） | | GB/T 265 |
| | | 1800<br>（0℃、−10℃、<br>−20℃、−30℃） | — | — | 200<br>（−10℃） | — | | |
| | | 2500①<br>（−40℃） | 400<br>（−40℃） | — | — | 1800<br>（−30℃） | | |
| 界面张力/（mN/m） | 不小于 | 40 | | | 40 | 40 | 38 | GB/T 6541 |
| 闪点（闭口）/℃ | 不低于 | 135 | 135 | 100 | 140 | 140 | 135 | GB/T 261 |
| 水含量/（mg/kg）<br>环境湿度不大于50%<br>环境湿度大于50% | 不大于 | 30（散装）/40（桶装或IBC）<br>35（散装）/45（桶装或IBC） | | | 报告 | | | GB/T 7600 |
| 击穿电压/kV | 不小于 | 30（未处理油）<br>70（经处理油）② | | | 35 | | | GB/T 507 |
| 密度③（20℃）/（kg/m³） | 不大于 | 895 | | | | | | GB/T 1884 和<br>GB 1885 |
| 外观 | | 清澈透明、<br>无沉淀物和悬浮物 | | | 透明，无悬浮物和<br>机械杂质 | | | 目测④ |
| 酸值（以 KOH 计）/（mg/g） | 不大于 | 0.01 | | | 0.03 | | | GB/T 264 |
| 氧化安定性（120℃）<br>试验时间：<br>（U）不含抗氧剂油：164h<br>（T）含微量抗氧剂油：332h<br>（I）含抗氧剂油：500h | 总酸值（以 KOH 计）/（mg/g）不大于 | 1.2 | 0.3 | 1.2 | 0.2 | | | NB/SH/T 0811 |
| | 油泥（质量分数）/% 不大于 | 0.8 | 0.05 | 0.8 | 0.05 | | | |
| | 介质损耗因数⑤（90℃）不大于 | 0.500 | 0.050 | 0.500 | — | | | GB/T 5654 |
| 总硫含量⑥（质量分数）/% | 不大于 | 无通用要求 | 0.15 | 无通用要求 | — | | | SH/T 0689 |
| 抗氧化剂含量⑦（质量分数）/% | 不大于 | （U）检测不出<br>（T）0.08<br>（I）0.08～0.40 | （I）0.08～0.40 | （I）0.08～0.40 | — | | | SH/T 0802 |
| 2-糠醛含量/（mg/kg） | 不大于 | 0.1 | 0.05 | 0.1 | — | | | NB/SH/T 0812 |

续表

| 项目 | 本标准 | | | GB 2536—1990 | | | 试验方法 |
|---|---|---|---|---|---|---|---|
| | 变压器油 | | 低温开关油 | 10# | 25# | 45# | |
| | 通用 | 特殊 | | | | | |
| 析气性/(mm³/min) | 无通用要求 | 报告 | 无通用要求 | — | | | NB/SH/T 0838 |
| 带电倾向(ECT)/(μC/m³) | — | 报告 | — | — | | | |
| 稠环芳烃(PCA)含量(质量分数)/% 不大于 | 3 | | | — | | | NB/SH/T 0838 |
| 多氯联苯(PCB)含量(质量分数)/% 不大于 | 检测不出⑧ | | | — | | | SH/T 0803 |

① 运动黏度(-40℃)以第一个黏度值为测定结果。

② 经处理油指试验样品在60℃下通过真空(压力低于2.5kPa)过滤流过一个孔隙度为4的烧结玻璃过滤器的油。

③ 测定方法也包括用SH/T 0604。结果有争议时,以GB/T 1884和GB/T 1885为仲裁方法。

④ 将样品注入100mL量筒中,在20℃±5℃下目测。结果有争议时,按GB/T 511测定机械杂质含量为无。

⑤ 测定方法也包括用GB/T 21216。结果有争议时,以GB/T 5654为仲裁方法。

⑥ 测定方法也包括用GB/T 11140、GB/T 17040、SH/T 0253、ISO 14596。

⑦ 测定方法也包括用SH/T 0792。结果有争议时,以SH/T 0802为仲裁方法。

⑧ 检测不出指PCB含量小于2mg/kg,且其单峰检出限为0.1mg/kg。

## CD 柴油机油产品的技术要求和试验方法（GB/T 11122—2006）

### 附表 8-6　CD 柴油机油黏温性能要求

| 项目 | 低温动力黏度/mPa·s 不大于 | 边界泵送温度/℃ 不高于 | 运动黏度(100℃)/mm²/s | 高温高剪切黏度(150℃，106s⁻¹)/mPa·s 不小于 | 黏度指数 不小于 | 倾点/℃ 不高于 |
|---|---|---|---|---|---|---|
| 试验方法 | GB/T 6538 | GB/T 9171 | GB/T 265 | SH/T 0618①、SH/T 0703、SH/T 0751 | GB/T 1995、GB/T 2541 | GB/T 3535 |
| 黏度等级 | — | — | — | — | — | — |
| 0W-20 | 3250(-30℃) | -35 | 5.6~<9.3 | 2.6 | — | -40 |
| 0W-30 | 3250(-30℃) | -35 | 9.3~<12.5 | 2.9 | — | |
| 0W-40 | 3250(-30℃) | -35 | 12.5~<16.3 | 2.9 | — | |
| 5W-20 | 3500(-25℃) | -30 | 5.6~<9.3 | 2.6 | — | -35 |
| 5W-30 | 3500(-25℃) | -30 | 9.3~<12.5 | 2.9 | — | |
| 5W-40 | 3500(-25℃) | -30 | 12.5~<16.3 | 2.9 | — | |
| 5W-50 | 3500(-25℃) | -30 | 16.3~<21.9 | 3.7 | — | |
| 10W-30 | 3500(-20℃) | -25 | 9.3~<12.5 | 2.9 | — | -30 |
| 10W-40 | 3500(-20℃) | -25 | 12.5~<16.3 | 2.9 | — | |
| 10W-50 | 3500(-20℃) | -25 | 16.3~<21.9 | 3.7 | — | |

续表

| 项目 | 低温动力黏度/<br>mPa·s<br>不大于 | 边界泵送<br>温度/℃<br>不高于 | 运动黏度<br>（100℃）/<br>mm²/s | 高温高剪切黏度<br>（150℃，106s⁻¹）/<br>mPa·s<br>不小于 | 黏度指数<br>不小于 | 倾点/℃<br>不高于 |
|---|---|---|---|---|---|---|
| 15W-30 | 3500（-15℃） | -20 | 9.3~<12.5 | 2.9 | — | |
| 15-40 | 3500（-15℃） | -20 | 12.5~<16.3 | 3.7 | — | -23 |
| 15W-50 | 3500（-15℃） | -20 | 16.3~<21.9 | 3.7 | — | |
| 20W-40 | 4500（-10℃） | -15 | 9.3~<12.5 | 3.7 | — | |
| 20W-50 | 4500（-10℃） | -15 | 12.5~<16.3 | 3.7 | — | -18 |
| 20W-60 | 4500（-10℃） | -15 | 16.3~<21.9 | 3.7 | 75 | |
| 30 | — | — | 9.3~<12.5 | — | 80 | -15 |
| 40 | — | — | 12.5~<16.3 | — | 80 | -10 |
| 50 | — | — | 16.3~<21.9 | — | 80 | -5 |
| 60 | — | — | 21.9~<26.1 | — | — | -5 |

① 为仲裁方法。

附表 8-7　柴油机油理化性能要求（1）

| 项目 | | 质量指标 | | | | 试验方法 |
|---|---|---|---|---|---|---|
| | | CC<br>CD | CF<br>CF-4 | CH-4 | CI-4 | |
| 水分（体积分数）/% | 不大于 | 痕迹 | 痕迹 | 痕迹 | 痕迹 | GB/T 260 |
| 泡沫性（泡沫倾向/泡沫稳定性）/（mL/mL） | | | | | | |
| 　24℃ | 不大于 | 25/0 | 20/0 | 10/0 | 10/0 | GB/T 12579① |
| 　93.5℃ | 不大于 | 150/0 | 50/0 | 20/0 | 20/0 | |
| 　后24℃ | 不大于 | 25/0 | 20/0 | 10/0 | 10/0 | |
| 蒸发损失（质量分数）/% | 不大于 | | | 10W-30　15W-40 | | |
| 　诺亚克法（250℃，1h）或 | | — | — | 20　18 | 15 | SH/T 0059 |
| 　气相色谱法（371℃馏出量） | | — | — | 17　15 | — | ASTM D 6417 |
| 机械杂质（质量分数）/% | 不大于 | 0.01 | | | | GB/T 511 |
| 闪点（开口）/℃（黏度等级）<br>不低于 | | 200（0W、5W多级油）；205（10W多级油）；<br>215（15W、20W多级油）；<br>220（30）；225（40）；230（50）；240（60） | | | | GB/T 3536 |

① CH-4、CI-4 不允许使用步骤 A。

附表 8-8　柴油机油理化性能要求（2）

| 项目 | 质量指标 | 试验方法 |
|---|---|---|
| | CC、CD、CF-4、CH-4、CI-4 | |
| 碱值①（以 KOH 计）/（mg/g） | 报告 | SH/T 0251 |

续表

| 项　目 | 质量指标 | | 试验方法 |
|---|---|---|---|
| | CC、CD、CF-4、CH-4、CI-4 | | |
| 硫酸盐灰分①(质量分数)/% | 报告 | | GB/T 2433 |
| 硫①(质量分数)/% | 报告 | | GB/T 387、GB/T 388、GB/T 11140、GB/T 17040、GB/T 17476、SH/T 0172、SH/T 0631、SH/T 0749 |
| 磷①(质量分数)/% | 报告 | | GB/T 17476、SH/T 0296、SH/T 0631、SH/T0749 |
| 氮①(质量分数)/% | 报告 | | GB/T 9170、SH/T 0656、SH/T 0704 |

① 生产者在每批产品出厂时要向使用者或经销者报告该项目的实测值，有争议时以发动机台架试验结果为准。

# 附录九　常用洗液的配制

| 洗液配方 | 应用 |
|---|---|
| 铬酸洗液：<br>1. 将 20g $K_2Cr_2O_7$ 溶于 20mL 水中，再慢慢加入 400mL 浓硫酸<br>2. 在 35mL 饱和 $Na_2Cr_2O_7$ 液中慢慢加入 1L 浓硫酸 | 清洗玻璃器皿：浸润或浸泡数小时或更长时间，再用水冲洗。如洗液变黑绿色，即不能再用<br>注意：此洗液有强烈腐蚀作用，不得与皮肤、衣服接触 |
| 氢氧化钠乙醇溶液：<br>溶解 120g NaOH 固体于 120mL 水中，用 95% 乙醇稀释至 1L | 用于清洗各种油污，但洗液不得长期与玻璃接触 |
| 含高锰酸钾的氢氧化钠溶液：<br>4g $KMnO_4$ 固体溶于少量水中，再加入 100mL 10% NaOH 溶液 | 清洗玻璃器皿内的油污或其他有机物质：将洗液倒入待洗的玻璃器皿内，5~10min 后倒出，再倒入适量的浓盐酸，最后用水洗净玻璃器皿 |
| 硫酸亚铁酸性溶液：<br>含少量 $FeSO_4$ 的稀硫酸溶液 | 洗涤装 $KMnO_4$ 溶液后的棕色污斑 |
| 乙醇浓硝酸 | 清洗发酵管及玻璃器皿：用乙醇润湿发酵管内壁，倒出过多的乙醇，加 10mL 浓硝酸即发生反应，再用水冲洗干净 |
| 硫酸钠固体 | 用于除去蒸馏油品时残留的碳质沉积：烧瓶内放入 2~3g 工业用硫酸钠固体，加热至残渣松散用水洗净 |
| 10%~15% 氢氧化钠（或氢氧化钾）溶液 | 用于清洗碳质污染物 |
| 硝酸镁固体 | 用于清洗烧瓶中碳质沉积：先用丙酮或二硫化碳除去油迹，加入数克硝酸镁固体，加热到水分全部溢出，硝酸镁熔化，旋转烧瓶使之分布均匀，继续加热至棕色二氧化氮停止溢出。冷却后再用稀酸加热煮沸，以溶解一氧化镁 |
| 煤油 2 份、油酸 1 份、浓氨水 1/4 份 | 清洗油漆刷子：刷子浸入洗液过夜，再用温水充分洗涤 |
| 磷酸钠 2 份、油酸钠 1 份、蒸馏水 20 份 | 将玻璃器皿放入温热洗液中浸泡 10~15min，然后用硬毛刷子刷洗 |

# 附录十 常用法定计量单位

| 量 的 名 称 | 单 位 名 称 | 单 位 符 号 |
|---|---|---|
| 长度 | 米 | M |
| 质量 | 千克(公斤) | kg |
| 时间 | 秒 | S |
| 电流 | 安[培] | A |
| 热力学 | 开[尔文] | K |
| 物质的量 | 摩[尔] | mol |
| 发光强度 | 坎[德拉] | cd |

附表 10-2  包括 SI 辅助单位在内的具有专门名称的 SI 导出单位

| 量 的 名 称 | SI 导出单位 | | |
|---|---|---|---|
| | 名称 | 符号 | 用 SI 基本单位和 SI 导出单位表示 |
| [平面]角 | 弧度 | Rad | $1rad = 1m/m = 1$ |
| 立体角 | 球面度 | sr | $1sr = 1m^2/m^2 = 1$ |
| 频率 | 赫[兹] | Hz | $1Hz = 1s^{-1}$ |
| 力 | 牛[顿] | N | $1N = 1kg \cdot m/s^2$ |
| 压力, 压强, 应力 | 帕[斯卡] | Pa | $1Pa = 1N/m^2$ |
| 能量, 功, 热量 | 焦[耳] | J | $1J = 1N \cdot m$ |
| 功率, 辐射能通量 | 瓦[特] | W | $1W = 1J/s$ |
| 电荷 | 库[仑] | C | $1C = 1A \cdot s$ |
| 电压, 电动势, 电位, (电势) | 伏[特] | V | $1V = 1W/A$ |
| 电容 | 法[拉] | F | $1F = 1C/A$ |
| 电阻 | 欧[姆] | Ω | $1\Omega = 1V/A$ |
| 电导 | 西[门子] | S | $1S = 1\Omega^{-1}$ |
| 运动黏度 动力黏度 | 二次方米每秒 帕斯卡秒 | $\upsilon$ $\eta(\mu)$ | $m^2/s$ $Pa \cdot s$ |

附表 10-3  可与国际单位制单位并用的我国法定计量单位

| 量 的 名 称 | 单 位 名 称 | 单 位 符 号 | 与 SI 单位的关系 |
|---|---|---|---|
| 时间 | 分 | min | $1min = 60s$ |
| | [小]时 | h | $1h = 60min = 3600s$ |
| | 日, (天) | d | $1d = 24h = 86400s$ |
| [平面]角 | 度 | ° | $1° = (\pi/180) rad$ |
| | [角]分 | ′ | $1' = (1/60)° = (\pi/10800) rad$ |
| | [角]秒 | ″ | $1'' = (1/60)' = (\pi/648000) rad$ |
| 体积 | 升 | L | $1L = 1dm^3 = 10^{-3} m^3$ |
| 质量 | 吨 | t | $1t = 10^3 kg$ |
| 旋转速度 | 转每分 | r/min | $1r/min = (1/60) s^{-1}$ |